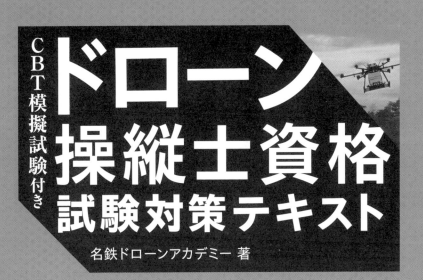

CBT模擬試験付き

ドローン操縦士資格試験対策テキスト

名鉄ドローンアカデミー 著

秀和システム

はじめに

　本書をお手に取っていただき、誠にありがとうございます。

　2015年に航空法が改正されて無人航空機の飛行ルールが定められて以降、無人航空機の製造技術や運航管理技術、その他関連する業界やその技術等が急激に革新・発展・成長し続けており、遠隔地への物流や広範囲の飛行を伴う測量や点検、災害支援等の場面で無人航空機が活躍できるようになりました。

　日本の無人航空機産業をさらに発展させる飛行に挑戦できるようになった一方、一般の人の活動域にも無人航空機が飛行できるようになったことで、日常生活を営む第三者の安全に悪影響を与えるリスクも高まっています。また、飛行場所によっては有人機との異常接近や接触により、重大な事故を引き起こす危険性が高まります。

　これらの危険性を回避するためには、安全性能を向上させた機体性能や運航管理技術等の向上も必要ですが、それらを管理する操縦者や運航管理者等の人材育成も当然必要です。どんなに素晴らしい機体や安全に関する技術を用いたとしても、それらを取り扱う人材に安全確保の観念やその義務を果たす意思がなければ重大な事故が起こり続け、日本の無人航空機産業は衰退していくでしょう。

　どのような業界においても、その産業をさらに発展させるためには、公共の人々に「安心・安全」を感じてもらい、応援し続けていただけるような取り組みでなければなりません。

　そのため、名鉄ドローンアカデミーでは「安心・安全」の理念を第一に掲げ、それらを実行できる人材を育成するためのドローンスクールを2018年に開校し、2023年には国家資格が取得可能な登録講習機関として登録され、多くの受講者へこの観念を伝え続けてきました。

　本書をお手に取った方には「無人航空機の業界で活躍したい、ビジネスを拡大したい」と考える方が多くおられると思います。そのような方へ向けて、本書は国土交通省航空局が発行している「無人航空機の飛行の安全に関する教則（第3版）」の内容について、より皆さまに伝わりやすいよう解説し、無人航空機操縦者技能証明制度の試験対策はもちろん、実際の操縦者として活用できることを目的に作成いたしました。

　本書が「安心・安全」を第一に掲げることで、多くの人に応援し続けてもらえる操縦者や運航管理者になっていただく一助になれば幸いです。

名鉄ドローンアカデミー

CONTENTS

1章 ドローンの基本知識 〈学科試験〉

2章 ドローンに関する法令 〈学科試験〉

3章 行動規範・運航体制 〈学科試験〉

CONTENTS

CBT模擬試験のご案内

本書ではスマートフォン、パソコンから受験できるCBT形式の模擬試験を用意しております。下記のURLまたはQRコードより、無料でご利用いただけます。

■ https://dronepilot.trycbt.com/cbt

5

無人航空機操縦者技能証明とは

無人航空機操縦者技能証明の目的

　現在、無人航空機は空撮や農薬散布から災害対応まで、多様な分野での利用が期待されています。しかしその一方で、その飛行特性から重大な事故を引き起こし、人命への被害を及ぼす可能性があります。これまでにも空港の一時閉鎖や墜落などの事態が発生しています。

　このような背景から、無人航空機の安全な飛行を確保するとともに、その機能を最大限に活用するために、2022年12月より無人航空機操縦者技能証明制度が開始されました。

　無人航空機操縦者技能証明とは、無人航空機を飛行させるのに必要な知識及び能力を有することを国土交通大臣が証明する資格制度です。無人航空機を飛行させるのに必要な知識及び能力を有するかどうかを判定するため、技能証明を取得するための申請を行うには、次の試験に合格していなければなりません。

- 学科試験
- 実地試験
- 身体検査

　上記の試験は、国土交通大臣が指定した「指定試験機関」で実施されます。実地試験は、学科試験に合格した者でなければ受験することができません。

　なお、国土交通大臣の登録を受けた「登録講習機関」が実施する講習を修了している場合は、実地試験が免除されます。

技能証明の区分、種類、限定

　技能証明には、次のような区分、種類、限定があります。

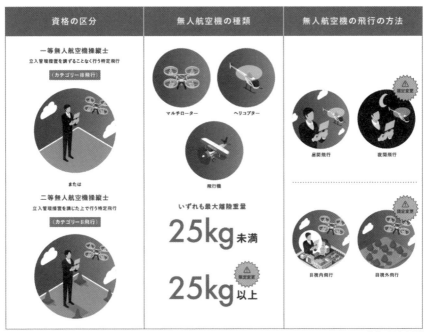

出典：国土交通省

技能証明の資格の区分には、

- 一等無人航空機操縦士（カテゴリーⅢ飛行に必要な技能）
- 二等無人航空機操縦士（カテゴリーⅡ飛行に必要な技能）

の2つがあります。

　技能証明は、合格した試験に応じて資格の区分、無人航空機の種類、飛行の方法について限定がされます。無人航空機の種類や飛行の方法を増やすようにするためには、それぞれの限定を解除するための試験に合格する必要があります。

　ただし、無人航空機の飛行において無人航空機操縦者技能証明書の取得は必須事項でなく、当該証明書の取得が必要になるかどうかについては次の図で判定します。

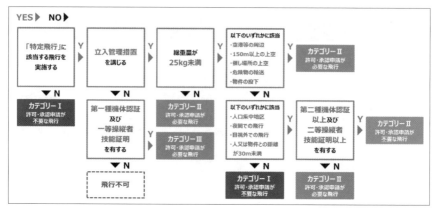

出典：国土交通省

技能証明取得までの流れ

技能証明を取得するまでの流れは、次の図のようになります。

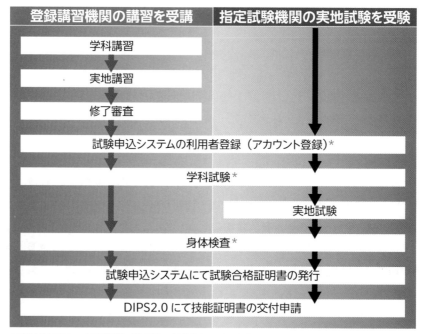

※試験申込システムでの利用者登録、学科試験及び身体検査は
登録講習機関での講習に通う前に実施することも可能です

無人航空機操縦士試験案内サイト「手続きの案内」を基に作成
https://ua-remote-pilot-exam.com/procedure/

　技能証明を受けようとする者は「指定試験機関」が実施する学科試験、実地試験及び身体検査に合格した上で、国土交通大臣に技能証明書の交付の申請手続きを行う必要があります。

「指定試験機関」で実地試験を受験する場合には、学科試験に合格してからでなければ受験することができません。

「登録講習機関」の無人航空機講習を修了している場合には、実地試験を免除することができます。

　左図の大まかな流れを「指定試験機関」「登録講習機関」別に説明します。

(1)「指定試験機関」で実地試験を受験する場合
対象：ドローン操縦経験者、自らの学習や操縦練習のみで試験を受験する方等

① 技能証明申請者番号を取得
　国土交通省の「ドローン情報基盤システム（通称：DIPS2.0）」で、個人のアカウントを作成し、番号の取得申請を行うことで技能証明申請者番号を取得します。試験を受験する場合は必要になるものですので、最初に取得申請しましょう。

② 試験申込システムの利用者登録（アカウント登録）
　学科試験受験のために、①の技能証明申請者番号とは別に、指定試験機関の試験申込システムでアカウントを作成します。

③ 学科試験
　②の試験申込システムにて試験を申し込み、さらに無人航空機操縦士試験専用ホームページで学科試験会場や試験日時を確認して申し込み、受験します。

④ 実地試験
　②の試験申込システムから実地試験会場や試験日時を確認して申し込み、受験します。

⑤ 身体検査
　こちらも②の試験申込システムより申し込み、受検します。

⑥技能証明申請

　学科試験、実地試験、身体検査の３つに合格後、②の試験申込システムで合格証明書を発行し、①のドローン情報基盤システムにて「無人航空機技能証明の取得申請」を行います。

(2)「登録講習機関」で講習を受講及び修了審査を受験する場合
対象：初めてドローン操縦する方、講習で学習や操縦技術を向上させて受験したい方等

①技能証明申請者番号を取得

　国土交通省のドローン情報基盤システムで、個人のアカウントを作成し、番号の取得申請を行うことで技能証明申請者番号を取得します。試験を受験する場合は必要になるものですので、最初に取得申請しましょう。

②登録講習機関へ申し込み

　実地試験（修了審査）を受験できる登録講習機関を選定し、申し込みをします。

③学科講習・実技講習

　登録講習機関での学科・実技の講習を受講し、修了審査を受験します。これらに合格することで、国の指定試験機関での実地試験を免除できる「講習修了証明書」を受領可能となります。自動車学校でいえば、卒業検定合格、いわゆる仮免許のようなイメージです。

④試験申込システムの利用者登録（アカウント登録）

　学科試験受験のために、①のドローン情報基盤システムとは別に、指定試験機関の試験申込システムでアカウントを作成します。

⑤学科試験・身体検査

　④の試験申込システムから学科試験・身体検査を申し込みます。学科試験は申し込み確認後、さらに無人航空機操縦士試験専用ホームページで学科試験会場や試験日時を確認して申し込み、受験します。

⑥ 技能証明申請

　修了審査、学科試験、身体検査の3つに合格後、④の試験申込システムで合格証明書を発行し、①のドローン情報基盤システムにて「無人航空機技能証明の取得申請」を行います。

　技能証明の制度概要や最新情報、取得に係る手続き等については、下記サイトを参照ください。

■国土交通省　無人航空機操縦者技能証明等
技能証明制度の概要や詳細情報が掲載されています。
https://www.mlit.go.jp/koku/license.html

■国土交通省　ドローン情報基盤システム（DIPS2.0）
「技能証明申請者番号」の申請、「技能証明の交付申請」を行うことができます。
https://www.ossportal.dips.mlit.go.jp/portal/top/

■指定試験機関　無人航空機操縦士試験案内サイト
　学科試験、実地試験の受験、身体検査の受検並びに試験合格証明書の発行手続等を行うことができます。
https://ua-remote-pilot-exam.com

■国土交通省　登録講習機関情報一覧（マルチローター）
　マルチローターに係る無人航空機の種類について、国土交通大臣の登録を受けた登録講習機関一覧の情報が掲載されています。
https://www.mlit.go.jp/koku/content/001520574.pdf

■国土交通省　登録講習機関情報一覧（ヘリコプター）
　ヘリコプターに係る無人航空機の種類について、国土交通大臣の登録を受けた「登録講習機関」一覧の情報が掲載されています。
https://www.mlit.go.jp/koku/content/001626407.pdf

■国土交通省　登録講習機関情報一覧（飛行機）
本書執筆時点では公開されていません。

受験資格等

(1) 欠格事由 (航空法第132条の45)

次のいずれかに該当する者は、技能証明の申請をすることができません。

A) 16歳に満たない者
B) 航空法の規定に基づき、技能証明を拒否された日から1年以内の者または技能証明を保留されている者*
C) 航空法の規定に基づき、技能証明を取り消された日から2年以内の者または技能証明の効力を停止されている者*

※ 航空法等に違反する行為をした場合や、無人航空機の飛行にあたって非行または重大な過失があった場合に限られます

(2) 技能証明の拒否等 (航空法第132条の46)

次のいずれかに該当する場合には、技能証明試験に合格した者であっても技能証明を拒否または保留されることがあります。

A) てんかんや認知症等の無人航空機の飛行に支障を及ぼすおそれがある病気にかかっている者
B) アルコールや大麻、覚せい剤等の中毒者
C) 航空法等に違反する行為をした者
D) 無人航空機の飛行にあたり非行または重大な過失があった者

試験概要

学科試験の概要

　学科試験には、資格の区分に応じた、一等学科試験と二等学科試験の2種類があります。機体の種類や飛行方法の限定による出題内容の違いはありません。

　先述の通り、指定試験機関が実施する実地試験を受けるためには、先に学科試験に合格する必要があります。ただし、登録講習機関が実施する講習を修了して実地試験を免除する場合には、この限りではありません。

　詳細は、国土交通省航空局のホームページまたは指定試験機関の学科試験案内のページを参照してください。

■指定試験機関（日本海事協会）　学科試験

　https://ua-remote-pilot-exam.com/guide/written-examination/

（1）試験形式

　学科試験は、コンピューター上で試験の出題及び解答を行うCBT（Computer Based Testing）方式で実施されます。CBT方式では、解答の選択肢はコンピューター上に表示され、マウスを使って解答を選択します。

（2）出題範囲

　学科試験は、国土交通省が発行する「無人航空機の飛行の安全に関する教則」から出題されます。

■国土交通省　無人航空機の飛行の安全に関する教則（第3版）

　https://www.mlit.go.jp/common/001602108.pdf

　学科試験では、教則のうち下記の科目から出題されます。

1. 無人航空機に関する規則
2. 無人航空機のシステム
3. 無人航空機の操縦者及び運航体制
4. 運航上のリスク管理

　　一等と二等の資格の区分によって出題される科目は一部異なります。詳しくは下表をご参照ください。

学科試験　出題範囲		学科試験　出題科目
1 無人航空機に関する規則	航空法全般	航空法に関する一般知識 航空法に関する各論
	航空法以外の法令等	重要施設の周辺地域の上空における小型無人機等の飛行の禁止に関する法律（平成28年法律第9号） 電波法（昭和25年法律第131号） その他の法令等 飛行自粛要請空域
2 無人航空機のシステム	無人航空機の機体の特徴（機体種類別）	無人航空機の種類と特徴 飛行機 回転翼航空機（ヘリコプター） 回転翼航空機（マルチローター）
	無人航空機の機体の特徴（飛行方法別）	夜間飛行 目視外飛行
	飛行原理と飛行性能	無人航空機の飛行原理 揚力発生の特徴 **（一等）無人航空機の飛行性能** 無人航空機へのペイロード搭載 **（一等）飛行性能の基本的な計算**
	機体の構成	フライトコントロールシステム 無人航空機の主たる構成要素 送信機 機体の動力源 物件投下のために装備される機器 機体又はバッテリーの故障及び事故の分析
	機体以外の要素技術	電波 磁気方位 GNSS (Global Navigation Satellite System)
	機体の整備・点検・保管・交換・廃棄	電動機における整備・点検・保管・交換・廃棄 エンジン機における整備・点検

3 無人航空機の操縦者及び運航体制	操縦者の行動規範及び遵守事項	操縦者の義務 運航時の点検及び確認事項 飛行申請 保険及びセキュリティ
	操縦者に求められる操縦知識	離着陸時の操作 手動操縦及び自動操縦 緊急時の対応
	操縦者のパフォーマンス	操縦者のパフォーマンスの低下 アルコール又は薬物に関する規定
	安全な運航のための意思決定体制（CRM等の理解）	CRM (Crew Resource Management) 安全な運航のための補助者の必要性、役割及び配置
4 運航上のリスク管理	運航リスクの評価及び最適な運航の計画の立案の基礎	安全に配慮した飛行 飛行計画 経路設定 無人航空機の運航におけるハザードとリスク 無人航空機の運航リスクの評価 （一等）カテゴリーⅢ飛行におけるリスク評価
	気象の基礎知識及び気象情報を基にしたリスク評価及び運航の計画の立案	気象の重要性及び情報源 気象の影響 安全のための気象状況の確認及び飛行の実施の判断
	機体の種類に応じた運航リスクの評価及び最適な運航の計画の立案	飛行機 回転翼航空機（ヘリコプター） 回転翼航空機（マルチローター） 大型機（最大離陸重量25kg以上）
	飛行の方法に応じた運航リスクの評価及び最適な運航の計画の立案	夜間飛行 目視外飛行

指定試験機関（日本海事協会）ホームページを基に作成
https://ua-remote-pilot-exam.com/guide/written-examination/

(3) 試験日程・会場

　学科試験は随時受験予約を受け付けており、祝日・年末年始を除き、通年で実施されています。学科試験の開催日程、試験会場、空席状況については「無人航空機操縦士試験専用ページ」の「開催情報」から確認できます。

■CBT試験　無人航空機操縦士試験専用ページ

https://www.prometric-jp.com/examinee/test_list/archives/30

(4) 合格基準等

学科試験には、資格の区分に応じて合格の基準等が定められています。

一等

- 出題形式：三肢択一式
- 出題数：70問
- 試験時間：75分
- 合格基準：合格に最低限必要な正答率は90％程度

二等

- 出題形式：三肢択一式
- 出題数：50問
- 試験時間：30分
- 合格基準：合格に最低限必要な正答率は80％程度

(5) 合格後の有効期間

学科試験に合格すると、学科試験合格証明番号が発行されます。学科試験合格証明番号には有効期限がありますので注意しましょう。

- 有効期限：合格の正式な通知日（学科試験合格証明番号の発行日）から起算して2年間

(6) サンプル問題

国土交通省航空局のホームページでは、無人航空機操縦士の学科試験のサンプル問題を公開しています。学科試験を受験する前に、下記リンクから出題の傾向を確認しておきましょう。

■一等無人航空機操縦士の学科試験のサンプル問題
　https://www.mlit.go.jp/koku/content/001520518.pdf
■二等無人航空機操縦士の学科試験のサンプル問題

https://www.mlit.go.jp/common/001493224.pdf

実地試験・修了審査の概要

　実地試験は、資格の区分、機体の種類、飛行方法の限定ごとに実施されます。指定試験機関で実施するものは「実地試験」、登録講習機関で実施するものは「修了審査」と呼称します。

　詳細は、国土交通省航空局のホームページまたは指定試験機関の実地試験案内のページを参照してください。

■指定試験機関（日本海事協会）　実地試験

　https://ua-remote-pilot-exam.com/guide/pilot-examination/

　登録講習機関が実施する講習を受講して修了審査に合格することで、指定試験機関が実施する実地試験を免除することができます。実地試験を免除するためには、登録講習機関が発行した講習修了証明書を、指定試験機関へ提出する必要があります。

　実技試験の免除申請については、「無人航空機操縦士試験申込システム」から行うことができます。

（1）試験形式

　指定試験機関で実施される実地試験には、2つの形式があります。

●集合試験方式

　指定試験機関が試験会場、機体等の必要備品を準備し、試験日を公表。受験者が予約して試験を行います。

●出張試験方式

　受験者が機体等の備品を準備し、受験者の希望する場所に指定試験機関の試験員が派遣されて試験を行います。受験日、受験場所、機体等の備品については、事前に指定試験機関と調整が必要です。

　2024年3月現在、指定試験機関では原則として次ページの表のように試験が

17

実施されています。

機体の種類	試験方式	
	集合試験方式	出張試験方式
回転翼航空機（マルチローター）	基本飛行、夜間飛行、目視外飛行	最大離陸重量25kg以上
回転翼航空機（ヘリコプター）		全ての飛行
飛行機		全ての飛行

＊資格の区分（一等・二等）による違いはありません
指定試験機関（日本海事協会）ホームページ　https://ua-remote-pilot-exam.com/guide/pilot-examination/
を基に表として作成したもの

　登録講習機関で実施される修了審査は、上記の「集合試験方式」に準ずる方式で実施されており、受講者が機体を用意する「出張試験方式」では実施されていません。

(2) 出題範囲

　実地試験・修了審査は、机上試験、口述試験、実技試験で構成されており、機体の種類（回転翼航空機（マルチローター）、回転翼航空機（ヘリコプター）、飛行機）ごとに試験が実施されます。各試験の実施方法やその流れについては、国土交通省航空局ホームページに掲載されている「無人航空機操縦士実地試験実施基準」「無人航空機操縦士実地試験実施細則」に記載されています。

　各試験の詳細な内容、流れ、注意事項等の解説は、第5章以降で解説します。

■無人航空機操縦士実地試験実施基準
　https://www.mlit.go.jp/common/001516515.pdf
■一等無人航空機操縦士実地試験実施細則　回転翼航空機（マルチローター）
　https://www.mlit.go.jp/common/001516516.pdf
■一等無人航空機操縦士実地試験実施細則　回転翼航空機（ヘリコプター）
　https://www.mlit.go.jp/koku/content/001573393.pdf
■一等無人航空機操縦士実地試験実施細則　飛行機
　https://www.mlit.go.jp/common/001622706.pdf

■二等無人航空機操縦士実地試験実施細則　回転翼航空機（マルチローター）

https://www.mlit.go.jp/common/001516517.pdf

■二等無人航空機操縦士実地試験実施細則　回転翼航空機（ヘリコプター）

https://www.mlit.go.jp/koku/content/001573394.pdf

■二等無人航空機操縦士実地試験実施細則　飛行機

https://www.mlit.go.jp/common/001622707.pdf

（3）試験日程・会場

　指定試験機関で実施される実地試験は、各地方に設けられた試験会場で毎月行われています。詳細な日程や会場については、下記から検索することができます。

■指定試験機関　試験日程（実地試験・身体検査）

https://ua-remote-pilot-exam.com/schedule/

＊2024年3月現在、飛行機に係る実地試験申し込みの受付は開始されていません。

（4）合格基準等

　実地試験には、資格の区分に応じて合格の基準等が定められています。この合格基準は、登録講習機関で実施される修了審査においても同様です。

●一等

持ち点100点からの減点式採点法。各試験科目終了時、持ち点80点以上で合格。

●二等

持ち点100点からの減点式採点法。各試験科目終了時、持ち点70点以上で合格。

身体検査の受検方法

　身体検査では、無人航空機を安全に操縦するための一定の基準を満たしているか確認が行われます。詳細は、国土交通省航空局のホームページまたは指定試験機関の身体検査案内のページを参照してください。

■指定試験機関（日本海事協会）　身体検査

https://ua-remote-pilot-exam.com/guide/physical-examination/

(1) 受検方法

　身体検査は、次のいずれかの方法で受検することができます。

① 有効な公的証明書の提出

　下記の書類のうち、いずれかを提出します。これらの書類は、それぞれ有効な公的証明書であることが必要です。

- 自動車運転免許証（自動二輪免許、小型特殊免許、原付免許を除く）
- 航空身体検査証明書
- 無人航空機操縦者技能証明書
- 航空機操縦練習許可書

② 医療機関の診断書の提出

（ア）一等25kg未満限定及び二等に係る技能証明を取得する場合

　下記の書類を提出します。

- 医師の診断書（無人航空機操縦者身体検査証明書）

　この書類は、申請前6か月以内に受けた検査の結果を「無人航空機操縦者身体検査証明書」の様式を用いて医師が記載することが必要です。当該の様式は指定試験機関の身体検査案内のページから確認できます。

（イ）一等25kg以上に係る技能証明を取得する場合

　下記の書類を提出します。

- 医師の診断書（無人航空機操縦者身体検査証明書及び無人航空機操縦者身体検査証明書　別紙）

＊一等25kg以上の場合は、上記に加えて医師または医療機関へ「自己申告確認書」の提出が必要になります

　医師の診断書は、申請前6か月以内に受けた検査の結果を「無人航空機操縦者身体検査証明書」及び「無人航空機操縦者身体検査証明書 別紙」の様式を用いて医師が記載することが必要です。

　いずれの書類も、当該の様式は指定試験機関の身体検査案内のページから確認できます。

なお、上記の他に「指定試験機関の身体検査受検」も指定試験機関ホームページに掲載されておりますが、2024年3月現在、この方法での受検申し込みは受け付けられていません。

(2) 検査日程・会場

一等25kg以上に係る身体検査を行う場合など、医師または医療機関で受検を希望する場合には下記を参照してください。

なお、当該の身体検査については一部航空医学に関する専門的な知識を必要とすることから、全ての医師または医療機関において対応可能とは限りませんので注意してください。

■国土交通省　航空身体検査指定機関（参考）

https://www.mlit.go.jp/common/001598394.pdf

(3) 合格基準等

身体検査では、視力、色覚、聴力、運動能力等について、以下の身体基準を満たしているか確認を行います。

検査項目	身体検査基準（一等25kg未満限定及び二等）
視力	視力が両眼で0.7以上、かつ、一眼でそれぞれ0.3以上であること、又は一眼の視力が0.3に満たない者若しくは一眼が見えない者については、他眼の視野が左右150度以上で、視力が0.7以上であること。
色覚	赤色、青色及び黄色の識別ができること。
聴力	後方2メートルの距離から発せられた通常の強さの会話の音声が正しく聞き取れること。
一般	1.施行規則第236条の62第4項第1号又は第2号にあげる身体の障害がないこと。 2.1.に定めるもののほか、無人航空機の安全な飛行に必要な認知又は操作のいずれかに係る能力を欠くこととなる四肢又は体幹の障害があるが、法第132条の44の規定による条件を付すことにより、無人航空機の安全な飛行に支障を及ぼす恐れがないと認められること。

出典：指定試験機関（日本海事協会）

なお、身体基準に満たない場合であっても、飛行の安全が確保されると認められる場合には、矯正器具（眼鏡、補聴器等）を用いることや、機体に特殊な設備・機能を設けることなどの条件を付すことにより、技能証明の付与が可能となる場合があります。

詳しくは、指定試験機関ホームページや、国土交通省の「無人航空機操縦者技能証明における身体検査実施要領」を参照してください。

■国土交通省　無人航空機操縦者技能証明における身体検査実施要領
　https://www.mlit.go.jp/koku/content/001574416.pdf

（4）合格後の有効期間

身体検査に合格すると、身体検査合格証明番号が発行されます。身体検査合格証明番号には有効期限がありますので注意しましょう。

- 有効期限：合格の正式な通知日（身体検査合格証明番号の発行日）から起算して1年、または提出した公的証明書の有効期間のいずれか短い期間

▍学科試験、実地試験、身体検査を申し込むには

各試験や検査を申し込むには、まずドローン情報基盤システム2.0で「技能証明申請者番号」を取得する必要があります。

その後、指定試験機関が運営する無人航空機操縦士試験申込システムでアカウントを作成してログインすることで、各試験の申し込みができるようになります。

「無人航空機操縦者技能証明とは」にも大まかな流れを解説していますが、最新の情報は指定試験機関ホームページを適宜確認してください。

■指定試験機関（日本海事協会）　手続きの案内
　https://ua-remote-pilot-exam.com/procedure/
■指定試験機関（日本海事協会）　よくあるご質問
　https://ua-remote-pilot-exam.com/faq/

■問い合わせ先

指定試験機関（日本海事協会）

無人航空機操縦士試験機関ヘルプデスク

TEL：050‐6861‐9700

受付時間：9：00〜17：00（土日・祝日・年末年始を除く）

ドローンの
基本知識

この章では、ドローンの機体の
特徴や飛行原理、管理方法など、
操縦者としてはじめに押さえてお
きたい内容を解説します。操縦者
の責任として、常に安全な飛行が
できるよう、しっかりと押さえて
おきましょう。

1-1 操縦者の役割と持つべき責任

重要度 ★☆☆

操縦者としての自覚

無人航空機の操縦者は、ただ機体を飛行させるのではなく、自らの責任を自覚して飛行を行わなければなりません。

操縦者が持つべき自覚には以下のようなものがあります。

- 無人航空機の運航や安全管理について、自己の責任を全うすること。
- 知識と能力に基づいた適切な判断を導き出すこと。
- 操縦者としての認識を保ち、どのような状況下でも常に人々の安全を最優先に置くこと。

無人航空機の知識や操作技能を向上させることは重要ですが、その真の目的は「安全に対する責任感を持つ」「適切な判断」を行うことで、「安全最優先」を確立することにあります。これらの要素をしっかりと認識し、安全を最優先に考える操縦者となりましょう。

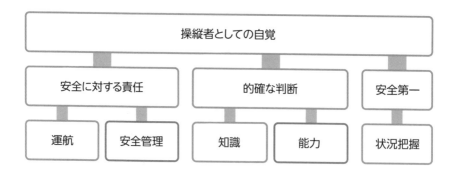

役割分担の明確化

　無人航空機の飛行前には、以下の事項を前もって役割分担することが推奨されます。

①無人航空機操縦者技能証明を持つ者が複数存在する場合は、飛行を意図する操縦者が誰であるかを飛行前に特定しておくこと。
②補助者を配置する際は、その役割を事前に確認して操縦者との通信手段を確保するなど、常に安全確認が可能な体制を整えること。

　事前に役割分担や安全確保の体制が明確でなければ、飛行の当日に予期しないトラブルや事故につながる可能性があります。
　トラブルや事故を避けるためには、飛行計画を作成し、関係者を含む打ち合わせを徹底的に行うことが必要です。
　安全は操縦者一人だけで確保するものではないという認識が重要です。
　チーム全員の役割を明示し、より安全な環境を確保する体制を構築しましょう。

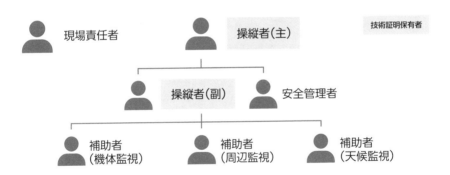

準備を怠らない

　無人航空機の事故は、飛行前の準備不足が直接的または間接的な原因となっていることが多いです。そのため、事前の準備を怠らないことが重要です。
　レジャー目的での飛行であれ、業務上の飛行であれ、安全な飛行のためのルールや情報、リソース、ツールを取得するよう努めましょう。
　以下は機材の準備と情報収集の一例です。使用機材の準備が一部でも不足し

ていると、飛行中にトラブルが発生したり、トラブルに対して適切な対処ができなくなったりする可能性があります。

使用機材の準備、情報収集の例		
・風速計	・無人航空機の機材	・ヘリポート
・最新ルールの確認	・天気情報の確認	・飛行情報の確認

また、最新のルールや天候情報、他の航空機の飛行情報を十分に把握していないと、重大な法令違反や事故につながる可能性が高まります。

無人航空機を安全に飛行させるためには、上記の一例だけでなく、多様な機材と情報を収集し、厳密な準備を行うことが必要です。

ルール・マナーの遵守

無人航空機の操縦者として、以下の項目を厳守してください。

- 安全確保のため、法令や規則を遵守しましょう。
- 空域は、無人航空機だけでなく有人航空機も利用しています。

有人航空機と無人航空機の進行路が交差、もしくは接近する場合、有人航空機の安全を確保するため、無人航空機側が回避行動を取るようにしてください。

- 飛行する地域ごとの規則や遵守事項に従い、社会的なマナーを守り、モラルに則った飛行を心掛けましょう。
- 飛行時には、第三者の迷惑となるような騒音が発生しないよう配慮をしてください。

法令やルールは、社会全体の安全な生活を守るために設けられています。法令や規則の遵守は、社会全体の安全を保つ行動に直結します。「大丈夫だろう」や「誰も気にしないだろう」という軽率な考えで法令やルールを無視する行為は、社会全体の安全を損なう行為であると理解しましょう。

無理をしない

安全を確保するために、無人航空機の操縦者は以下の事項も厳守してください。

- 自然の力を侮らず謙虚な姿勢を持ち、無理な操縦はしないでください。
- 飛行計画の中止や帰還を決断する勇気を持つことも大切です。危険な状況を切り抜けることより、危険を事前に回避するようにしてください。

安全を確保するためには、法令やルールの遵守だけでなく、無理をしないという姿勢も極めて重要です。無理をしないというのは、別の表現をすれば「自己の能力や判断を過信しない」ことといえます。

先ほど「操縦者としての自覚」の節で触れたように、安全を保証するためには「的確な判断」を行うことが要求されます。無理せずに行動することで、常に適切な判断が可能となり、安全を最優先した無人航空機の運航を実現できます。

社会に対する操縦者の責任

操縦者の最も基本的な責務は、飛行を安全に完遂することです。操縦者は、飛行の開始から終了まで、全過程に責任を持たなければなりません。

よって、操縦者は飛行全般にわたって安全を確保するための対策を講じることが必要であり、その責任が操縦者自身にあることを自覚してください。

第三者及び関係者に対する操縦者の責任

第三者や関係者の安全が脅かされる可能性のある操縦は避け、第三者が容易に接近できないような飛行経路を選ぶなど、常に第三者及び関係者の安全を確保してください。

もし、飛行中に第三者などが近づいてきた場合には、即座に機体を着陸させるなどして、すぐに安全を確保する態勢を取ってください。

事故を起こしたときに操縦者が負う法的責任

　衝突や墜落などの事故が発生した際に、操縦者が直面する可能性のある責任には、「刑事責任」「民事責任」があり、この他に「行政処分」を受ける可能性もあります。

(1) 刑事責任

　衝突や墜落によって死傷者が出た場合、事故の内容によっては「業務上過失致死傷」等の罪に問われ、懲役や罰金などの刑事責任を負うことがあります。

(2) 民事責任

　操縦者は、被害者に対して、民法に基づく「損害賠償責任」を負うことがあります。

(3) 行政処分

　航空法違反や無人航空機を飛行させる際の不正行為や重大な過失があった場合、以下のような行政処分を受ける可能性があります。

- 技能証明の取消
- 一定期間の技能証明の効力停止

　まとめますと、法律に基づく責任を刑事責任、民法に基づく責任を民事責任、行政機関が法令に基づいて課す義務等を行政処分と呼びます。

1-2 ドローンの特徴①機体種類別

重要度
★★☆

無人航空機の種類と特徴

まずは無人航空機の機体の分類について説明します。

無人航空機に該当するのは、回転翼航空機（マルチローター）、回転翼航空機（ヘリコプター）、飛行機です。

回転翼航空機とは、回転する翼（回転翼）により、必要な揚力や推力の全部あるいは一部を得て飛行する航空機のことで、プロペラが多数あるマルチローター型や、ヘリコプターのようなシングルローター型があります。

回転翼航空機のマルチローターやヘリコプターは、垂直離着陸や空中での静止（ホバリング）が可能という特徴を持っています。

飛行機とは、固定翼を持ち、推進装置で前進することにより揚力を得て飛行する航空機のことで、推進装置にはエンジンやプロペラが用いられます。

飛行機は垂直離着陸やホバリングはできませんが、回転翼航空機に比べて飛行速度が速いうえにエネルギー効率が高いため、長距離・長時間の飛行が可能という特徴があります。

さらに、回転翼航空機のように垂直離着陸が可能で、巡航時には飛行機のように前進飛行ができるといった、両方の特性を融合したパワードリフト機（Powered-lift）も存在します。

パワードリフト機とは、推力を垂直・水平に切り替えることができ、垂直離着陸能力と高速巡航能力を兼ね備えた航空機のことです。VTOL機（Vertical Take-Off and Landing aircraft）とも呼ばれます。

回転翼航空機	飛行機	パワードリフト機
回転する翼（回転翼）によって必要な揚力や推力の全部あるいは一部を得て飛行する航空機のこと。ドローンのほか、ヘリコプターもこれにあたる。	固定翼を持ち、推進装置で前進することにより揚力を得て飛行する航空機のこと。推進装置にはエンジンやプロペラが使用される。	推力を垂直・水平に切り替えることができ、垂直離着陸能力と高速巡航能力を兼ね備える航空機のこと。VTOL機（Vertical Take-Off and Landing aircraft）と呼ぶこともある。

　航空機の分類は、適用される法律によって変わります。

　次の図の右側に記載されているのは、国土交通省が所管している「航空法」における航空機の分類で、左側に記載されているのは、警察庁が所管している「小型無人機等飛行禁止法」における航空機の分類を表しています。

　航空法における「無人航空機」とは、「航空の用に供することができる飛行機、回転翼航空機、滑空機、飛行船その他政令で定める機器であって構造上人が乗ることができないもののうち、遠隔操作又は自動操縦により飛行させることができるもの」と定義されています。

　ただし、機体本体の重量とバッテリーの重量の合計が100g未満のものは「模型航空機」と定義され、航空法の規制の対象外となります。また、屋内で飛行させる場合は100g以上の無人航空機であっても、航空法の規制の対象外となります。

　一方、小型無人機等飛行禁止法における「小型無人機」とは、「飛行機、回転翼航空機、滑空機、飛行船その他の航空の用に供することができる機器であって構造上人が乗ることができないもののうち、遠隔操作又は自動操縦により飛行させることができるもの」と定義されており、こちらは「無人航空機」と異なり、機体の重量にかかわらず規制の対象になります。

　適用される法律によって、規制の内容や必要な手続きが全く異なりますので、「小型無人機」と「無人航空機」という言葉を、しっかり使い分けられるようにしましょう。

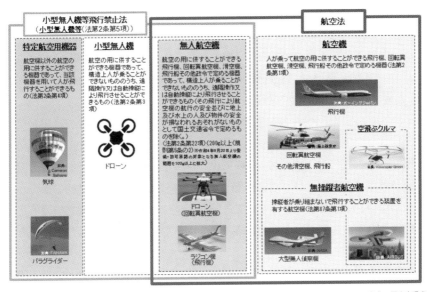

出典：国土交通省

飛行機

(1) 機体の特徴

　飛行機は、回転翼航空機と比較して高速飛行、長時間飛行、長距離飛行が可能です。

　一方で、通常は安全に飛行できる最低速度が設定されており、その速度未満での低速飛行はできません。水平離着陸には広い場所、高度な操縦技能、飛行制御技術が必要です。

　しかし、適切な機体設計により無操縦・無制御でも飛行安定性が確保でき、万一故障等で飛行中に推力を喪失しても滑空飛行状態になるため、即座に墜落することはありません。紙飛行機が動力なしでもある程度飛べるように、固定翼機は滑空である程度飛行できるのがひとつの特徴です。

　飛行機は、翼で揚力を発生させて自重を支えることが可能で、これにより比較的少ないエネルギーで飛行し、長距離の飛行が可能になります。都市間を移動する航空便は全て固定翼が使用されているのも、この理由からです。

　飛行機は、上下ピッチ方向の調整を行うエレベータ、左右ロール方向の調整を行うエルロン、左右ヨー方向の調整を行うラダー、推進力の調整を行うスロットルなどの複合的な操縦を組み合わせて飛行します。

離着陸には機体のサイズに適した滑走路が必要で、滑空する特性上、墜落や不時着時の落下地点を狭い範囲に留めることができません。

　推力で前進し空気をつかむことで揚力を得るため、回転翼航空機とは異なり、ホバリングや後退、横移動は行えません。横方向への移動はバンクターン（旋回）と呼ばれる飛行によって行います。

　姿勢安定装置やGPSなどを使用しない場合、バンクターンの操作はエルロンとエレベータの複合操作によって行われます。

　過度な低速飛行や上昇角度、過度に小さな半径の旋回によって、翼から空気が剥がれ落ちる失速という状態に陥ることがあります。失速時は舵の操作が利かなくなり、飛行機にとって極めて危険な状態になります。失速を避けるためには高い操縦技能が必要となり、特にマニュアル操作による離着陸では高度な技能が求められます。

　離着陸を含む自動飛行を行う場合には、発射装置や回収装置などの地上設備が必要となることがあります。一部ではバネやゴムを使って弾き出すような装置で発射や回収を行う例も存在します。

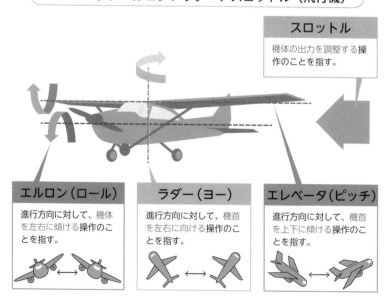

エレベータ、エルロン、ラダー、スロットル（飛行機）

スロットル
機体の出力を調整する操作のことを指す。

エルロン（ロール）
進行方向に対して、機体を左右に傾ける操作のことを指す。

ラダー（ヨー）
進行方向に対して、機首を左右に向ける操作のことを指す。

エレベータ（ピッチ）
進行方向に対して、機首を上下に傾ける操作のことを指す。

　上記は、飛行機を操縦する際のエレベータ、エルロン、ラダー、スロットルを図で表したものです。

　スロットルとは、機体の出力を調整する操作のことを指します。

　エルロンとは、進行方向に対して、機体を左右に傾ける操作のことを指し、ロールと呼ぶこともあります。

　ラダーとは、進行方向に対して、機首を左右に向ける操作のことを指し、ヨーと呼ぶこともあります。

　エレベータとは、進行方向に対して、機首を上下に傾ける操作のことを指し、ピッチと呼ぶこともあります。

(2) 大型機（最大離陸重量25kg以上）の特徴

　飛行機のうち、大型機（最大離陸重量25kg以上）は主翼面積が大きいため、より多くのペイロード（積載可能な重量）を持つことが可能です。ガソリンエンジンなど推進力の選択肢も広がり、より長距離・長時間の飛行も可能になります。また、風の影響も25kg未満の飛行機に比べて少なくなります。

　大型機の操作は、その規模から来る事故時の影響を考慮すると、操縦者の運航スキルと安全意識の高さが求められます。大型機は、機体の慣性力が大きいため、加速・減速・上昇・降下のための時間と距離は長く、障害物回避は特に注意が必要です。また、緊急着陸地点は小型機よりも広範な場所を必要とします。さらに、一般的に小型機よりも騒音が大きいため、飛行ルート周辺の環境への配慮も不可欠です。

■ 回転翼航空機（ヘリコプター）

(1) 機体の特徴

　垂直離着陸、ホバリング、低速飛行などが可能な回転翼航空機（ヘリコプター）は、その操作には大量のエネルギー消費を伴い、風の影響を強く受けます。同じ回転翼航空機のカテゴリーに属するヘリコプター型とマルチローター型を比較すると、前者は1組のローターで揚力を発生させるため、ローターの直径が大きくなり、空力的に効率よく揚力を得ることが可能です。

　ヘリコプターの構造は複雑で、具体的には以下のような機構が必要となります。

教則

- ローターの回転面を傾けたり（機体を前後左右に運動させる場合）、ローターピッチ角を変えたり（上昇・降下させる場合）するために必要な機構（スワッシュプレート等）
- ローターの反トルクを打ち消したり、向き（ヨー方向）を変える操縦に用いたりするテールローター

テールローターとは、機体の後ろについている小さなローターのことです。

（2）大型機（最大離陸重量25kg以上）の特徴

　ヘリコプター型の回転翼航空機において、最大離陸重量が25kg以上の大型機については、その大きな慣性力により、操舵時の機体反応が遅くなるという特性があります。特に、ホバリングと呼ばれる定点で位置を維持する場合においては、早めの操舵が必要となります。また、一般的には、小型のヘリコプターに比べてエンジンの騒音やローターから発生する騒音が大きくなる傾向があります。

　先ほどの飛行機と同じ内容もありますが、基本的には機体重量が大きくなれば操縦の難易度が上がり、騒音等も大きくなります。

回転翼航空機（マルチローター）

（1）機体の特徴

　マルチローター型の回転翼航空機は、機体周囲に配置したローターを高速で回転させることで、上昇・降下、前後左右の移動、ホバリング、そして機体の水平回転が可能です。しかし、これらの機能は大量のエネルギーを消費し、風の影響も大きく受けます。飛行の安定性を確保するため、フライトコントロールシステムを利用してローターの回転数を制御し、機体の姿勢と位置を安定させています。

　マルチローターの操縦は、送信機に搭載されたコントロールスティックなどを操作することで行われます。

　また、マルチローターはそのローターの数によって呼称が変わります。例えば、4つのローターを持つものはクワッドコプター、6つならヘキサコプター、

8つならオクトコプターと呼ばれます。

　モーターの性能が同じである場合、ローターの数が多いほど故障に対する耐性が上がり、ペイロード（積載可能重量）が増加します。ローターの回転方向は、時計方向（CW：クロックワイズ）と反時計方向（CCW：カウンタークロックワイズ）が組み合わさることで反トルクが発生し、その力を利用して機体の回転バランスを保っています。

［ローターの数・回転方向］

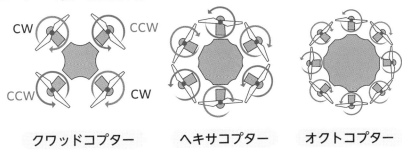

クワッドコプター　　　ヘキサコプター　　　オクトコプター

1.上昇、ホバリング、降下

　マルチローターは、全てのローターを回転させて回転数を増加させていき、機体重量以上の揚力を得ると上昇し始めます。

　機体の重量と揚力が釣り合い、地上からの高さが一定に保たれる状態が続くことをホバリングと呼びます。このホバリング状態から、ローターの回転数を減少させると、機体は降下を開始します。

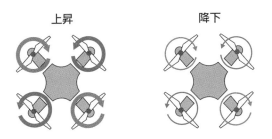

上昇　　　　　　　　　降下

2. 前後、左右移動

マルチローターの前後左右移動は、特定の方向に移動を指示すると、その方向のローターの回転数は減少し、反対側のローターの回転数は増加します。これにより、機体及びローターからの推力が指示した方向に傾き、機体は傾いた方向へと移動を開始します。

前進するときは、前側を弱めて後ろ側を強めることで機体が傾き、前に進みます。左移動のときは、左側を弱めて右側を強めるという具合で行います。

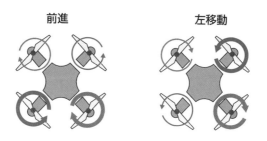

前進   左移動

3. 水平回転

ローターの反トルクバランスが崩れると、機体は水平方向へ回転を開始します。揚力が発生している状態で、右または左への回転を指示すると、指示した回転方向のローターの回転数が減少します。この結果、トルクバランスが崩れ、機体の回転が始まります。

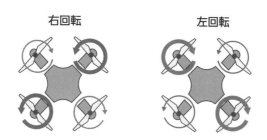

右回転   左回転

4. 回転翼航空機（マルチローター）と機体の動き

回転翼航空機（マルチローター）を操縦する際に、機体の動きを指示するために用いられる用語として以下のものがありますので、覚えておきましょう。

- スロットル：機体の上昇・降下
- ラダー：機体の機首方向の旋回
- エルロン：機体の左右移動
- エレベータ：機体の前後移動

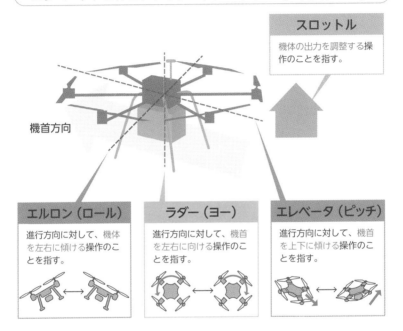

エレベータ、エルロン、ラダー、スロットル（回転翼航空機）

スロットル
機体の出力を調整する操作のことを指す。

機首方向

エルロン（ロール）
進行方向に対して、機体を左右に傾ける操作のことを指す。

ラダー（ヨー）
進行方向に対して、機首を左右に向ける操作のことを指す。

エレベータ（ピッチ）
進行方向に対して、機首を上下に傾ける操作のことを指す。

　上記は、回転翼航空機を操縦する際のスロットル、エルロン、ラダー、エレベータを図で表したものです。

　スロットルとは、機体の出力を調整する操作のことを指します。

　エルロンとは、進行方向に対して、機体を左右に傾ける操作のことを指し、ロールと呼ぶこともあります。

　ラダーとは、進行方向に対して、機首を左右に向ける操作のことを指し、ヨーと呼ぶこともあります。

　エレベータとは、進行方向に対して、機首を上下に傾ける操作のことを指し、ピッチと呼ぶこともあります。

(2) 大型機 (最大離陸重量 25kg以上) の特徴

　回転翼航空機 (マルチローター) の最大離陸重量25kg以上の大型機の特徴としては、以下のものがあります。

- 機体の対角寸法やローターのサイズやモーターパワーも大きくなり、飛行時の慣性力も増加し、上昇・降下や加減速などに要する時間と距離が長くなる。
- 離着陸やホバリング時の地面効果等の範囲が広がり、高度な操縦技術を要する。
- 飛行時機体から発せられる騒音も大きくなり周囲への影響範囲も広がる。

　飛行機やヘリコプター型と同じで、大型化すれば操縦難易度が高くなり、騒音や周囲への影響も大きくなります。

1-3 ドローンの特徴② 飛行方法別

重要度
★★☆

夜間飛行

(1) 夜間飛行と昼間 (日中) 飛行の違い

　航空法では、無人航空機の飛行は日の出から日没の間に限定されています。日没から日の出までの夜間飛行を行う際には、事前に夜間飛行の承認を得ることが必要となります。日没や日の出の時間は地域により異なるため、飛行前に必ず確認を行いましょう。

　夜間飛行では、機体の姿勢や進行方向が視認しづらくなるため、灯火を装備した機体が必要となります。さらに、操縦者が位置、高度、速度などの情報を確認できる送信機の利用が推奨されます。地形や人工物などの障害物も視認困難となるため、離着陸地点や緊急着陸地点、飛行経路上の障害物を確認できるように、地上照明も必要となります。

　また、機体に装備されたビジョンセンサが夜間の飛行に対応していない場合は、衝突回避や姿勢安定などの安全機能が利用できない可能性があるため注意が必要です。

(2) 夜間飛行のために必要な装備

　夜間飛行を行うためには、無人航空機の飛行範囲が照明等で十分照らされている場合を除き、無人航空機の姿勢と方向が正確に視認可能な灯火の装備が必須となります。

　暗闇でもどちらが前なのかわかるよう、緑や赤などの色で灯火がされている

必要があります。

目視外飛行

(1) 目視内飛行と目視外飛行の違い

目視内飛行は直接目視できる範囲内での飛行、目視外飛行は操作画面を見ながら操縦したり、直接目視できない範囲まで機体を飛ばす飛行です。目視外飛行を行うためには、事前に目視外飛行の承認を得ることが必要となります。

目視外飛行では、無人航空機の状態や周囲の障害物、他の航空機などの直接的な視認が難しくなります。そのため、機体に設置されたカメラを用いて視覚情報を得たり、機体の位置や速度、異常等の状態を把握したりすることが必要です。飛行制御システムやアプリを用いて、機体の情報を常に把握しながら飛行させます。

目視内飛行	直接目視できる範囲内で飛行させる
目視外飛行	操作画面を見ながら操縦したり、直接目視できない範囲まで飛行させる

(2) 目視外飛行のために必要な装備

目視外飛行においては、補助者が配置されて周囲の安全を確認できる状況と、補助者が配置できずに安全確認が難しい状況とで、必要な装備が異なります。

目視外飛行において、補助者が配置され周囲の安全を確認ができる場合に必要な装備は次の通りです。

- 自動操縦システム及び機体の外の様子が監視できる機体
- 搭載カメラや機体の高度、速度、位置、不具合状況等を地上で監視できる操縦装置
- 不具合発生時に対応する危機回避機能(フェールセーフ機能)。電波断絶時の自動帰還や空中停止機能、GNSS電波異常時の空中停止や安全な自動着陸、電池異常時の発煙発火防止等の機能がある。

補助者がいない場合には、さらに以下のような装備の追加が必要です。

教則

- 航空機からの視認性を高める灯火、塗色
- 機体や地上に設置されたカメラ等により飛行経路全体の航空機の状況が常に確認できるもの
- 第三者に危害を加えないことを、製造事業者等が証明した機能
- 機体の針路、姿勢、高度、速度及び周辺の気象状況等を把握できる操縦装置
- 計画上の飛行経路と飛行中の機体の位置の差を把握できる操縦装置

1章

ドローンの基本知識

ドローンのシステム

フライトコントロールシステム

(1) フライトコントロールシステムの基礎

フライトコントロールシステムは、機体に搭載された各種センサ (GPS、ジャイロセンサ、加速度センサ、方位センサ、高度センサなど) からのデータや、送信機からの信号を処理し、それに基づいて機体を制御する信号を送るシステムです。

これらのセンサの多くはキャリブレーション (校正) を必要とします。キャリブレーションとは、各機器が仕様通りに動作するよう、センサの調整や校正を行うことを指します。各機体で指定された手順に従って、キャリブレーションが適切に行われているかどうかを常に確認することが重要です。

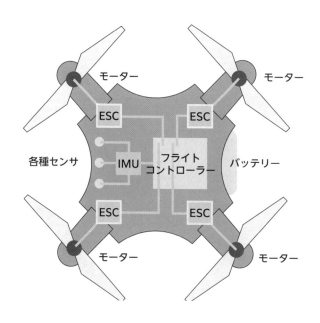

種類	機能・特徴
GNSS (Global Navigation Satellite System)	人工衛星の電波を受信し、機体の地球上での位置・高度を取得するデバイス（GPS（Global Positioning System）等）。
ジャイロセンサ	回転角速度を測定するデバイス。
加速度センサ	加速度を測定するデバイス。
IMU（Inertial-Measurement Unit）	3軸のジャイロセンサと3方向の加速度センサ等によって3次元の角速度と加速度を検出する装置。また、メーカーによっては気圧センサを含む場合もある。
地磁気センサ	機体が向いている方向を地磁気を用いて取得するデバイス。
高度センサ	レーザーや気圧センサなどを用い地上からの高度を取得するデバイス。
メインコントローラー（フライトコントローラー）	GPSなどの各種センサの情報と送信機の指令を基に、機体の姿勢を制御するデバイス。
送信機（プロポ）	操作の指令を機体へ送信する、又は機体情報を受信するデバイス。
レシーバー（受信機）	送信機の情報を受け取る受信機又は送受信機。

1章　ドローンの基本知識

　こちらが、フライトコントロールシステムを構成する一般的なデバイスの種類とその機能と特徴を一覧にしたものです。

　まずはGNSSですが、これは"グローバル・ナビゲーション・サテライト・システム（Global Navigation Satellite System）"を略したもので、人工衛星の電波を受信し、機体の地球上での位置・高度を取得するデバイスのことを指します。

　よく耳にする"GPS"、"グローバル・ポジショニング・システム（Global Positioning System）"は、このGNSSのひとつです。GPSはアメリカが運用・管理しているシステムですが、他には日本の準天頂衛星（QZSS）、ロシアのGLONASS、欧州連合のGalileoなどがあります。

　ジャイロセンサとは、機体の回転角速度を測定するデバイスのことを指します。簡単にいえば、「機体がどれだけ傾いたか」を見るためのデバイスです。x, y, zの3軸方向を測定しています。

　加速度センサとは、機体の加速度を測定するデバイスのことを指します。簡単にいえば、「機体がどれだけ動いたか」を見るためのデバイスです。こちらもx, y, zの3軸方向を測定しています。

　IMUは"イナーシャル・メジャーメント・ユニット（Inertial Measurement

Unit)"の略称です。IMUとは、先ほどご説明した、3軸のジャイロセンサと3方向の加速度センサ等によって、3次元の角速度と加速度を検出する装置のことを指します。

メーカーによっては、さらに気圧センサなどが含まれていることもあります。

地磁気センサとは、機体が向いている方向の情報を、地磁気を用いて取得するデバイスのことを指します。先述のGNSSがあれば「機体がどこにいるか」はわかりますが、「機体がどの方向を向いているか」まではわかりません。そのため、機体の向きを知るためには、地磁気センサが必要になります。機体メーカーによっては、地磁気センサを「コンパス」と表現することもあります。

高度センサとは、レーザーや気圧センサなどを用いて、地上からの高度を取得するデバイスのことを指します。機体メーカーによっては、「ビジョン・ポジショニング・カメラ」と呼ばれるセンサを用いて、カメラ映像を基に高度を測定している機体もあります。

メインコントローラーとは、GPSなどの各種センサの情報と送信機の指令を基に、機体の姿勢を制御するデバイスのことを指します。「フライトコントローラー」を略して「FC」と呼ぶこともあります。

送信機は、操作の指令を機体へ送信したり、機体情報を受信したりするためのデバイスのことを指します。「プロポーショナルコントローラー」を略して「プロポ」と呼ぶこともあります。

レシーバーは、送信機の情報を受け取るための受信機や送受信機のことを指します。

ドローンを飛行させるためには、これだけのセンサを使って多くの情報を処理しています。

(2) 無人航空機の飛行に用いられる各種センサの原理及び使用環境

（1）でも解説した通りですが、無人航空機の飛行に用いられる各種センサをまとめたものは下記の通りです。

1. ジャイロセンサ

ジャイロセンサは、単位時間あたりの回転角度の変化を検出する装置です。これにより、風などで機体が傾いたときに、無人航空機の傾きや向きの変化を検出し、フライトコントロールシステムに情報を伝えることができます。

2.加速度センサ

加速度センサは、3次元の慣性運動を検出するための装置で、無人航空機の速度の変化量を検出するセンサです。ジャイロセンサと合わせて機体の姿勢を制御します。

3.地磁気センサ

地磁気センサは、地球の磁力を検出して方位を測定する装置です。

4.高度センサ

高度の計測には、気圧センサや超音波センサ、LiDARなどが用いられています。

気圧センサは、気圧の変化を歪みゲージと呼ばれるものを利用して読み取り、高度を計測する装置です。

超音波センサは、機体から発射された音波の反射時間から高度を計測する装置です。

測量等でも利用されるLiDARは、レーザー光を照射して、その反射時間から高度を計測する装置です。

無人航空機の主たる構成要素

（1）無人航空機で使われる電気・電子用語

電池に関係する用語、単位、求め方及びその概要は、以下の通りになります。

1.電圧

いわゆる、電気を押しだす力のことです。

電圧の単位は「V」です。抵抗（Ω）×電流（A）で求めることができます。
ボルト

電圧は電池残量で決まります。電池の残量が減ると、電池の電圧は下がります。放電または飛行中の電圧降下は、電気回路の負荷抵抗とバッテリーの内部抵抗によって決まります。

2.出力

実際に消費される電気エネルギーの大きさのことです。

出力の単位は「W」です。放電時の電圧（V）×電流（A）で求めることができます。

出力は、単位時間あたりのエネルギー量を表します。出力が一定の場合、電池残量が少なくなると、放電時電圧が低下するため、電流は増大します。

3.容量

容量の単位は「Ah」です。電流（A）×時間（h）で求めることができます。

満充電から、電圧が決められた最低電圧（終止電圧）になるまでの間に、利用できる電気量を表します。

放電時の電流の大きさや温度によって、利用可能な容量は変化します。

4.エネルギー容量

実際に使った電気エネルギーの量を表します。

エネルギー容量の単位は「Wh」です。放電時電圧（V）×電流（A）×時間（h）で求めることができます。

容量と同様に、電流や温度によってエネルギー容量は変化します。

5.充電率

充電率の単位は「%」です。

満充電で放電できる電気量（Ah）と現時点で放電できる電気量（Ah）の比率を表します。0%は仕様上の完全放電状態を、100%は満充電状態を表します。

実際に使用する場合は、完全に放電はさせず、60%程度残した状態で使用を終えるようにしてください。

用語	単位	求め方	概要
電圧	V	抵抗(Ω) × 電流(A)	● 電圧は電池残量(現時点で放電できる電気量)で決まる。電池の残量が減ると電池の電圧は下がる。 ● 放電(飛行)中の電圧降下は、電気回路の負荷抵抗とバッテリーの内部抵抗によって決まる。
出力	W	放電時電圧(V) × 電流(A)	● 単位時間あたりのエネルギー量を表す。 ● 出力が一定の場合、電池残量が少なくなると、放電時電圧が低下するため、電流は増大する。
容量	Ah	電流(A) × 時間(h)	● 満充電から、電圧が決められた最低電圧(終止電圧)になるまでの間に、利用できる電気量。 ● 放電時の電流の大きさや温度によって、利用可能な容量は変化する。
エネルギー容量	Wh	放電時電圧(V) × 電流(A) × 時間(h)	● 容量と同様に、電流や温度によってエネルギー容量は変化する。
充電率	%	現時点で放電できる電気量(Ah) ÷ 満充電時に放電できる電気量(Ah)	● 満充電で放電できる電気量と現時点で放電できる電気量の比率を表す。 ● 0%は仕様上の完全放電状態を、100%は満充電状態を表す。

1章
ドローンの基本知識

(2) モーター、ローター、プロペラ

電動の無人航空機に搭載されるローターを駆動するモーターには、ブラシモーターとブラシレスモーターの2種類があります。ブラシレスモーターの特性としては、モーター内部の清掃やブラシの交換が不要であり、メンテナンスが容易であること、静音性が高く、寿命が長いという点が挙げられます。

一般的に、ローターは時計方向の回転と反時計方向の回転に対応する形状をしています。そのため、モーターの回転方向に応じて適切にローターを取り付けることが重要です。

時計回転のことをCW(クロックワイズ)、反時計回転をCCW(カウンタークロックワイズ)と呼びます。プロペラにCWまたはCCWと記載されているもの

があり、回転方向によりプロペラの形状が異なるので注意が必要です。

ブラシモーター	ブラシレスモーター
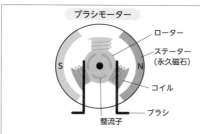	
安価なため、トイドローンの多くは「ブラシモーター」が使われている。整流子の回転により順次コイルに電流を流し、ローターの磁力の向きが変わることで回転する。整流子は直接触れるため摩耗が生じて粉塵を発生させ、モーターの性能と寿命の両方を低下させる。	インバータ回路でコイルへ流れる電流方向を切り替えることで、磁力の向きが変わりステーターの磁力の向きが変わることで回転する。ドローンの多くは「ブラシレスモーター」が使われている。ステーターに磁石がないため、小型化できるようになった。ローターに接触部分がないため、滑らかな動きが可能となりメンテナンスフリーで使えるといわれている。トルクがブラシモーターよりも大きく、寿命が長いため広くドローンに使用されている。

　ブラシモーターとブラシレスモーターの違いについても押さえておきましょう。

　ブラシモーターは安価なため、トイドローンの多くで使われています。整流子の回転により順次コイルに電流を流し、ローターの磁力の向きが変わることで回転します。整流子は直接触れるため摩耗が生じて粉塵を発生させ、モーターの性能と寿命の両方を低下させます。

　ブラシレスモーターは、インバータ回路でコイルへ流れる電流方向を切り替えることで、磁力の向きが変わりステーターの磁力の向きが変わることで回転します。

　ドローンの多くは「ブラシレスモーター」が使われています。ステーターに磁石がないため小型化できるようになったほか、ローターに接触部分がないため、滑らかな動きが可能となりメンテナンスフリーで使えるといわれています。

　トルクがブラシモーターよりも大きく寿命が長いため、ブラシレスモーターは多くの無人航空機に使用されています。

　ブラシレスモーターは性能が高く耐久性が高いのがメリットですが、ブラシモーターと比較するとやや高額になる傾向があり、モーターの動作制御が必要になります。

[ブラシモーターとブラシレスモーターの特徴]

項目	ブラシ付きDCモーター	ブラシレスモーター
ローター構造	コイル	永久磁石
ステーター構造	永久磁石 ＊コイルによるものもある	コイル
制御機構	ブラシと整流子（モーター内部）	インバータ回路
ローター位置検出	不要	必要（ローター位置により制御）
起動	容易	制御必要（加速動作）
速度可変	容易（電圧比例）	制御必要（電圧＋周波数比例）
正転/逆転	容易（極性を逆にする）	制御必要（制御順番を逆にする）
制御性	良い	良い
耐久性	低い（ブラシ摩耗のため）	高い（ブラシなし）
音、振動、ノイズ	摺動音、ノイズあり	静かで低振動、低ノイズ
効率	－	良い（正弦波駆動可能）
価格	比較的安価	制御回路を含めると少々高額

（3）モーター制御

　モーターの回転数は、ESC（エレクトロニックスピードコントローラー）によって制御されています。モーターが駆動するローターの回転数を調節することで、揚力や推力が変化し、これにより機体の操作が可能となります。

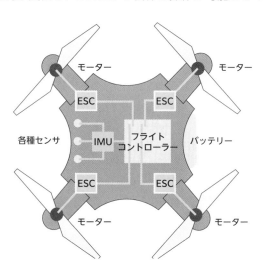

送信機

(1) 送信機から無人航空機へ送信される指令の流れ

　無人航空機への指令は、送信機から機体へ送られます。機体の受信機がその指令を受け取り、メインコントローラーからモーターまたはサーボを駆動させて機体を操縦しています。

　送信機は通称「プロポ」と呼ばれることが多いです。

[送信機の種類]

スティック型

ホイラー型

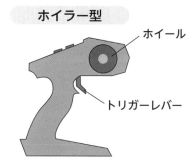

ホイール

トリガーレバー

　ドローンを操作するためには、「プロポ」と呼ばれる送信機で操作して飛行させます。正式には「プロポーショナルシステム」といい、送信機の操作に比例してサーボモーターやESCが制御されます。

　海外では「Tx（ティーエックス）」や「Transmitter（トランスミッター）」と呼ばれており、主に「ホイラー型」プロポと「スティック型」プロポの2種類あります。

　「ホイラー型」のプロポは、上部にあるホイールを回転させることでハンドル操作ができ、トリガーレバーを引くことでアクセル操作ができます。車と操作感覚が似ていることから、RCカーでは圧倒的なシェアがあります。

　「スティック型」のプロポは、右スティックと左スティックのそれぞれが、縦方向・横方向に自由度の高い操作をすることができます。

(2) 送信機の信号 ★★一等

　送信機から出る信号は、同じ周波数帯域が混雑している場所では、複数の電波が干渉し、これによる混信が誤作動を引き起こす可能性があります。電波の混信を防ぐため、飛行前には測定器を使って周囲の電波状態を確認することが

推奨されます。

　無人航空機の送信機からの電波だけでなく、無線LANやWi-Fi、高圧送電線からの影響も考慮する必要があります。周囲の環境を適切に確認することが、無人航空機の安全な運航にとって非常に重要となります。

　スマートフォンやパソコンのWi-Fiの電波や、いわゆるスマート家電などから発せられる電波の影響を受ける可能性がありますので、十分に注意しましょう。

(3) 送信機の操縦と機能

　無人航空機は、機体の重心を中心とする3軸の回転「ピッチ」「ロール」「ヨー」や、ローターの推力の増減といった機体の動きの制御を、送信機のスティックを操作して行います。

　ピッチは機首を上下させる回転、ロールは機体を左右に傾ける回転、ヨーは機首の左右への旋回のことをいいます。

　スティック操作による機体の動きの割り当ては、モード1やモード2などの設定により異なります。また、スティックのニュートラル位置を調整するためのトリムスイッチがある場合もあります。トリムスイッチは、何も操作していないのに機体が動いてしまうときなどに、スティックのニュートラル位置（原位置）を調整するときに使用したりします。

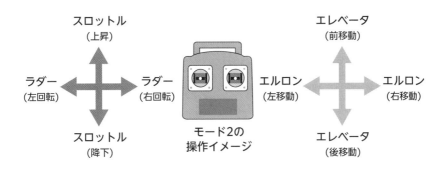

　モード2で操作する場合には、

- 前移動と後移動の「エレベータ」が、右スティックの上下方向に割り当てられていて、この時に機体が動作する方向を「ピッチ」といいます。
- 右移動と左移動の「エルロン」が、右スティックの左右方向に割り当てられて

いて、この時に機体が動作する方向を「ロール」といいます。

- 右回転と左回転の「ラダー」が、左スティックの左右方向に割り当てられていて、この時に機体が動作する方向を「ヨー」といいます。
- 上昇と降下の「スロットル」が、左スティックの上下方向に割り当てられています。

送信機の操縦と機能について、回転翼航空機の場合は下記のようになります。

- 「スロットル」は、ローターの推力または揚力を増減させ、機体の上昇と降下の動きを制御します。モード1の送信機では右側スティックの上下操作で、モード2の送信機では左側スティックの上下操作で行います。
- 「エレベータ」は、ピッチ方向の操作、機体の前後移動の動きを制御します。モード1の送信機では左側スティックの上下操作で、モード2の送信機では右側スティックの上下操作で行います。
- 「エルロン」は、ロール方向の操作、機体の左右移動の動きを制御します。モード1、モード2ともに、右側スティックの左右操作で行います。
- 「ラダー」は、ヨー方向の操作、機首の左右旋回の動きを制御します。モード1、モード2ともに、左側スティックの左右操作で行います。

下図は、回転翼航空機の場合のスティックの操作と、動きの割り当てを示したものです。モード1とモード2とでは「スロットル」と「エレベータ」が左右逆に割り当てられています。

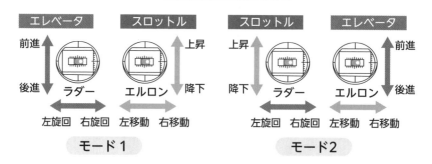

飛行機の場合の送信機の操縦と機能については次の通りです。

- 「スロットル」は、プロペラの推力を増減させ、機体の前後移動を制御します。モード1の送信機では右側スティックの上下操作で、モード2の送信機では左側スティックの上下操作で行います。
- 「エレベータ」は、ピッチ方向の操作、機体の上昇・降下を制御します。モード1の送信機では左側スティックの上下操作で、モード2の送信機では右側スティックの上下操作で行います。
- 「エルロン」は、ロール方向の操作を制御します。モード1、モード2ともに、右側スティックの左右操作で行います。
- 「ラダー」は、ヨー方向の操作を制御します。モード1、モード2ともに、左側スティックの左右操作で行います。

下図は、飛行機の場合のスティックの操作と、動きの割り当てを示したものです。回転翼航空機と同様、モード1とモード2とでは「スロットル」と「エレベータ」が左右逆に割り当てられています。

飛行機の場合

エレベータ	スロットル	スロットル	エレベータ
上昇／降下 ラダー（左旋回 右旋回）	前進／後進 エルロン（左移動 右移動）	前進／後進 ラダー（左旋回 右旋回）	上昇／降下 エルロン（左移動 右移動）
モード1		**モード2**	

ちなみに、日本ではモード2が多く使用されているといわれています。右手で水平の前後左右を全て操作できるので、自分が実機になったつもりで動かしやすいといわれています。

一方、ラジコンに馴染みのある方はモード1を多く使用されているといわれています。

海外でもモード1が多い国とモード2が多い国がそれぞれあり、道路の右側通行、左側通行のように、個性があるというのが現状です。

なお、無人航空機を使用する際には、どちらのモードになっているか十分確認して操縦するように注意しましょう。

機体の動力源

(1) 機体の動力源

無人航空機の動力源としては、主に電動とエンジンが用いられます。電動機の利点は、振動や騒音が少なく、機体の軽量化が可能という点です。しかしながら、飛行時間の短さが欠点となります。

一方、エンジン機の利点は、飛行時間が長く、長距離飛行が可能である点です。しかし、エンジンの騒音は電動機と比較して大きいという欠点があります。

	電動	エンジン
メリット	振動・騒音少、軽い	飛行時間長い
デメリット	飛行時間短い	振動・騒音大、重い

(2) バッテリーの種類と特徴

1. リチウムポリマーバッテリーの特徴

リチウムポリマーバッテリーとはゲル状のポリマー電解質を使用したバッテリーのことで、多くの無人航空機に採用されています。このバッテリーには、高いエネルギー密度があること、高電圧で使用できること、自己放電が少ないこと、充電容量が徐々に低下するメモリ効果が少ないという特徴を持っています。ただし、電解質が可燃性であることも特徴のひとつとして注意が必要です。

2. リチウムポリマーバッテリーの取り扱い上の注意点

リチウムポリマーバッテリーの取り扱い上の注意点としては、次のようなものがあります。

- 充電器は満充電になると充電を停止しますが、過充電となる場合があります。
- 過放電や過充電を行うと、急速に劣化が進んで寿命が短くなります。
- 過放電や過充電の状態では、通常に使用する時よりも多くのガスがバッテリー内部に発生し、バッテリーを膨らませる原因となります。

- バッテリーが強い衝撃を受けると発火する可能性があります。
- バッテリーのコネクタの端子が短絡、いわゆるショートした場合は発火する可能性があります。

　下の写真は、正常なバッテリーと、ガスが発生して膨らんだバッテリーを並べて比較したものです。バッテリーを使用または管理するときは、ガスが発生して膨らんでいないかどうかをチェックすることのほか、取扱説明書等の内容をしっかり確認してください。

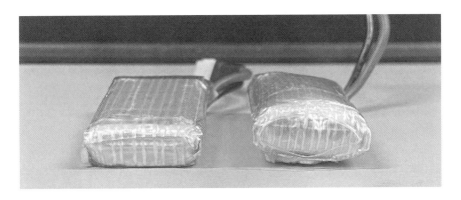

3. 複数のセルで構成されたリチウムポリマーバッテリーの取り扱い上の注意

　バッテリーの構成単位には「セル」という言葉が使われます。「セル」というのは"電気をためておく部屋"と考えていただくとイメージしやすいでしょう。

　無人航空機の機種によっては、3セルバッテリーや4セルバッテリーなど、セルが2つ以上あるバッテリーを使用するものがあります。セルの数が多ければ多いほど電圧が高くなるため、その分多く電気を使ってモーターを多く回すことができます。

　バッテリーの充電時には、各セル間の充電量のバランスを適切に保つことが重要です。バランスが大きく崩れた状態で充電を進めると、セル間に電圧差が生じ、一部のセルが過充電状態に陥り、バッテリーの劣化が早くなります。

　そのため、バランスコネクタ付きのバッテリーを使用する場合には、充電時にこのコネクタを充電器に接続することが重要です。

　バッテリーのセルバランスが崩れているかどうかは、アプリ画面でバランス状態を確認できる場合や、バランスチェッカーを使用することで確認できる場

合もあります。使用するドローンの機種によって確認方法が異なることがありますので、取扱説明書などをよく確認して、正しい状態で充電するようにしてください。

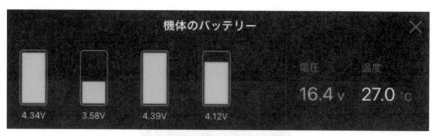

　リチウムポリマーバッテリーの充電を行う時は、専用充電器を使用し「バランス充電」で充電を行います。

　バッテリーは新品の状態だと各セルのコンディションが同じぐらいのレベルで保たれていますが、充電を繰り返しているうちに徐々に各セルのコンディションにバラつきが出てきます。バランスが崩れたまま使用していると過放電・過充電により内圧が上昇し過熱、発火の危険性が高まります。充電を行う時には、次の事項を守ってください。

1.充電中にバッテリーを放置しないでください。

　可燃物の近くやカーペット、木などの燃えやすい物の上でバッテリーを充電しないでください。

2.飛行の直後にはバッテリーが過熱しているため、すぐに充電しないでください。

　常温に冷めるまで、バッテリーを充電しないでください。取扱説明書に記載された温度の範囲外でバッテリーを充電すると、漏れ、過熱、バッテリーの損傷に至るおそれがあります。

3.使用しないときには、充電器を取り外してください。

　コード、プラグ、筐体、その他の部品に損傷がないか、充電器を定期的に確認します。変性したアルコールまたはその他の可燃性溶剤で、充電器を清掃しないでください。

4.損傷した充電器を使用しないでください。

　高性能なバッテリーですが、使い方を間違えると大変危険なものですので注意が必要です。

(3) エンジン

　エンジン機は、エンジンの回転力を利用してローターを回転させ、これにより揚力と推力を生成します。エンジンには2ストロークエンジンや4ストロークエンジン、グローエンジンなどの種類が存在します。これらのエンジンは、その種類によって潤滑方法、燃焼サイクル、点火温度などが異なります。

　また、エンジンの種類に応じて、使用する燃料も異なります。メーカーが指定する燃料を適切に使用し、管理することが重要です。特に混合燃料（オイル等を混ぜたもの）を使用する場合は、適切な混合比率で使用することが求められます。

　火災事故につながる可能性もありますので、エンジン機を取り扱う際には、取扱説明書の指示に従って正しく使用してください。

物件投下のために装備される機器

　無人航空機に搭載可能な物件投下装置には、機体から救命器具などを落とす装置や、農薬散布のための液体や粒状物質を散布する装置などがあります。物件投下装置は、基本的には意図しない物件の落下を防ぐ構造になっていますが、装置の特性や機能、搭載位置、対象物、操作手順などについては深く理解しておく必要があります。

特に、ウインチ機構を利用して物件を吊り下げる場合は、物件の揺れや投下前後の重心変化に注意が必要です。また、農薬を散布する装置は、飛行速度や飛行高度などが定められていますが、風などの影響で散布物が目標区域から飛び散る可能性もあり、第三者や第三者の土地に農薬が誤って散布されないよう配慮することも必要です。

▌機体又はバッテリーの故障及び事故の分析　★★一等

（1）機体の故障や事故の分析

　無人航空機の多くは、機体に生じた異常の情報を機体本体や送信機のランプや音といった方法でユーザーにいち早く伝達する機能を備えています。さらに、飛行軌跡や機体の情報といったフライトデータを記録するモデルも存在します。これにより、事故が発生した際の原因分析をより詳細に行うことが可能となります。

　事故や故障の原因を調査することは、機体や飛行の安全性を高めるために重要な要素であるため、フライトデータの記録は強く推奨されます。

　フライトデータは、無人航空機をパソコンに接続して取得したり、アプリなどにアップロードしたりすることで取得できるものなどがあります。

（2）リチウムポリマーバッテリーに関わる電気的なトラブル

　リチウムポリマーバッテリーに関わる、主な電気的トラブルには次のようなものがあります。

- 満充電のリチウムポリマーバッテリーを使用して無人航空機を急上昇させた直後、バッテリー残量が減ったように見えることがあります。これは、バッテリーから大きな電流が流れたことで一時的な電圧低下が生じるためです。
- 外気温の低い冬季の飛行では飛行時間が半分近くまで減ることがあります。気温が低下すると放電能力が極端に低下するためです。
- リチウムポリマーバッテリーは高密度なエネルギーを大容量で出力できますが、バッテリー残量が減って電圧が低下してくると急激に出力が弱くなり、墜落の原因となるので注意してください。

　特に、無人航空機を飛行させる際のバッテリーの温度については、取扱説明書などに記載されています。取扱説明書の内容に従って、バッテリーの適切な温度管理を行わないと事故に直結することがあることに注意しましょう。

　国土交通省航空局のホームページでは、年度ごとに過去の事故情報等の一覧を公開しています。無人航空機の飛行を行う前に、過去にどのような事故が起こったのかを確認して、同様の事故を起こすことがないように情報収集を行いましょう。

無人航空機に係る事故等報告一覧（令和4年12月5日以降に報告のあったもの）

No.	発生日時	発生場所	飛行させた者	型式または製造者	出発地／目的予定地	事故の概要	人の死傷等	機体の損壊程度	再発防止策等	備考
1	令和4年12月8日 11時30分頃	山梨県 北杜市	事業者	エアロセンス AS-MC02	山梨県北杜市／同左	空撮のため無人航空機を撮影させた際、付近の木に接触、墜落し、木より転落していた第三者の所有物に接触した。なお、当該業の中に人の存在はなかった。	なし	機体下部のカバ破損	飛行前のチェックリストに、設定飛行可高度の周辺に障害物がないか確認する項目を追加する。	本件は、「無人航空機の制御が不能となった事態」として、重大インシデントに該当する。
2	令和4年12月14日 14時00分頃	徳島県 阿南市	事業者	DJI PHANTOM PRO	徳島県阿南市／同左	空撮のため無人航空機を撮影させたところ、同以上飛行中の中に無人航空機操縦装置画面の通信が不能となり、機体が河川へ落下、紛失した。	なし	不明	―	本件は、「無人航空機の制御が不能となった事態」として、重大インシデントに該当する。
3	令和4年12月12日 13時00分頃	埼玉県 熊谷市	事業者	ACSL ACSL式PF2-CAT3型（開発試験中）	埼玉県熊谷市／同左	試験飛行のため無人航空機を離陸させたところ、異なる一部のローター部が停止し、墜落後地上に落下した。	なし	アーム及びスキッドの損傷	原因となった配線に是正措置をとった。	本件は、「無人航空機の制御が不能となった事態」として、重大インシデント（試験飛行）に該当する。
4	令和4年12月29日 14時00分頃	長崎県 東彼杵郡	個人	DJI Mini3	長崎県東彼杵郡／同左	撮影後間もなく（高度で約高度に停止させ、帰還まで下降し、とらところ、突如制御不能な状態が続いて、前進及び上昇、マニュアル一下降操作し減した。やむ上昇しかね、墜落となった。機体及び不明な状態の木に接触する、機体が飛行が続けかね、木に減る不明な状態、操作不明な状態の木は破損状態であった。	なし	不明	―	本件は、「無人航空機の制御が不能となった事態」として、重大インシデントに該当する。
5	令和5年1月13日 11時45分頃	静岡県 伊東市	事業者	DJI PHANTOM PRO	静岡県伊東市／同左	空撮のため無人航空機を上昇させている途中、高度100mくらいで突如機体の制御不能となった。その後間もなく（高下に墜落した。	なし	足が折れ、カメラが付れる	―	本件は、「無人航空機の制御が不能となった事態」として、重大インシデントに該当する。
6	令和5年4月1日 10時40分頃	東京都 大田区	事業者	DJI PHANTOM4	東京都大田区／同左	飛行訓練中、付近走行していた自転車に当った操縦者に接触し、負傷させた。	負傷者（自転車の運転者）	なし	事業者の敷地内であっても、道路に面している場所では操作を行わず、余地を十分に確保のある場所での操作を徹底する。また、エリアを区分するための安全ゾーンの中を区分する。更に、補助者を立て、操作訓練領域内への第三者の立入を制限する。	本件は、「無人航空機による人の負傷」として、重大インシデントに該当する。
7	令和5年3月2日 11時20分頃	埼玉県 熊谷市	事業者	ACSL ACSL式PF2-CAT3型（開発試験中）	埼玉県熊谷市／同左	試験飛行を行っていたところ、突如パラシュートが展開して機体が制御不能となり、地上に落下した。	なし	機体構造及びスキッドの損傷	型式認証活動の中で対応	本件は、「無人航空機の制御が不能となった事態」として、重大インシデント（試験飛行）に該当する。

* 本件は、運輸安全委員会設置法に基づいて運輸安全委員会の事故等調査の対象事案とされなかった無人航空機による事故及び「重大インシデント」の一覧であり、事故等調査の対象となった事案については、運輸安全委員会のホームページ（https://www.mlit.go.jp/Jtsb/）において公表される。

出典：国土交通省ホームページ

ドローンの周辺技術

電波

(1) 電磁波、波長、周波数

電気が流れると、向きや大きさが周期的に変化する「電磁波」が発生します。「電磁波」のうち、周波数が光よりも低い300万ＭＨｚ以下の周波数のものを「電波」と呼んでいます。

波の高さを「振幅」、連続する次の波が来るまでに進む距離を「波長」といいます。その単位にはｍが用いられます。

1秒間に波打つ回数のことを「周波数」といいます。その単位としてＨｚが用いられます。例えば、1秒間に10回波が繰り返されれば10Hzになります。

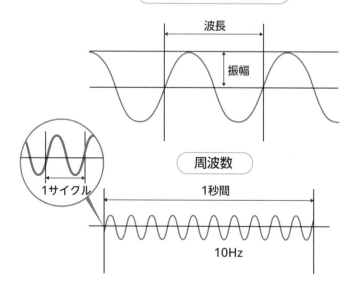

電磁波の振幅と波長

波長

振幅

1サイクル

周波数

1秒間

10Hz

(2) 電波の特性
1.直進、反射、屈折、回折、干渉、減衰

　電波の性質と特徴は様々で、まっすぐに進む「直進」のほか、電波が障害物の周りを回り込む「回折」、異なる媒質に当たると「透過」「反射」または「屈折」する性質などがあります。また、周波数が近い電波が重なると、電波干渉が発生し、お互いの電波を「減衰」させる性質などもあります。

　特に、2.4GHzの電波は、回折しにくく直進性が高いため、障害物の影響を受けやすいという特性があります。

- 電波は進行方向に障害物がない場合は直進します。
- 2つの異なる媒質間を進行するとき、反射や屈折が起こります。常に「入射角と反射角の大きさは等しい」という反射の法則が成り立ちます。「媒質」とは、ある作用を他の場所に伝える仲立ちとなる物質や空間のことを指します。
- 電波の周波数が低いあるいは波長が長いほど、より障害物を回り込むことができるようになります。これを回折といいます。
- 2つ以上の電波の波が重なると、強め合ったり、弱め合ったりします。これを干渉といいます。
- 電波は進行距離の2乗に反比例する形で電力密度が減少します。つまり、進行距離が2倍になると電波の電力密度は1/4になります。
- 周波数によりその特性は異なりますが、電波は水中では吸収されて大きく減衰します。

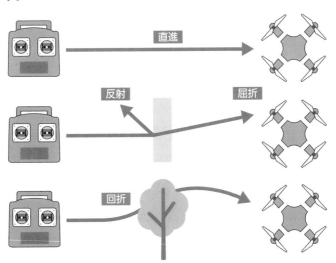

性質の種類	性質の特徴
直進	電波は、進行方向に障害物がない場合は直進する。
反射、屈折	電波は、2つの異なる媒質間を進行するとき、反射や屈折が起こる。常に反射の法則（入射角と反射角の大きさは等しい）が成り立つ。
回折	電波は、周波数が低い（波長が長い）ほど、より障害物を回り込むことができるようになる。
干渉	電波は、2つ以上の波が重なると、強め合ったり、弱め合ったりする。
減衰	電波は、進行距離の2乗に反比例する形で電力密度が減少する（進行距離が2倍になると電波の電力密度は 1/4 になる）。周波数により特性は異なるものの、電波は水中では吸収されて大きく減衰される。

2.マルチパス

　送信アンテナから放射された電波が、山や建物などによって反射や屈折を経て複数の経路を通って伝播する現象を「マルチパス」と呼びます。反射や屈折により、電波は到達までに微小な遅れを生じ、これが操縦不能を引き起こす一因となることがあります。

　マルチパスにより電波が弱まって一時的に操縦不能となった場合、送信機をなるべく高い位置に持ち上げ、アンテナの向きを変更して操縦再開を試みてください。

　このマルチパスなどによって、電波に干渉があったり弱まったりして通信に不具合を与える現象を「フェージング」といいます。マルチパス以外の原因によってフェージングを起こし、一時的に通信障害を起こしてしまうこともあります。

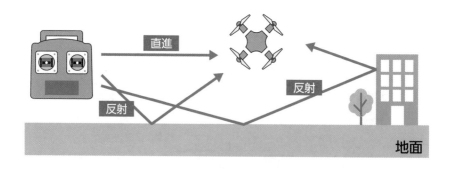

3. フレネルゾーン

フレネルゾーンとは、無線通信において電波が電力損失なく到達するために確保すべき空間や領域のことを指します。無線通信でいうところの「見通しが良い」という表現は、フレネルゾーンが適切に確保されている状態を示しています。

フレネルゾーンは、送信と受信のアンテナ間の最短距離を中心にした楕円体の空間で、電波伝播において重要なのは「第1フレネルゾーン」と呼ばれる部分になります。第1フレネルゾーン内に壁や建物などの障害物があると、受信電界強度が確保できず、通信エラーが発生する可能性があります。また、障害物が存在しない状態に比べて通信距離が短くなることもあります。

フレネルゾーンの半径は、周波数が高くあるいは波長が短く、またはお互いの距離が短くなればなるほど小さくなります。例えば、2.4GHz帯、5.7GHz帯の場合、2地点が100m離れたケースでは2m以下になります。

下図のように地面も障害物となるため、無線通信を行うときはフレネルゾーンの半径を考慮し、アンテナの高さを十分に確保する必要があります。

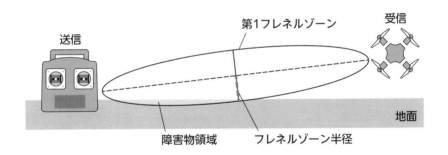

送・受信アンテナの距離	2.4GHz	5.7GHz
100m	1.76m	1.14m
200m	2.50m	1.62m
300m	3.06m	1.98m
400m	3.53m	2.29m
500m	3.95m	2.56m

(3) 無人航空機の運航において使用されている電波の周波数帯・用途

　無人航空機の運航においては、2.4GHz帯、5.7GHz帯、920MHz帯、73MHz帯、169MHz帯の周波数帯が主に使用されています。特に169MHz帯は、2.4GHz帯や5.7GHz帯の無人移動体画像伝送システムの無線局のバックアップ回線として主に使用されています。

　電波の通信可能な距離は、その周波数帯や出力、使用するアンテナの特性、変調方式、伝送速度などによって変動します。

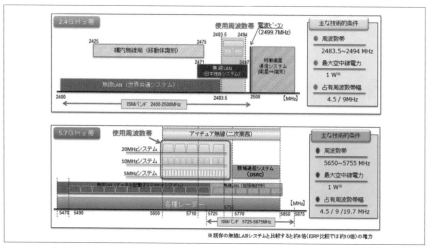

出典：総務省ホームページ

（4）無人航空機以外も含めた日本の電波の利用状況 ★★一等

　電波の特性として、波長が長いほど直進性は弱まり情報伝達能力が低下しますが、減衰は少なくなります。反対に、波長が短いと直進性が強まり情報伝達能力が増す一方で、減衰しやすくなります。

　無人航空機を制御するための通信で主に用いられる極超短波は、波長が10cm～1mで、超短波に比べて直進性がさらに強い特性を持ち、山や建物の影などをある程度回り込んで伝播することが可能です。伝送できる情報量が大きいうえ、小型のアンテナと送受信設備で通信が可能であるため、携帯電話、業務用無線、アマチュア無線、無人航空機をはじめとする多様な移動通信システム、地上デジタルTV、空港監視レーダー、電子タグ、電子レンジなど、幅広い用途で活用されています。

　ちなみに、極超短波は周波数が300MHz～3GHzの電波であり、Ultra High Frequency（ウルトラ・ハイ・フリークエンシー）を略して「UHF」とも呼ばれています。「地上デジタル放送」で使われている電波は、このUHFにあたります。

　超短波は波長が1～10mで、周波数30～300MHzの電波であり、Very High Frequency（ベリー・ハイ・フリークエンシー）を略して「VHF」とも呼ばれています。地上デジタル放送に移行する前のアナログ放送の時代には、このVHFの電波が使用されていました。

　マイクロ波は1～10cm（周波数3～30GHz）の波長を持ち、その直進性の強さから特定の方向への発射に適しています。その伝送可能な情報量の大きさから、衛星通信、衛星放送、無人航空機の画像伝送、無線LANなどに広く使用されています。レーダーシステムもマイクロ波の直進性を利用しており、気象レーダーや船舶用レーダーなどで活用されています。マイクロ波は、Super High Frequency（スーパー・ハイ・フリークエンシー）を略して「SHF」とも呼ばれています。

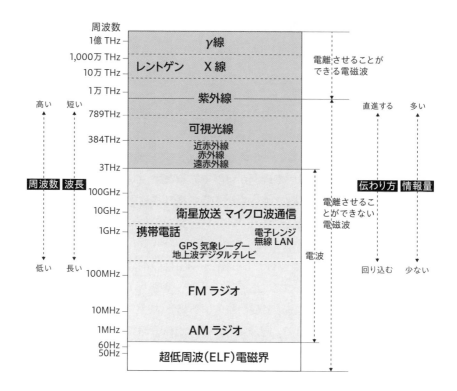

| 周波数 | | | 伝わり方 | 情報量 |

周波数
1億 THz — γ線
1,000万 THz —
10万 THz — レントゲン　X 線
1万 THz — 紫外線
789THz — 可視光線
384THz —
近赤外線
赤外線
遠赤外線
3THz —
100GHz —
10GHz — 衛星放送 マイクロ波通信
1GHz — 携帯電話　　　　電子レンジ
無線 LAN
GPS 気象レーダー
地上波デジタルテレビ
100MHz — FM ラジオ
10MHz —
1MHz — AM ラジオ
60Hz —
50Hz — 超低周波(ELF)電磁界

高い　短い

周波数　波長

低い　長い

電離させることが
できる電磁波

直進する　多い

電離させるこ
とができない
電磁波

電波

回り込む　少ない

（5）電波の送信、受信に関わる基本的な技術

　送信機から放射される電波の強さはアンテナの方向によって異なります。アンテナの角度は調節可能なため、操縦時の送信機の持ち方や無人航空機の位置を考慮し、最適なアンテナ角度を設定することが重要です。

　ただし、無指向性のアンテナの場合は、アンテナの周囲全体に均等に電波が放射されます。ラジオなどで用いられるアンテナは、この無指向性のアンテナに該当します。

　無人航空機の取扱説明書には、送信機の最適なアンテナの角度や使い方が紹介されていますので、使用する前に正しい使い方を理解するようにしましょう。

　ちなみに、近年の無人航空機の送信機には、アンテナが2本以上ついていることがあります。2本以上のアンテナを使って複数の電波を受信し、通信品質を向上させる技術を「ダイバーシティ」といい、そのアンテナを「ダイバーシティアンテナ」といいます。

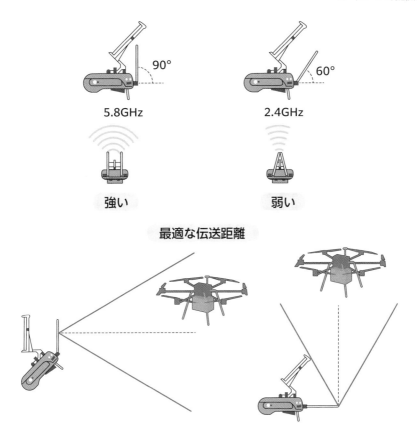

（6）電波の特性に伴って発生する運航上のトラブルの調査・分析 ★★一等

　他の設備や機器から発射されたノイズや外来電波の影響で、無線設備の通信環境が不安定になることがあります。その際には、周囲の電波環境を調査するひとつの方法として、スペクトラムアナライザ（周囲の周波数の分布を解析・表示する測定器）を使用し、使用予定の周波数が現地エリアでどのように使用されているか、また他の設備や機器からノイズが発生していないかを確認することができます。

　様々な無線局が混在する市街地での飛行を行う場合、周囲の電波環境の調査は非常に重要となります。

（7）電波と通信に関わる基本的な計算 ★★一等

　カテゴリーⅢ飛行を行うにあたっては、電波と通信に関わる基本的な計算についても理解しておく必要があります。具体的には、周波数帯や送受信間距離を踏まえて必要となるアンテナの高さの計算などが挙げられます。

フレネルゾーン半径と必要なアンテナの高さ

　フレネルゾーン半径R、送受信アンテナ間距離D、使用周波数f、波長 $\overset{\text{ラムダ}}{\lambda}$ とすると、これらの関係は下記のように表せます。

フレネルゾーンの半径における公式：

$$R = \sqrt{\lambda \times \left(\frac{D}{2}\right)^2 \times \frac{1}{D}} = \sqrt{\lambda \times \frac{D}{4}}$$

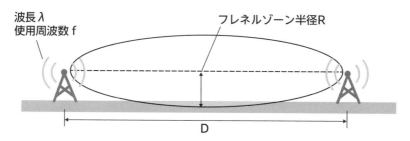

波長 λ
使用周波数 f

フレネルゾーン半径R

D

　この式を用いて、送受信アンテナ間距離 = 100m、使用周波数 = 2.4GHzのときのフレネルゾーン半径の計算方法は以下のようになります。

　前提条件より、送受信アンテナ間距離Dは100m、使用周波数fは 2.4×10^9 Hz。波長 λ は、光の速度を 3×10^8 m/sとした場合、$(3 \times 10^8) \div (2.4 \times 10^9) = 0.125$ m と求めることができます。

　以上より、フレネルゾーン半径Rは、それぞれの数字を式に代入すると、

$$R = \sqrt{\lambda \times \left(\frac{D}{2}\right)^2 \times \frac{1}{D}} = \sqrt{\lambda \times \frac{D}{4}} = \sqrt{0.125 \times \frac{100}{4}} \fallingdotseq 1.77m$$

　よって理想的なアンテナの高さは1.77m以上となります。

　実際の運用においては、通常フレネルゾーン半径の60%以上のアンテナ高さが確保できていれば、フレネルゾーンに障害物が存在しない状態と同等の通信

品質が保証されるといわれています。この条件から必要なアンテナの高さを計算すると、1.77 × 0.6で、おおよそ1.1m以上ということがわかります。

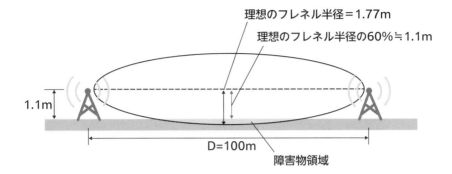

▶▶例題

　使用周波数が2.4GHz、送信側と受信側の距離が1,600mの場合のフレネルゾーン半径の60%の値（m）として、次のうち最も適切なものを1つ選びなさい。

　ただし、光速は3×10^8m/sとし、$\sqrt{2} = 1.41$、$\sqrt{3} = 1.73$、$\sqrt{5} = 2.24$、$\sqrt{7} = 2.65$を用いてもよい。電卓が使用可能である。

a.4.2m　b.4.6m　c.5.0m

出典：国土交通省航空局ホームページ　学科試験（一等）サンプル問題　改題

▶▶解説

- 送受信アンテナ間の距離Dは1,600m
- 使用周波数fは2.4×10^9Hz = 2.4GHz
- 波長λは（光の速さ3×10^8）÷（2.4×10^9Hz）= 0.125m

これを式に代入すると、

$$R = \sqrt{\lambda \times \left(\frac{D}{2}\right)^2 \times \frac{1}{D}} = \sqrt{\lambda \times \frac{D}{4}} = \sqrt{0.125 \times \frac{1600}{4}} = \sqrt{50} = 5\sqrt{2} \fallingdotseq 7.05m$$

これでフレネルゾーン半径Rがわかりましたが、7.05mに近い数字は選択肢にありません。設問を見ると「フレネルゾーン半径の60%の値として、

次のうち最も適切なものを1つ選びなさい」とありますので、この7.05mの60%を計算します。

7.05m × 60% = 4.23m

よって、正解はa.4.2mになります。

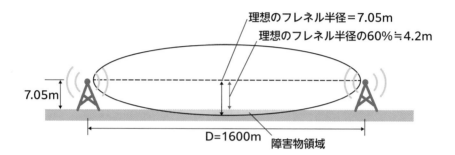

下図は電波の主な使用状況に関する資料です。

周波数によってUHFやVHFなどの名称が分けられていることや、その帯域によって使用される無線機器のイメージがイラストとして挿入されています。

本項（1）で「電磁波」のうち、周波数が光よりも低い300万MHz以下の周波数のものを「電波」と呼ぶと解説しましたが、これは日本の総務省が所管している「電波法」第二条に記載されています。

電波の主な使用状況

周波数	名称	使用状況	使用イメージ
	γ線		
	X線		
	紫外線		
	可視光線		
	赤外線		
3THz	サブミリ波		
300GHz	ミリ波 EHF	衛星通信、レーダー	
30GHz	マイクロ波 SHF	衛星放送、マイクロ波中継	
3GHz	極超短波 UHF	携帯電話、タクシー無線 防災無線	
300MHz	超短波 VHF	テレビ放送、FM放送 消防無線、航空無線	
30MHz	短波 HF	短波ラジオ、アマチュア無線	
3MHz	中波 MF	中波(AM)ラジオ、船舶通信	
300kHz	長波 LF	ビーコン、標準電波	
30kHz	超長波 VLF		
3kHz			

出典：総務省ホームページ

　下図はドローンで使用できる主な無線通信システムの資料です。

　現在多くのドローンで使われているものは「小電力データ通信システム」に該当するもので、こちらは「技術基準適合証明（通称：技適マーク）」がついている無線機器であれば、無線免許がなくても操作することができます。

　ただし、2.4GHz帯の機器であって送信出力が強いものや、5.7GHz帯の周波数帯を使用する無線機器の場合は、「第三級陸上特殊無線技士」の免許が必要になります。また、海外から取り寄せたドローンなどでは、「小電力データ通信システム」に該当する機体であっても技適マークがついていないものがあります。

　技適マークがないものを国内で使用すると電波法違反になってしまうため、無線機器を購入する際には、必ず技適マークがついているかどうかを確認しましょう。

　ちなみに、技適マークに郵便マークが入っているのは、郵便事業などを取り扱っていた、かつての「郵政省」と呼ばれる官庁がこの制度を制定したためです。

ドローンで使用できる主な無線通信システム

無線システム名称／無線局種	周波数帯	送信出力	伝送速度	利用形態	無線局免許	備考
ラジコン操縦用微弱無線	73MHz帯等	※1	5kbps	操縦	不要	農薬散布での利用が主体
無人移動体画像伝送システム	169MHz帯	10mW	～数百kbps	操縦 画像伝送 データ伝送	要	平成28年8月に産業利用として制度整備
特定小電力無線局	920MHz帯	20mW	～1Mbps	操縦	不要 ※2	操縦用として利用
携帯局	1.2GHz帯	1W	(アナログ方式)	画像伝送	要	空撮等の画像伝送利用
小電力データ通信システム	2.4GHz帯 (2400～2483.5MHz)	10mW/MHz (FH方式は 3mW/MHz)	200k～54Mbps	操縦 画像伝送 データ伝送	不要 ※2	ドローンの操縦・画像伝送等で最も広く使用されている無線システム
無人移動体画像伝送システム	2.4GHz帯 (2483.5～2494MHz)	1W	～数十Mbps	操縦 画像伝送 データ伝送	要	平成28年8月に産業利用として制度整備
無人移動体画像伝送システム	5.7GHz帯	1W	数十Mbps	操縦 画像伝送 データ伝送	要	平成28年8月に産業利用として制度整備

※1：　500mの距離において，電界強度が200μV/m以下
※2：　免許を要しない無線局については，無線設備が電波法に定める技術基準に適合していることを事前に確認し，証明する「技術基準適合証明又は工事設計認証」を受けた無線設備を使用する場合に限る。
※3：　免許が必要な無線局には，「第三級陸上特殊無線技士」以上の資格者が必要です。

技適マーク

2

出典：総務省ホームページ

磁気方位

(1) 地磁気センサの役割

地磁気センサは地球の磁気を検出することにより、無人航空機の向き（方位）や姿勢を判別することが可能です。ただし、地磁気センサが常に正確な方位を計測するわけではないことに注意が必要です。これは、磁力線が示す北と地図上の北の間に偏角が生じるためです。

地図上の真北と地磁気センサが検出する北（以下、磁北）は微妙にずれています。日本では、磁北が真北より西側に偏っています。

この真北と磁北のなす角（異なる2つの直線によって成される角）のことを偏角といいます。偏角は、国土交通省国土地理院のホームページに、データや詳細が掲載されています。

■国土交通省国土地理院ホームページ

https://www.gsi.go.jp/buturisokuchi/geomag_index.html

(2) 飛行環境において磁気に注意すべき構造物や環境

地磁気を検出しようとすると、鉄や電流の悪影響を受けることがあります。検出に影響を与える可能性があるものの例としては、高圧線や変電所、電波塔、鉄材を多く使用した建物、新幹線や鉄道、自動車、鉄材が多く埋め込まれた場所などです。

無人航空機の姿勢や進行方向に影響を与える可能性がありますので、これらの構造物の近くを飛行する際には注意が必要です。可能であれば、これらの構造物に近づかないように飛行計画を立てて飛行させることが望ましいです。

(3) 無人航空機の磁気キャリブレーション

無人航空機を飛行させる時には、磁気キャリブレーションの実施が必要になることがあります。

無人航空機の磁気キャリブレーションとは、コンパスキャリブレーションとも呼ばれ、飛行前に現地の地磁気を検出し、その方位を取得してGNSS機能やメインコントローラーに認識させる作業を指します。磁気キャリブレーションが適切に行われていない場合、無人航空機が操縦者の意図しない方向に飛行して

しまう可能性があります。

　飛行地点によって地磁気の方向は異なるため、磁気キャリブレーションの実施は大変重要です。長距離の出張や遠征などで、最後に飛行させた場所から大きく離れる場合には、無人航空機を飛行させる前に磁気キャリブレーションを行ってください。

　大型機体の磁気キャリブレーションを行う場合は、思わぬ事故を防止するために複数人で行うとよいでしょう。

[磁気キャリブレーション（コンパスキャリブレーション）]

GNSS

（1）GNSS

　GPS（Global Positioning System）は、アメリカ国防総省が航空機などの航法支援のために開発したシステムのことをいいます。その他にも、ロシアのGLONASS、欧州のGalileo、日本の準天頂衛星QZSSなどがあり、これらを含めた衛星測位システム全体を総称してGNSS（Global Navigation Satellite System/全球測位衛星システム）といいます。

　GNSSは、少なくとも4つ以上の人工衛星からの信号を同時に受信することで、その位置を計算することが可能です。無人航空機に取り付けられた受信機は、最低4基以上の人工衛星からの距離を同時に測定し、その結果から機体の位置を特定します。より多くの人工衛星から信号を受信することで、より安定した飛行を行うことができます。

(2) GNSSとRTKの精度

　機体の位置を特定する測位方式には、単独測位と相対測位があります。

　GPS測位における１つの受信機のみを用いた単独測位の精度は、大体数十ｍ程度です。しかし、固定局と移動局の2つの受信機を使用するRTK（Real Time Kinematic）やDGPS（Differential Global Positioning System）といった相対測位の技術が確立されており、これらの測位方式を使用すると、数cm～数ｍレベルの高精度な測位が可能になります。

　通常の空撮ではRTKはあまり使われませんが、測量や点検など、より正確なデータを取得するためや、自動離発着の精度向上を計るためにRTKが使用されています。

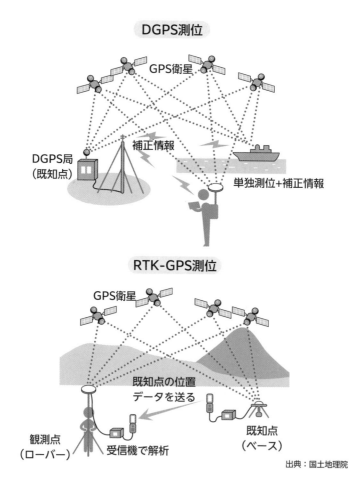

DGPS測位

GPS衛星

補正情報

DGPS局
（既知点）

単独測位＋補正情報

RTK-GPS測位

GPS衛星

既知点の位置
データを送る

観測点
（ローバー）

受信機で解析

既知点
（ベース）

出典：国土地理院

（3）GNSSを使用した飛行における注意事項

　自動操縦を行うためには、手動操作よりも高精度なGNSS測位が必要となります。事前に地図上で設定されたWay Point（無人航空機の自動飛行経路）はGNSSの測位精度の影響を受けるため、自動操縦中に測位精度が低下すると、実際の飛行経路の誤差が大きくなる可能性があります。

　GNSSの測位精度に影響を及ぼす要素には、GNSS衛星の時計の精度、捕捉しているGNSS衛星の数、障害物によるマルチパスの発生、受信環境のノイズなどが考えられます。したがって、受信機は周囲の地形や障害物の状況を考慮して設置する必要があります。

　また、一般的に位置精度は高度方向の誤差が水平方向に比べて大きくなる傾向があります。つまり、GNSSを使った無人航空機の位置の測位では「機体が緯度経度のどこにいるか」はわかりますが「機体が何mの高さにいるか」を調べるのが苦手ということです。

1章

ドローンの基本知識

77

1-6 ドローンの飛行原理と性能

重要度
★★★

無人航空機の飛行原理

　無人航空機が飛行するためには、重力に対抗するための上向きの力が必要です。通常の飛行機では、主翼が生み出す揚力がこの役割を果たしています。一方で、飛行機の飛行速度とは逆方向に空気抵抗（抗力）が働くため、これに対抗するためにはプロペラなどの回転翼による推力が必要となります。

　回転翼航空機（例えばヘリコプターやマルチローター）では、重力に対抗する上向きの力は、プロペラ（ローター）が生み出す推力がこの役割を果たしています。機体が運動しようとすると飛行機と同様に抗力が作用しますが、推力を重力以上に大きくして機体の姿勢を変えることで、抗力に対抗します。

　これらの力がバランスを保って釣り合うとき、機体は速度と姿勢を一定に保つ定常飛行（釣り合い飛行）を行うことができます。

　飛行中の航空機に流入する空気の角度は、迎角と横滑り角で表現されます。機体の前後軸と上下軸を含む面に対して空気が流入する方向を投影したとき、前後軸とのなす角度を迎角と呼びます。空気が下方から流入するとき、迎角は正となります。

　さらに、機体の前後軸と上下軸を含む面と空気流入の方向がなす角度を横滑り角と呼びます。空気が機体の右側から流入するとき、横滑り角は正となります。

　機体に作用する空気力（揚力や抗力）やモーメントは、流入空気の速度とともに、迎角や横滑り角によって決まります。

定常飛行を行うための条件としては、

- 飛行機は、揚力と重力が釣り合うこと
- 回転翼航空機は、推力と重力が釣り合うこと

が必要です。

　航空機の姿勢は、ピッチ、ロール、ヨーという3つの角度で表現されます。機体の機首を上下に振る動きをピッチ、機体が左右に傾く動きをロール、そして機体を上から見た際の機首の左右の回転をヨーと呼びます。これらの角度はそれぞれ、ピッチ角、ロール角（バンク角）、ヨー角（方位角）と称され、それぞれの角速度をピッチ角速度（ピッチング）、ロール角速度（ローリング）、ヨー角速度（ヨーイング）とよびます。

　通常、飛行機はプロペラによる推力で速度を調節し、ピッチ、ロール、ヨーの姿勢を変えることで飛行速度の方向を制御します。基本的に、ピッチを変化させるための装置は水平尾翼のエレベータ（昇降舵）、ロールを変化させるための装置は主翼のエルロン（補助翼）、ヨーを変化させるための装置は垂直尾翼のラダー（方向舵）が用いられます。

揚力発生の特徴

　空気が流れる中に流線形の物体（例えば翼）が置かれると、その物体には空気の力が作用します。この力は、流れと垂直方向に作用する力を揚力、流れの方向に働く力を抗力と呼びます。

　翼の前縁と後縁を結ぶ線と、空気の力の流れがなす角を迎角といい、空気が下方から流入するときには迎角は正となります。一般的に、迎角が増すと揚力と抗力の両方が増加します。翼の断面形状で上面の湾曲が下面より大きなものは、効率良く揚力を発生させることができるため、翼やローターの断面に用いられます。しかし、迎角を過度に大きくすると、流れは翼の表面から剥がれ、揚力が減少して抗力が増大し、最終的に失速状態に陥ります。飛行機が失速状態になると、機体は急降下を始めます。

　つまり、翼にあたる空気を利用して揚力を発生させることができ、迎角によって増減できるということです。

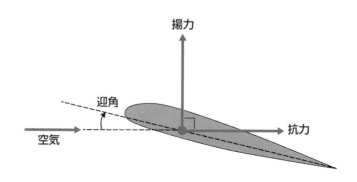

　プロペラは、2枚以上の翼（ブレード）が回転することで推力を発生させます。プロペラを回転させるためにはトルクが必要であり、プロペラを動かす原動機には反トルクが作用します。

　回転翼航空機（マルチローター）では、プロペラから発生する反トルクを打ち消すために、一般的には偶数個のプロペラを半数ずつ反対方向に回転させます。各プロペラの回転速度を調節することで推力とトルクを変化させ、ピッチ、ロール、ヨーの動きを行います。

　一方で、一般的なヘリコプター型の回転翼航空機は、メインローターから生

じる反トルクをテールローターで打ち消します。メインローターは１回転ごとにブレードのピッチ角を周期的に変化させる可変ピッチ機構を持ち、これにより機体のピッチとロールの姿勢制御を行います。さらに、テールローターの推力を調節することでヨーの姿勢制御を行います。

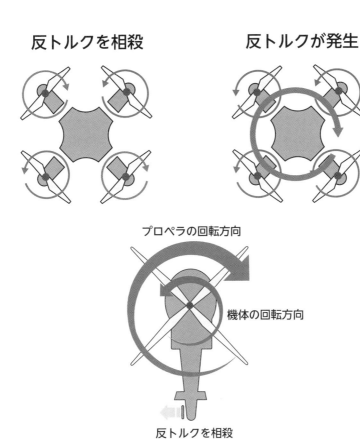

反トルクを相殺

反トルクが発生

プロペラの回転方向

機体の回転方向

反トルクを相殺

　上図のように回転翼ではプロペラと逆回転に機体が回ってしまうという現象（反トルク）が起こります。これを打ち消すために、ヘリコプター型はテールローターを使用しており、マルチローター型はプロペラの半数の回転方向を逆にしています。

無人航空機へのペイロード搭載

　ペイロードを搭載できない機体を除く無人航空機は、安全に飛行するためのペイロードの最大積載量が設定されています。しかし、ペイロードの最大積載量とその搭載時の飛行性能は、飛行高度や大気状態によって変化します。また、飛行機の場合には離着陸エリアの広さも影響を与えます。

　機体重量の変化は航空機の飛行特性（安定性、飛行性能、運動性能）に影響を与えるため、注意が必要です。また、機体の重心位置の変化は飛行特性に大きな影響を及ぼします。そのため、ペイロードの有無による重心位置の大きな変動を避ける必要があります。

　近年では物流用の無人航空機が増えてきており、30kgや40kgというペイロードを持つ機体も増えています。ただし、高度や大気状態でペイロードの最大積載量は変化しますので、カタログ上のスペックと実際に現場で使う際のスペックは異なる場合があるということに注意をしましょう。

無人航空機の飛行性能 ★★一等

　カテゴリーⅢの飛行を行うには、無人航空機の各種飛行性能（離陸、上昇、加速、巡行、旋回、降下、着陸等）及びこれらに影響を及ぼす要素（機体の重さ、飛行速度、空気密度、風などの大気状態等）について深く理解しておくことが求められます。

　例えば、「機体重量」の変化という要因が影響を与える可能性があるものには「制動距離」や「最大離陸重量」などの飛行性能の変化などが考えられます。「モーターの状態」の変化という要因が影響を与える可能性があるものには「耐風性能」や「防塵・防水性能」などの飛行性能の変化などが考えられます。

　次の図は、飛行性能とこれに影響を与える要因との関係性を表した一例にすぎません。

　実際に操作する無人航空機の飛行性能は、用途やメーカーの違い、機体の管理状況の違いなどがあり様々です。

　無人航空機を使用するときには、飛行性能に影響を与える可能性がある要因をしっかり洗い出して、適切な安全管理、運航管理、機体管理などを行えるようにしましょう。

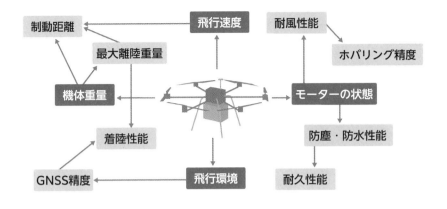

飛行性能の基本的な計算　★★一等

　カテゴリーⅢ飛行には、機体重量、揚力、推力、空気密度、飛行速度、高度、回転翼の回転速度の関係等、無人航空機の飛行性能に関する基本的な計算についても理解しておく必要があります。

(1) 飛行機の揚力・回転翼航空機の推力の計算

　飛行機の場合、機体重量W、揚力L、空気密度$\overset{\rho^-}{\rho}$、飛行速度Vの関係は下記のように表せます。

飛行機の水平定常飛行における公式：$W = L \propto \rho V^2$

　まず、飛行機が水平定常飛行しているとき、重力と揚力が釣り合って、高度を保ったまま一定の飛行速度で進んでいることを示します。

　そのため、下向きの力である重力（ここでは重量W）と、上向きの力である揚力Lが釣り合っていることになります。これを$W = L$と表現します。

　Lの右にある「$\propto$」は「比例する」という意味の記号です。無限を表す∞の右側に穴をあけた記号で、プロポーションマークといったりしますが、ここでは「比例する」という読み方で説明します。

　比例は片方が2倍、3倍になると、それに伴ってもう一方も2倍、3倍になるという関係性のことをいいます。つまり、上の式は「W（重力）とL（揚力）は、空気密度ρと速度Vの2乗を掛けたものに比例する」という意味になります。

比例のグラフ

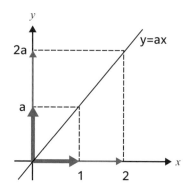

回転翼の場合、回転翼の推力T、空気密度ρ、回転角速度$\overset{\text{オメガ}}{\omega}$の関係は下記のように表せます。

回転翼の飛行における公式：$T \propto \rho\omega^2$

これは先ほどの飛行機の関係を回転翼に置き換えたもので、飛行機では速度Vでしたが、回転翼の場合は、プロペラの回転角速度ωを使って表すので、このような式になります。

「T（推力）は、空気密度ρと回転角速度ωの2乗を掛けたものに比例する」という意味になります。

回転翼航空機（ヘリコプター、マルチローター）のホバリング時の場合、機体重量Wと推力Tの関係は下記のように表せます。

回転翼のホバリングにおける公式：$W = T$

ホバリング時は上向きの力と下向きの力が釣り合うことで静止しているといえるので、重量Wと推力Tがイコールになります。

また、回転翼の消費パワー（仕事率）P、空気密度ρ、回転角速度ω、推力Tの関係は下記のように表せます。

回転翼の消費パワーにおける公式：$P \propto \rho\omega^3 \propto T\omega$

消費パワーとは、単位時間内にどれだけのエネルギーが使われているか（仕事が行われているか）を表す量のことをいいます。上記は「P（消費パワー）は空気密度 ρ と回転角速度 ω の3乗を掛けたものに比例し、さらにそれは T（推力）と回転角速度 ω を掛けたものに比例する」という意味になります。

(2) 空気密度 ρ の変化による計算

大気は、地上から上空の気温、気圧、密度等を平均な状態に最も近いように表した「標準大気」が定められており、上述の式に関わる空気密度 ρ は、高度に対して下表のように変化します。

富士山のような山に登ったことがある方はよくご存知と思いますが、3000m級の山に登ると酸素が薄くて息が苦しくなるといわれます。この「酸素が薄い」とは、空気密度が低い状態ということです。表から読み取ると、3000mの高度では空気密度が0.90、高度0mとの比では0.74倍ですから、平地よりかなり酸素が薄くなるということがわかります。

高度 [m]	空気密度 [kg/m³]	高度0mとの比
0	1.2250	1.00000
500	1.1673	0.95287
1000	1.1116	0.90746
1500	1.0581	0.86373
2000	1.0065	0.82162
2500	0.95686	0.78111
3000	0.90912	0.74214
3500	0.86323	0.70468

揚力や推力は、翼・プロペラにあたる空気から得ているので、この空気の密度が航空機の飛行にかなり密接に関わってくることになります。

先ほどの富士山の例のように、3000mの地点では空気密度は0.74倍です。このとき揚力や飛行速度はどうなるでしょうか。飛行機、回転翼航空機それぞれで見ていきましょう。

飛行機の場合、空気密度 ρ が0.74倍になるので、これに比例する揚力Lも0.74倍になります。揚力を維持するには、空気密度の0.74倍を打ち消すために、飛行

速度の V^2 が $1/0.74$ 倍になる必要があります。2乗を外すためにルートの計算をし、速度 V は $\sqrt{1/0.74} ≒ 1.16$ 倍になります。

飛行機の水平定常飛行における公式：$W = L \propto \rho V^2$

揚力：空気密度 ρ が 0.74 倍 　　　⇒　比例する揚力 L も 0.74 倍

・飛行速度：空気密度 ρ が 0.74 倍　⇒　揚力 L を保つには速度 V^2 が $1/0.74$ 倍
　　　　　　　　　　　　　　　　　⇒　速度 V は $\sqrt{1/0.74}$ 倍 ≒ 1.16 倍

　回転翼航空機の場合、高度3000mで空気密度 ρ が 0.74 倍であるため、同様に比例する推力 T は 0.74 倍になります。また回転角速度 ω は先ほどの速度 V の計算方法と同じで、$\sqrt{1/0.74} ≒ 1.16$ 倍ということになります。

　消費パワーは、回転角速度 ω が 1.16 倍、推力 T は一定のため、これに比例する消費パワー P は 1.16 倍となります。

回転翼の飛行における公式：$T \propto \rho \omega^2$

回転翼の消費パワーにおける公式：$P \propto \rho \omega^3 \propto T\omega$

・回転角速度：空気密度 ρ が 0.74 倍　　⇒　推力 T を保つには、回転角速度
　　　　　　　　　　　　　　　　　　　　　ω^2 が $1/0.74$ 倍
　　　　　　　　　　　　　　　　　　⇒　ω は $\sqrt{1/0.74}$ 倍 ≒ 1.16 倍

・消費パワー：回転角速度 ω が 1.16 倍　⇒　消費パワー P は $T\omega$（推力×回
　　　　　　　　　　　　　　　　　　　　　転角速度）に比例するので、消費パワー P も 1.16 倍

▶▶例題1

回転翼航空機が高度1000mを飛行する際、高度0mに比べて、空気密度ρ、推力Tは、それぞれおおよそ何倍になるか。それぞれ次のうち最も適切なものを1つ選びなさい。

＊空気密度は下表を参考にすること

高度 [m]	空気密度 [kg/m³]	高度0mとの比
0	1.2250	1.00000
500	1.1673	0.95287
1000	1.1116	0.90746
1500	1.0581	0.86373

＜空気密度ρ＞
a.1.1倍　b.0.9倍　c.0.7倍
＜推力T＞
a.1.1倍　b.0.9倍　c.$\sqrt{1/0.9}$倍

▶▶解説

回転翼航空機が高度1000mを飛行する際、高度0mに比べてどうなるかという問題です。

空気密度ρは表の高度1000mの欄から約0.9倍とわかり、b.が正解です。$T \propto \rho\omega^2$より推力Tは$\rho\omega^2$に比例しますので、こちらも0.9倍でb.が正解です。

回転翼航空機が高度1000 mを飛行する際、高度0 mに比べて、空気密度ρと推力Tはおおよそ0.9倍になりますが、地上と同じように飛行させる場合、プロペラの回転角速度ωと消費パワーPは、それぞれおおよそ何倍必要になるか。それぞれ次のうち最も適切なものを1つ選びなさい。

＜回転角速度ω＞
a.0.9倍　　b.1/0.9倍　　c.$\sqrt{1/0.9}$倍
＜消費パワーP＞
a.0.9倍　　b.1/0.9倍　　c.$\sqrt{1/0.9}$倍

▶▶解説

例題1と同様、回転翼航空機が高度1000mを飛行する際、どうなるかという問題です。

問題文の通り、空気密度ρと推力Tはおおよそ0.9倍になります。地上と同じように飛行させる場合、$T \propto \rho\omega^2$のρが0.9倍になりますので、これを打ち消すためにω^2が1/0.9倍でなければなりません。2乗を外す計算をして$\sqrt{1/0.9}$倍、c.が正解となります。

$P \propto \rho\omega^3 \propto T\omega$より、消費パワー$P$は$T\omega$に比例します。$\omega$が$\sqrt{1/0.9}$倍になっていますので、これに比例する$P$も$\sqrt{1/0.9}$倍となり、c.が正解です。

(3) 機体重量の変化における計算

ペイロードの搭載等で、飛行機の機体重量が変化する場合を見ていきます。

$W = T$より、揚力Lは重量Wと釣り合っていなければなりません。機体重量が2倍になる場合、必然的に2倍の揚力を要することになります。

飛行速度は、重量Wと揚力Lが2倍なので、比例するρV^2も2倍にしなければなりません。ただし、高度が同じであれば、空気密度ρは一定ということなります。すると、V^2が2倍になるので、速度Vは$\sqrt{2}$倍、つまり1.4倍必要ということになります。

　まとめると、重量が2倍になる場合、同じように飛行するためには1.4倍の速度が必要ということになります。それほど、機体重量は飛行に与える影響が大きいのです。

飛行機の水平定常飛行における公式：$W = L \propto \rho V^2$

- 揚力：重量Wが2倍　⇒　重量W＝揚力Lなので、揚力Lも2倍
- 飛行速度：重量Wが2倍　⇒　　ρV^2を2倍に
　　　　　　　　　　　　　　⇒　空気密度ρは一定なので速度V^2が2倍
　　　　　　　　　　　　　　⇒　Vは$\sqrt{2}$倍

　回転翼航空機も飛行機と同様に、$W = T$より、機体重量が2倍になると推力も2倍必要となります。
　回転角速度ωは推力Tの2倍に伴い、$\rho \omega^2$が2倍にならなければなりません。高度が同じであれば空気密度ρは一定なので、ω^2が2倍となり、ωは$\sqrt{2} \fallingdotseq 1.4$倍必要です。
　また、回転角速度ωが$\sqrt{2}$倍なので、$P \propto \rho \omega^3$より、消費パワーPは$\sqrt{2}^3 \fallingdotseq 2.8$倍になります。

回転翼のホバリングにおける公式：$W = T$
回転翼の飛行における公式：$T \propto \rho \omega^2$
回転翼の消費パワーにおける公式：$P \propto \rho \omega^3 \propto T\omega$

- 回転角速度：推力Tが2倍　⇒　　$\rho \omega^2$が2倍
　　　　　　　　　　　　　　⇒　空気密度ρは一定なので、ω^2が2倍
　　　　　　　　　　　　　　⇒　ωは$\sqrt{2}$倍
- 消費パワーP：ωは$\sqrt{2}$倍　⇒　空気密度ρは一定なので、Pは$\sqrt{2}^3 \fallingdotseq 2.8$倍

　計算問題はありませんが、迎角と揚力の関係についても理解しておきましょう。
　先述の通り、飛行機において機体重量が2倍になると、揚力も2倍になり、同じ迎角で飛行するためには$\sqrt{2} \fallingdotseq 1.4$倍の飛行速度が必要になります。

速度を落としていく場合、代わりに迎角を大きくすることで、速度を落とした分の揚力を維持することができます。ただし、それには限界があり、ある一定の角度まで迎角を大きくすると、今度は空気抵抗が大きすぎて揚力が失われていきます。

　これを表したのが下のグラフです。この迎角に限界があることから、速度を落とすことにも限界があり、これを最低飛行速度（失速速度）と呼びます。

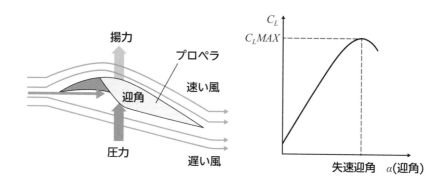

　ちなみに、有人機の話になりますが、小型のセスナで時速60km、大型の旅客機だと時速200〜300kmが最低飛行速度になるといわれています。旅客機は飛行するためにかなりの速度を維持しなければならないということです。

　そして、揚力を維持するために飛行速度の増加が必要ということは、最低飛行速度もそれに比例して増加することを意味します。すなわち、飛行機の機体重量が2倍になると、最低速度も1.4倍になるということです。

▶▶例題

　ペイロードが搭載されるなどして飛行機の機体重量が3倍になると、揚力 L と機体速度 V は何倍必要になるか。それぞれ次のうち最も適切なものを1つ選びなさい。

＊高度などの他の条件は同じとする
＊ $\sqrt{2} \fallingdotseq 1.4$ 、 $\sqrt{3} \fallingdotseq 1.7$ を用いてもよい

＜揚力 L ＞
a.3倍　b.1/3倍　c.1.7倍
＜機体速度 V ＞
a.3倍　b.1/3倍　c.1.7倍

▶▶解説

　機体重量が3倍のときに、 $W=L$ より、同じように必要な揚力 L も3倍必要になります。よってa.が正解です。

　揚力を3倍にするには、 $W = L \propto \rho V^2$ より、比例する ρV^2 も3倍になります。高度が一定ということは空気密度も一定のため、残りの速度 V^2 が3倍である必要があります。

　 V^2 の2乗を外す計算をして、 V は $\sqrt{3}$ 倍 $\fallingdotseq 1.7$ 倍で、c.が正解です。

（4）飛行機の旋回半径の計算

　飛行機の操縦では、定常旋回飛行という飛行を行うことがあります。

　定常旋回飛行は、下図のように速度を保ったまま円を描くように旋回をしていく飛行のことです。このときの円の半径を旋回半径といい、rで表されます。

　このような旋回をするためには機体を傾ける必要があります。この傾いた分の角度をバンク角（ロール角）といい、ϕ（ファイ）で表されます。

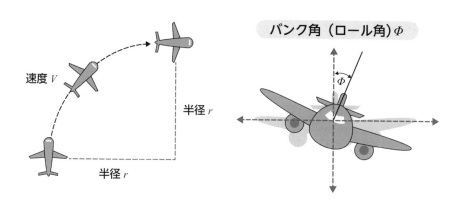

　定常旋回飛行をするには、水平定常飛行の1/cosϕ倍の揚力が必要となります。1/cosϕは、三角比を使って旋回時の揚力が何倍になるかを表しています。水平に飛行するより旋回しながら飛行する方が、余分に揚力を必要とするということです。ちなみに、cosϕはϕの角度によって数値が変わりますが、試験の際、この数値は問題文で指定されます。

　また、旋回時には、重力により生じる下向きの力・重力加速度gもかかります。試験の際、重力加速度も問題文で数値が指定されます。

　飛行速度V、旋回半径r、重力加速度gの関係は下記のように表せます。この公式は計算問題で使いますので、ぜひ片方は覚えてください。

定常旋回飛行における公式：$\dfrac{V^2}{r} = g \tan \phi$

旋回半径における公式：$r = \dfrac{V^2}{g \tan \phi}$

　ちなみに、これは飛行機が旋回するときの遠心力を考える際の公式などを

使っていますが、バンク角φ、速度V、旋回半径r、重力加速度gには上記のような関係があるので、この4つのうち3つの数値がわかれば、残りの1つを求めることができます。

なお、cosφは公式を導く過程でtanφに代わっていますが、これも試験で数値が与えられます。

例えば、

- 飛行速度10m/s
- バンク角20°
- 重力加速度　$g ≒ 9.8m/s^2$
- $tan20° ≒ 0.36$

上記条件を用いて旋回半径rを求める場合には、r以降の公式にそれぞれの数値を代入します。計算すると約28mと求められますので、この条件下で旋回する際は旋回半径が28mということになります。

$$r = \frac{V^2}{g\,tan\,\phi} = \frac{10^2}{9.8 \times 0.36} ≒ 28m$$

また、この旋回飛行に必要な揚力は、cos20° ≒ 0.94、1/cosφより、1.06倍となります。

▶▶例題

　飛行機が、飛行速度25m/s、バンク角30°で定常旋回した時の旋回半径として、正しいものを1つ選びなさい。

　ただし、重力加速度は9.8m/s²、tan 30° = 0.58とする。電卓が使用可能である。

a.105m　　b.110m　　c.115m

出典：国土交通省航空局ホームページ　学科試験（一等）サンプル問題1

　旋回半径rを求める問題ですので、$r = \frac{V^2}{g\tan\phi}$ の公式を使います。必要な数値は全て問題文にありますので、これを代入して計算します。

$$r = \frac{V^2}{g\tan\phi} = \frac{25^2}{9.8 \times 0.58} \fallingdotseq 110\text{m}$$

　上記より、およそ110mと出るため、正解はb.になります。

(5) 飛行機の滑空距離の計算

　飛行機が下図のように地面方向に傾いて滑空していくとき、飛行経路と水平面が作る角を滑空角（降下角）といい、$\overset{\text{ガンマ}}{\gamma}$ で表されます。

　このときの揚力Lは翼の迎角によって、機体の上向きに垂直にはたらきます。また、図中のDは抗力（空気による抵抗等）で、進行方向と逆にはたらく力です。

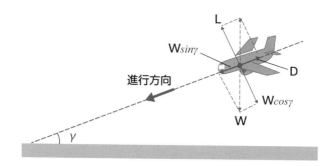

　無推力の定常滑空飛行状態*において、滑空角γ、揚力L、抗力Dの関係は下記のように表せます。

　　　　　　　　　　　　　　　　　*グライダーのように推進力を持たずに滑空する状態

滑空角における公式：$\tan\gamma = \dfrac{1}{L/D}$

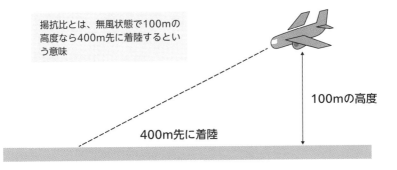

揚抗比とは、無風状態で100mの
高度なら400m先に着陸するとい
う意味

100mの高度

400m先に着陸

　また、飛行機が滑空する際の高度を h、滑空距離を d で表し、これらの関係は下記のように表せます。

滑空距離における公式： $d = \dfrac{h}{tan\,\gamma} = h \cdot L/D$

例えば、

- 揚抗比 $L/D = 15$
- 高度 $h = 100\mathrm{m}$

上記条件の場合、滑空角 γ は $tan\,\gamma = \dfrac{1}{L/D}$ より3.8°、滑空距離 d は $d = h \cdot L/D$ より1500mと導けます。

滑空角 γ ： $tan^{-1}\dfrac{1}{15} \fallingdotseq 3.8^\circ$
滑空距離 d ： $100 \times 15 = 1500\,\mathrm{m}$

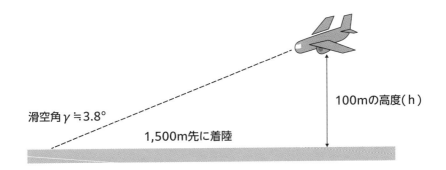

滑空角 $\gamma \fallingdotseq 3.8^\circ$

100mの高度（ h ）

1,500m先に着陸

▶▶例題

　高度300mから揚抗比10で飛行機が滑空する際、地上までの滑空距離dと滑空角γはいくつになるか。それぞれ次のうち最も適切なものを1つ選びなさい。

＊無推力の定常滑空飛行状態とする

＊tanγ=1/10のときγ≒5.7°、tanγ=1/300のときγ≒0.2°を用いてよい

＜滑空距離d＞

a.300m　　b.1000m　　c.3000m

＜滑空角γ＞

a.10°　　b.5.7°　　c.0.2°

▶▶解説

　滑空距離は、$d=h \cdot$L/D に高度、揚抗比を代入して、$300 \times 10 = 3000$となり、c.の3000mが正解です。

　滑空角γは、ここから角度を求めるのは難しいので、tanγを$\tan\gamma = \dfrac{1}{L/D}$から求めていきます。この式に揚抗比を代入し、tanγは1/10になります。

　ここで問題文の指定よりtanγ=1/10のときγ≒5.7°となるため、b.が正解です。

(6) 水平到達距離の計算 (水平投射の場合)

航空機が進みながら落下していく場合、下記のように考えられます。

教則　高度hを飛行する飛行速度vの無人航空機が、揚力を失い落下を始める場合を考える。無人航空機を質点とみなせるものとし、空気抵抗は無視できると仮定すると、落下開始地点から地上に墜落するまでの水平距離xは、

$$x = v\sqrt{\frac{2h}{g}}$$ で求めることができる。但し、gは重力加速度である。

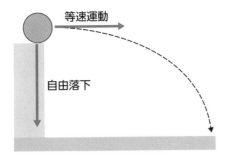

水平到達距離における公式：$x = v\sqrt{\dfrac{2h}{g}}$

　質点とは力学的な概念で、体積・変形・角速度などを考えないシンプルな1点といった意味合いになります。さらに、ここでは空気抵抗は無視とあるので、より純粋に物体の運動法則のみで考えることになります。

　この水平投射では、上図のように、右向きには速度を一定に保つ等速運動、下向きにはどんどん速度が増加する自由落下運動が働きます。これらの法則から水平到達距離 x を導くと、上記の公式のように表せます。速度 v、高度 h、重力加速度 g がわかれば、落下するまでに移動できる距離が算出できるというわけです。

▶▶例題

　高度98mを飛行する飛行速度30m/sの無人航空機が、揚力を失い落下を始める場合を考える。落下開始地点から地上に墜落するまでの水平距離 x はいくつになるか。次のうち最も適切なものを1つ選びなさい。

＊無人航空機を質点とみなし、空気抵抗は無視できるものとする
＊重力加速度は9.8m/s²とする
＊$\sqrt{2} \fallingdotseq 1.4$、$\sqrt{3} \fallingdotseq 1.7$、$\sqrt{5} \fallingdotseq 2.2$、を用いてもよい
＊電卓が使用可能である

＜水平距離 x＞

a.98 m　　b.112 m　　c.132 m

$x = v\sqrt{\dfrac{2h}{g}}$ に高度、飛行速度、重力加速度を代入していくと、

$$x = 30\sqrt{\dfrac{2 \times 98}{9.8}} = 30\sqrt{20}$$

$30\sqrt{20}$ になりますので、ルートの計算をしたのち $\sqrt{5} \fallingdotseq 2.2$ を使って、

$$30 \times 2\sqrt{5} \fallingdotseq 30 \times 4.4 \fallingdotseq 132$$

おおよそ132mとなりますので、c.が正解となります。

1-7 ドローンの管理方法

重要度
★★★

電動機における整備・点検・保管・交換・廃棄

(1) 運航者が実施すべき定期的な整備・点検項目

　無人航空機は、飛行前・飛行後の点検だけではなく、各機体に定められた一定の期間・総飛行時間に応じて、整備・点検をする必要があります。したがって、運航者は所有する機体のメーカーが設定した整備の内容をよく理解し、適切なタイミングで修理やその他の整備を行わなければなりません。

(2) リチウムポリマーバッテリーの保管・交換・廃棄

　リチウムポリマーバッテリーの保管方法については、次の事項について注意が必要です。

教則

- バッテリーの劣化を遅らせるため、長期間使用しない時は充電60%を目安に保管すること。満充電の状態での保管または飛行後の放電状態での保管は、電池の劣化が進みやすく電池が膨らみ、使用不可になることが多いので行わないこと。
- 短絡すると発火する危険があるため、バッテリー端子が短絡しないように細心の注意を払うこと。機体コネクタとバッテリーを接続したままにしないこと。
- 万が一発火しても安全を保てる不燃性のケースに入れ、突起物が当たってバッテリーを傷つけない状態で保管すること。
- 落下させるなど衝撃を与えないこと。
- 水に濡らさないこと。
- バッテリーを高温 (35℃超) になる環境で保管しないこと。

また、充電しなさすぎもバッテリーの劣化を進めてしまいます。長期間使用しなかったバッテリーは、おおよそ3ヶ月に1回程度でバッテリーを満充電にして、60%になるように放電してからまた保管するようにしましょう。

リチウムポリマーバッテリーは、特に交換時期の確認が重要な部品です。過充電などによりバッテリー内部で可燃性ガスが発生している可能性があるため、リチウムポリマーバッテリーが膨らんでいる場合はすぐに交換することが推奨されます。取扱説明書等の内容をよく確認し、常に適切な管理を実施してください。

無人航空機の運航中にバッテリーなどの廃棄物が出たときは、各地方自治体で定める廃棄のルールに従って廃棄してください。また、そのバッテリーなどが事業で使用されたものの廃棄物である場合には、一般ゴミとしてではなく、産業廃棄物として廃棄するようにしてください。

リチウムポリマーバッテリーは正しく使用しないと重大な火災事故等につながります。バッテリーの発火は充電中に最も多く発生しています。そのため、バッテリーの充電は目の届く範囲で行うようにしていきましょう。必要に応じて消火器を常備するなどの対策も重要です。

■ エンジン機における整備・点検

エンジン機に関しては、飛行前後だけでなく、定められた期間や総飛行時間ごとに、メーカーが指定したメンテナンス項目を適切な手順に従って行うことが求められます。運航者がエンジンのメンテナンスについての知識や技術に不足がある場合は、専門的なメンテナンス業者にその作業を依頼するべきです。

1-8 安全な飛行① 飛行計画・情報収集

重要度 ★★☆

飛行計画の作成・現地調査

無人航空機の飛行を安全に行うためには、飛行計画の作成が非常に重要です。飛行を計画するときには、次の事項についてしっかり確認し、無理のない計画を立てましょう。

①無人航空機の性能、操縦者や補助者の経験や能力などを考慮して無理のない計画を立てる。

②近くを飛行するときや飛行経験のある場所を飛行する場合でも、必ず計画を立てる。

③何かあった場合の対策を考えておく（緊急着陸地点や安全にホバリング・旋回ができる場所の設定等）。

④計画は、ドローン情報基盤システム（飛行計画通報機能）に事前に通報する。ただし、あらかじめ通報することが困難な場合には事後に通報してもよい。

なお、飛行計画を通報せずに特定の飛行を行ってしまうと、航空法令の規定に違反したとして罰則の対象となる可能性があります。

（1）飛行予定地域や周辺施設の調査

飛行計画を立てる時には、次の事項についてあらかじめ調査しましょう。

• 日出や日没の時刻等
• 標高または海抜高度、障害物の位置、目標物等
• 離着陸する場所の状況等
• 地上の歩行者や自動車の通行、有人航空機の飛行などの状況等

1.飛行環境	離着陸の場所や飛行の障害（ビル・鉄塔・電柱・電線・木など）がないか確認する。
2.電波環境	電波を発するアンテナや電波塔が近くにないか確認する。テスト飛行で電波障害がなく飛行できるか確認する。無人航空機のテスト飛行でGPSや電波状態をモニタリングする。もしくは2.4GHz/5.7GHz帯の電波環境を確認できる機器を用いて確認する。
3.飛行ルート	テスト飛行を行い、飛行ルートに問題がないか確認すること。同時刻でのテスト飛行 を行い環境（太陽の位置・影など）を確認すること。
4.電源確保	バッテリーや送信機の充電、その他機材で電源が必要になった場合、現地で確保できるか確認しておくこと。
5.機材 運搬ルート	撮影場所までの運搬ルートに問題がないか確認すること。現地まで徒歩でしか行けない場合、機材の運搬計画をしっかり立てておかなければならない。

　飛行を安全に運航するためには、実際の飛行予定の場所へ行き情報収集するロケーション・ハンティング（ロケハン）が重要です。ロケハンで得た情報を基に、安全に飛行するため飛行計画を立てます。ロケハンで確認すべきことには、例えば以下のようなものもあります。

1.飛行環境

　離着陸の場所や、ビル、鉄塔、電柱、電線、木などの飛行の障害がないか確認します。

2.電波環境

　電波を発するアンテナや電波塔が近くにないか、テスト飛行で電波障害がなく飛行できるか確認します。無人航空機のテスト飛行でGPSや電波状態をモニタリングします。もしくは2.4GHz/5.7GHz帯の電波環境を確認できる機器を用いて確認します。

3.飛行ルート

　テスト飛行を行い、飛行ルートに問題がないか確認をします。同時刻でのテスト飛行を行い、太陽の位置・影などの環境を確認します。

4.電源確保

バッテリーや送信機の充電、その他機材で電源が必要になった場合、現地で確保できるか確認します。

5.機材運搬ルート

撮影場所までの運搬ルートに問題がないか確認します。現地まで徒歩でしか行けない場合、機材の運搬計画をしっかり立てておかなければなりません。どうしても安全を確保することが困難な場所の場合、飛行計画を見直すことも重要です。

気象情報の収集

無人航空機の飛行を安全に行うためには、気象情報の収集も重要です。様々な情報媒体を活用して、飛行前に、天気、風向、警報、注意報等の最新の気象情報を収集してください。

気象情報についての解説は、4-3を参照ください。

地域情報の収集

各地域により、地方公共団体が無人航空機の飛行に対する規制や条例を設けていることがあり、さらには立入禁止区画が存在することもあります。したがって、飛行を予定する地域の情報を事前に収集することが重要です。

次の表は、利用するものと法規制などの管轄を表したものですが、これらはほんの一例です。飛行させる場所によっては、様々な法規制や条例などが複雑に組み合わさって、飛行させるための手続きに膨大な時間を要するケースもあります。情報収集には十分な余裕を持って取り組み、確認漏れがないようにしてください。

1章 ドローンの基本知識

利用	管轄
飛行	国土交通省（航空法）＊重量100g未満は対象外
私有地	土地所有者・土地管理者（民法）
電波	総務省（電波法）
道路	警察署
湾岸・海上	海上保安庁
公園	環境省・都道府県・地方公共団体等（自然公園法・都市公園法・条例）

操縦者と離着陸場所の安全確保

　操縦者の安全を確保するには、操縦者に「操縦許可」と書いた腕章を付けるなどして明示する方法も有効です。警察へ届けていても通報やクレームが来る場合がありますので、許可や承認を得て操縦していることを見てすぐにわかるようにしておきます。

　また操縦者が飛行中、話しかけられないように看板を立て「無人航空機操縦中につき～」などと書いておく方法も有効です。時間が限られている中での飛行のため、操縦者が集中できる環境を作りましょう。

　離着陸場所の安全を確保するには、離着陸場所付近に、第三者が近づかないよう看板を立てておきましょう。ゴミなどが落ちているとプロペラの風で巻き上げてしまうため取り除いておきます。折り畳み式のヘリポートなどを使用するとよいでしょう。

連絡体制の確保

　飛行を実施する前に、通信可能な範囲をチェックした携帯電話を使用し、空港事務所やその他の関連機関との連絡を常時可能にする状況を確保しておくことが求められます。関係機関によっては、有人航空機との運航調整のため、無人航空機の飛行開始時と飛行終了時に必ず電話で報告するように指示されるケースもあります。

　また、万が一の時に備え、警察などの関係機関の連絡先を洗い出しておきましょう。

1-9
重要度
★☆☆

安全な飛行②
点検・管理

機体の点検

　機体の点検を行うことは、飛行の安全を確保する上で非常に重要です。飛行前には必ず機体の点検を行い、気になるところがあればしっかりと整備をしてから飛行を開始しましょう。

服装に対する注意

　操縦者や関係者のケガを最小限にとどめるために、飛行当日の服装については次の事項を確認してください。

①動きやすいもの

②素肌（頭部を含む）の露出の少ないもの

③無人航空機の飛行を行う関係者であることが容易にわかるような服装

④必要に応じてヘルメットや保護メガネなどの保護具を準備する。

体調管理

　1-1で、安全を確保するために「知識と能力に基づいた適切な判断」を行ってくださいとお話ししました。しかしながら、常に的確な判断を行うためには、知識と能力だけでなく操縦者の体調管理も重要です。体調管理では、次のことに注意してください。

教則 ①体調が悪い場合は、注意力が散漫になり、判断力が低下するなど事故の原因となる。

②前日に十分な睡眠を取り、睡眠不足や疲労が蓄積した状態で操縦しないなど体調管理に努める。

③アルコール等の摂取に関する注意事項を守る。

技能証明書等の携帯

　特定飛行とは、航空法において規制の対象となる空域における飛行または規制の対象となる方法による飛行のことを指します。特定飛行を行う際には、許可書または承認書の原本または写し、技能証明を受けている場合に限っては技能証明書、飛行日誌を携行（携帯）してください。

　許可書または承認書の原本または写しについては、口頭により許可等を受け、まだ許可書または承認書の交付を受けていない場合は、許可等の年月及び番号を回答できるようにしておいてください。

特定飛行を行う際に携行するもの

- 許可・承認書
- 技能証明書
- 飛行日誌

1-10 安全な飛行③ 飛行時の注意

重要度
★☆☆

飛行中の注意

(1) 無理をしない

　飛行中、気象の変動に対して注意深く対応し、天候が悪化する兆しが見られた場合には、飛行を直ちに中止し、すぐに帰還したり、緊急着陸したりするなど、常に安全を優先した判断を行ってください。

　危険な状況に適切に対処する能力を持つことは必要ですが、それ以上に重要なのは、危険な状況が発生する前にそれを感知して避けることです。実際の飛行において判断に迷うことがあれば、「安全に対する責任を持ち」、「的確な判断」によって、「安全第一」を確保することという操縦者の自覚やあるべき姿を思い出して、安全を最優先に的確な判断を実施できるようにしてください。

(2) 監視の実施

　無人航空機の事故の多くは、不十分な監視が原因となっています。無人航空機が飛行する空域や場所には、他の航空機だけでなく、ビルや住宅、自動車、電柱、高圧線、樹木など、飛行の障害となる要素が多く存在します。衝突防止装置を備えた機体もありますが、その装置を過信せず、鳥などにも注意を払うことが重要です。

　飛行時の最大の安全対策は周囲の監視です。補助者を配置する場合には、情報共有の方法を事前に確認し、状況認識における誤解や伝達遅れがないよう配慮することが求められます。

(3) ルールを守る

　飛行中には、飛行ルールの遵守が求められます。また、法律や条例によって定められるルールだけでなく、各地域特有のルールや、社会的な常識としてのマナーについても尊重し、それらを適切に守ることが期待されます。

　法令やルールは、一般社会の安全な生活を守るために定められています。「こ

のくらい大丈夫だろう」「誰も気にしないだろう」といった軽い気持ちで法令や
ルールに反するということは、一般社会の安全な生活を脅かす行為です。一般
社会の安全を守るために、法令やルールなどは必ず遵守してください。

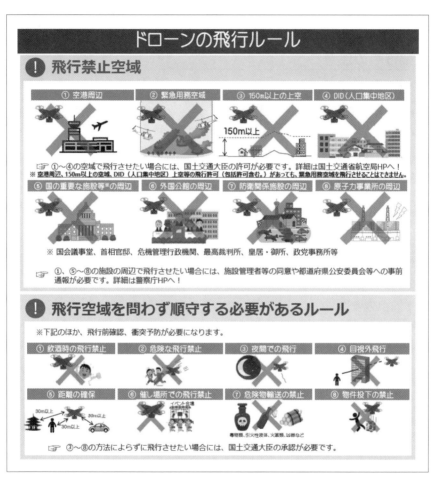

108

	団体名	団体名(カナ)	条例名	該当条項	概要	飛行が制限される場所	問い合わせ先	条例等のリンク
1	愛知県	アイチケン	愛知県都市公園条例	第3条	都市公園においては、ドローンの飛行は禁止（第9号「他の利用者に危害を及ぼす恐れのある行為をすること」に該当）	都市公園内	052-954-6525(ダイヤルイン) koen@pref.aichi.lg.jp 都市整備局 都市基盤部 公園緑地課	https://www3.e-reikinet.jp/cgi-bin/aichi-ken/reiki.cgi
2	愛知県	アイチケン	愛知県観光施設条例	第七条	利用者への安全を確保するため、無秩序なドローンの飛行は禁止する。（「施設の秩序を乱すような行為」に該当）	自然公園施設	052-954-6227 shizen@pref.aichi.lg.jp 環境局 環境政策部 自然環境課	https://www3.e-reikinet.jp/cgi-bin/aichi-ken/reiki.cgi
3	愛知県	アイチケン	弥富野鳥園条例	第三条	野鳥やその生息地保全のため、ドローンの飛行は禁止する。（ただし、学術研究及び調査を目的とした飛行等、県が認める場合を除く。）（「野鳥園の秩序を乱すような行為」に該当）	弥富野鳥園施設内 （敷地面積：約36ha）	052-954-6230 shizen@pref.aichi.lg.jp 環境局 環境政策部 自然環境課	https://www3.e-reikinet.jp/cgi-bin/aichi-ken/reiki.cgi
4	愛知県あま市	アイチケンアマシ	あま市公民館条例	第5条第4号	「管理上支障があると認めるとき」に該当	あま市七宝公民館 あま市美和公民館 あま市甚目寺公民館	052-442-2261 (あま市生涯学習課)	https://www1.g-reiki.net/ama/reiki_honbun/r386RG00000237.html
5	愛知県あま市	アイチケンアマシ	あま市歴史民俗資料館条例	第4条第4号	「その他あま市教育委員会が支障があると認めた者」に該当。	美和歴史民俗資料館 甚目寺歴史民俗資料館	052-442-2261 (あま市生涯学習課)	https://www1.g-reiki.net/ama/reiki_honbun/r386RG00000043.html
6	愛知県あま市	アイチケンアマシ	あま市七宝焼アートヴィレッジ条例	第5条第4号	「管理又は運営上支障があると認めるとき」に該当。	あま市七宝焼アートヴィレッジ	052-443-7588	https://www1.g-reiki.net/ama/reiki_honbun/r386RG00000482.html
7	愛知県あま市	アイチケンアマシ	あま市正則コミュニティセンター条例	第9条第3号	「センターの管理上やむを得ない理由があるとき」に該当。	あま市正則コミュニティセンター	052-444-1712 (あま市企画政策課)	https://www1.g-reiki.net/ama/reiki_honbun/r386RG00000045.html
8	愛知県あま市	アイチケンアマシ	あま市美和情報ふれあいセンター条例	第9条第3号	「センターの管理上やむを得ない理由があるとき」に該当。	あま市美和情報ふれあいセンター	052-444-1712 (あま市企画政策課)	https://www1.g-reiki.net/ama/reiki_honbun/r386RG00000047.html
9	愛知県あま市	アイチケンアマシ	あま市篠田防災コミュニティセンター条例	第9条第3号	「センターの管理上やむを得ない理由があるとき」に該当。	あま市篠田防災コミュニティセンター	052-444-1712 (あま市企画政策課)	https://www1.g-reiki.net/ama/reiki_honbun/r386RG00000057.html
10	愛知県あま市	アイチケンアマシ	あま市コミュニティプラザ萱津条例	第8条第3号	「管理上支障があると認めるとき」に該当。	あま市コミュニティプラザ萱津	052-444-3132 (あま市環境衛生課)	https://www1.g-reiki.net/ama/reiki_honbun/r386RG00000051.html

出典：国土交通省ホームページ

また、送電線・携帯電話の基地局などの近くは、コントロールするための電波が途切れる場合があるので飛行させないでください。雨・雷などの天候の悪い時や、風速5m/s以上強風時などの中での飛行も行わないでください。

近年はフライトの練習場所として全国に無人航空機の操縦施設が増えてきています。安全な飛行の練習として、このような施設を積極的に利用するのもよいでしょう。

飛行後の注意

（1）飛行後の点検

飛行が終わったら、機体に不具合がないか等を点検し、使用後の手入れをして次回の飛行に備えてください。

飛行後の点検は下記を行います。異常がある場合には、時間を空け様子を見るか、メーカーへ修理に出しましょう。

- 機体・プロポ（送信機）の電源を落とし、バッテリー・プロペラを外します。
- ネジのゆるみ、ゴミの付着、プロペラの亀裂や破損がないか確認をします。
- バッテリー・モーターなどに異常な発熱がないか確認をします。

　主に自動車製造業界でよく使われる言葉として「清掃は点検なり」があります。「発生するゴミや小さな汚れの中から異常を発見する」という意味で、ゴミや汚れを取り除く清掃を行うことで、日常点検や点検整備するだけでは気付くことが難しいような小さな異常を見つけることができる可能性があります。
　無人航空機を使用した後に必ずクリーナークロスなどを用いて機体を綺麗に清掃して、清掃中に小さな異常を見つけられるようにすることで、事故の未然防止にも、機体の寿命の延長にもつながります。

（2）適切な保管とバッテリーの廃棄

　飛行の終了後には、機体やバッテリー等を安全な状態で、適切な場所に保管してください。
　バッテリーを使用していないときは、安全な保管ケースに入れ、ショートしないように管理します。3.0V よりも下回ると過放電状態となり、バッテリーが膨らんでしまい、本来の性能が落ち、寿命が短くなってしまいます。満充電あるいは充電不足の状態で長期間保存することは避けてください。
　バッテリー残量は40～65%での保管が理想です。完全になくなるまで使用しないようにしましょう。
　充電を繰り返すと徐々にバッテリーの性能は低下していきます。極端に飛行時間が短くなってきた場合は寿命と判断し、廃棄します。
　廃棄する前には完全に放電させます。充電器の放電機能を使うか、なければバッテリーが切れるまで使用します。
　その後で、絶縁体の容器に5%ほどの食塩水を作り、中にバッテリーを入れて1週間ほど放置します。気泡が出なくなったら完全に放電しています。
　放電したバッテリーの出力端子をガムテープなどで覆って絶縁し、各自治体のゴミ捨てルールに従いバッテリーを廃棄してください。

(3) 飛行日誌の作成

　特定飛行を実施した際には、飛行記録、日常点検記録、点検整備記録を必ず紙または電子データの形で飛行日誌に記入してください。特定飛行に該当しない飛行でも、飛行日誌への記入が推奨されます。さらに、リスクへの対策が不十分と感じた場合には、次回の飛行の参考とするための記録をつけることも推奨されます。

[飛行日誌の様式例]

出典：国土交通省ホームページ

事故対応

事故を起こしたら

事故などを起こしてしまったときは、次の事項を適切に実施してください。

①慌てず落ち着いて、ケガの有無や、ケガの程度など、人の安全確認を第一に行う。

②機体が墜落した場合には、地上または水上における交通への支障やバッテリーの発火等により周囲に危険を及ぼすことがないよう、機体が通電している場合は電源を切るなど速やかに措置を講ずる。

③事故の原因究明、再発防止のために飛行ログ等の記録を残す。

③の飛行ログについては、無人航空機の事故の原因が機体や送信機、飛行中の外的要因など、操縦者が認知できる範囲外にある場合に重要なデータが記録されている可能性があります。事故が起こってしまった時は、機体の取扱説明書などを参考に、飛行ログを取得して保管しておきましょう。

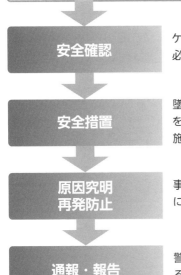

事故発生	
安全確認	ケガ人の有無や、ケガの程度等を確認する。 必要に応じて救護措置等を実施する。
安全措置	墜落した機体を回収して電源を切る等の安全措置を実施。必要に応じて機体等の消火措置等を実施する。
原因究明 再発防止	事故発生時の状況等を飛行日誌やフライトデータに残し、事故の原因究明、再発防止につなげる。
通報・報告	警察署、消防署、その他必要な機関等へ連絡するとともに、国土交通大臣に事故を報告する。

通報先

　無人航空機の飛行によって人々が死傷したり、第三者の物件を損傷させたり、飛行中の機体を紛失したり、他の航空機との衝突や接近事故が発生した場合には、その事故の内容に応じて、すぐに警察署や消防署、その他の必要な機関に連絡を行う必要があります。

　さらに、これらの事案については国土交通大臣への報告も必要となります。無人航空機の事故や重大インシデントが発生した場合には、事故が発生した日時及び場所などの必要事項を国土交通省大臣に報告する義務があります。必ず報告してください。

　もし機体が墜落した場合、機体をそのまま放置すると産業廃棄物処理法により処罰の対象になります。機体は必ず回収しましょう。回収不可能な場合、警察への届け出が必要です。

　保険に加入している場合は、保険会社へも忘れずに連絡してください。

　無人航空機のメーカーや機種によっては、アプリ画面やフライトログのデータから機体の位置を知ることができる場合があります。

万が一に備え、機体が墜落・紛失した際に機体を見つける方法を事前に確認しておきましょう。

無人航空機の事故等、該当する事態が発生した場合は、ドローン情報基盤システム（DIPS2.0）の事故等報告機能を通じて、国土交通大臣へ速やかに報告を行うこととされています。

しかし、ドローン情報基盤システムはメンテナンスのために一時ログインできないことがあります。そのようなやむを得ない理由により、ドローン情報基盤システムから報告が行えない場合は、電子メール等で報告することが可能です。

事故等報告様式に内容を記載の上、報告先に該当する官署のメールアドレスまで送付してください。

国土交通省航空局のホームページでは、事故・重大インシデントの報告制度についての概要資料が公開されていますので、こちらも参考にしてください。

ドローン情報基盤システム（DIPS2.0）
https://www.ossportal.dips.mlit.go.jp/portal/top/

無人航空機に係る事故/重大インシデントの報告書
https://www.mlit.go.jp/koku/accident_report.html

無人航空機による事故等の報告先一覧（PDF）
https://www.mlit.go.jp/koku/content/001520661.pdf

国土交通省航空局「事故・重大インシデントについて」
https://www.mlit.go.jp/common/001623401.pdf

保険

無人航空機の保険は、車の自動車損害賠償責任保険のような強制保険はなく、全て任意保険です。しかし、予期せぬ事態に対する財政的な負担を考慮すると、保険への加入が推奨されます。無人航空機の保険には、機体保険や賠償責任保

険など様々な種類や組み合わせが存在するため、自身の機体の使用状況に基づいた保険を選択することが推奨されます。

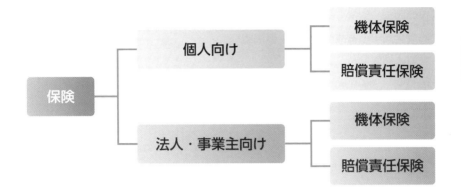

> **ポイント**
> 無人航空機メーカーによっては、
> 機体の購入特典として、第三者への賠償責任保険が無償で付帯されることがある。
> 詳しくは製品ホームページ等で確認すること。

　無人航空機保険を選ぶ際には、使用用途が趣味（個人）か業務（法人・事業主）かを考慮します。

　保険は大きく「賠償責任保険」「機体保険」の2種類があります。

　「賠償責任保険」は、自動車の保険で言うと対人／対物の損害賠償責任保険にあたります。人にケガをさせてしまったり、所有物・公共物を破損させてしまったりした際に適用されます。

　「機体保険」は自動車の保険で言うと、車両保険にあたります。無人航空機メーカーによっては、機体の新規購入特典として、第三者への賠償責任保険が無償で付帯されることもあります。詳しくは製品ホームページ等で確認しましょう。

　ほかにも、個人向けのラジコン補償制度というものもあります。趣味目的で無人航空機を購入した時は、「ラジコン補償制度」などの個人向けの保険に入りましょう。

　「ラジコン補償制度」とは、日本ラジコン電波安全協会がラジコン普及のために運営している、2年間5,500円のラジコン操縦士の会員になれば無料で保険が付く個人賠償責任保険です。

ラジコン補償制度の内容は以下の通りです。

- 保険対象：個人
- 保険内容：賠償保険
- 賠償金額：1 事故につき、1 億円限度
- 免責金額：なし
- 補償期間：2 年間
- 引受保険会社：あいおいニッセイ同和損保

　法人や事業主向けの業務目的の保険についても様々な保険会社で販売されていますので、飛行させる前に入っておきましょう。

ドローンに関する法令

無人航空機を操縦する上で大切なこととして、「法令の遵守」が挙げられます。無人航空機の飛行に直接かかわる航空法や小型無人機等飛行禁止法、電波法、その他の法令や条例等についても正しい理解が必要です。ここでは、無人航空機に関する規則について学習していきましょう。

2-1 航空法① 一般知識

重要度 ★★☆

航空法における無人航空機の定義

まずは、航空法において

- 無人航空機とは何か
- それが航空法上でどのように定義されているか

について説明します。教則には、どのように書かれているか確認してみましょう。

 教則 航空法において、「無人航空機」とは、
①航空の用に供することができる飛行機、回転翼航空機、滑空機及び
飛行船であって構造上人が乗ることができないもののうち、
②遠隔操作または自動操縦（プログラムにより自動的に操縦を行うこ
とをいう。）により飛行させることができるものであり、
③重量が100g以上のものを対象としている。

とあります。以下では、この3つの要件について詳しく見てみましょう。

①の「無人航空機」の対象のひとつである「構造上人が乗ることができないもの」とは、座席がなければ全て無人航空機である、とは限りません。座席のない機体であったとしても、その機器の大きさや構造、性能などを含めて総合的に考慮し判断されます。

一方で「航空機」の対象となるのは、人が乗って飛行するための飛行機や回転翼航空機、滑空機、飛行船になります。例えばその航空機が、人が乗らずとも操縦できる機器であったとしても、航空機とほぼ同一の構造や性能を有するものは無人航空機ではなく「航空機」に分類されます。このように、操縦者が乗り組

まなくても飛行することができる装置を有する航空機を「無操縦者航空機」といいます。

　なお、気球やロケットなどは、飛行機、回転翼航空機、滑空機、飛行船に該当しないため、「無人航空機」には該当しません。

　法律（航空法）において「航空機」とは、人が乗って航空用に供することができる飛行機、回転翼航空機、滑空機、飛行船その他政令で定める機器をいいます。

- 飛行機とは、航空機のうち、前方への推力を得て加速前進し、主翼に発生する揚力で滑空及び浮上するものをいいます。
- 回転翼航空機とは、航空機のうち、回転する翼によって必要な揚力や推力の全部あるいは一部を得て飛行するものをいいます。
- 滑空機とは、航空機のうち、飛行機と異なり、エンジンなどの動力を用いずに、気流を利用するなどして滑空のみが可能なものをいいます。
- 飛行船とは、航空機のうち、空気より比重の小さい気体をつめた袋で機体を浮かせ、これに推進用の動力や舵を取るための尾翼などを取り付けて操縦可能にしたものをいいます。

　②では「遠隔操作または自動操縦により飛行させることができるもの」が無人航空機の対象として説明されています。紙飛行機などのような、遠隔操作や自動操縦で制御できないものは無人航空機には該当しません。

　③の「重量」とは、無人航空機本体とバッテリーの重量の合計を指し、外付けのカメラなどの取り外し可能な付属品の重量は含みません。合計が100g未満の場合は「模型航空機」に分類され、無人航空機には該当しません。

　なお「重要施設の周辺の上空での小型無人機等の飛行の禁止に関する法律（平成28年法律第9号。以下「小型無人機飛行禁止法」という。）」では、「小型無人機」はその大きさや重さにかかわらず規制対象とされており、100g未満のものも含まれますので、注意しましょう。

　以前の航空法では、機体の重量が200g以上を「無人航空機」と定義していましたが、令和4年6月20日からは、100g以上の機体が「無人航空機」に該当し、飛行許可承認申請手続きを含む、航空法の規制対象になりました。

　このため、航空法改正前に重量200g未満の模型航空機を購入された方は、機体の重量によっては、現在航空法の規制対象になっている可能性があります。

2章

ドローンに関する法令

模型航空機をお持ちの方は、購入した機体が引き続き模型航空機として扱われるのか、あるいは航空法の規制対象になるのかを確認することが重要です。

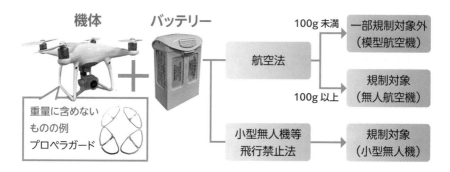

こちらは、法律によって異なる航空機の名称と定義に関する参考です。

[法律によって異なる航空機の名称と定義]

法律	名称	定義
航空法	無人航空機	飛行機、回転翼航空機、滑空機、飛行船であって構造上人が乗ることができないもののうち、遠隔操作又は自動操縦により飛行させることができるもの（100g未満の重量（機体本体の重量とバッテリーの重量の合計）のものを除く）
航空法	模型航空機	重量（機体本体の重量とバッテリーの重量の合計）100g未満のもの
小型無人機等飛行禁止法	小型無人機	飛行機、回転翼航空機、滑空機、飛行船その他の航空の用に供することができる機器であって構造上人が乗ることができないもののうち、遠隔操作又は自動操縦（プログラムにより自動的に操縦を行うことをいう。）により飛行させることができるもの ＊重量にかかわらず全ての機体が対象

今後、テレビやネット、新聞のニュースなどで法律の改正情報などを調べる時には、ドローンのことをどの名称で説明しているのかによって、

- どの法律の話をしているのか
- 重量によっては規制の対象外なのか

が見極められると思います。もしそれぞれの名称や定義について思い出せなく

なってしまった時は、繰り返し読んで覚えておきましょう。

無人航空機の飛行に関する規制概要

• 無人航空機の登録

　重量100g以上の全ての無人航空機を飛行させるためには、あらかじめ国の登録を受けることが必要です。登録がなければ原則として飛行させることができません。登録の有効期間は3年で、無人航空機を識別するための登録記号を機体に表示し、原則としてリモートID機能を備えなければなりません。

　登録記号は、車で言うところのナンバープレートに相当します。空中では視認性が低下しますが、リモートID機器を使用することで、登録記号の情報を無線で発信できます。

出典：国土交通省ホームページ

　登録記号の文字は機体の重量区分に応じて以下の高さで表示します。

- 25kg未満：3mm以上
- 25kg以上：25mm以上

機体本体に登録記号を表示するときには、機体の重量によって、登録記号の文字の大きさに規定があることに注意してください。

ここで、無人航空機の登録制度に関する全体像を見てみましょう。こちらは、内閣官房小型無人機等対策推進室の資料から抜粋した、登録制度のイメージに関する参考です。

無人航空機の登録には一定の申請手数料が発生します。

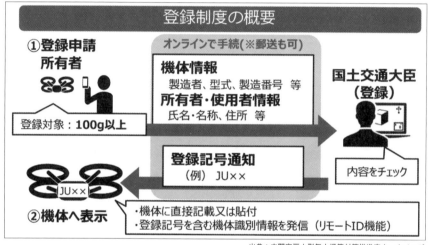

出典：内閣官房小型無人機等対策推進室ホームページ

規制対象となる飛行の空域及び方法（特定飛行）

無人航空機の飛行においては、

 教則
- 航空機の航行の安全
- 地上または水上の人または物件の安全

を確保しなければなりません。そのため、航空法ではこれらの安全を脅かすことがないよう、飛行の空域と方法を規制しています。

　次の図表は、規制されている飛行の一覧です。まずは、規制対象となる飛行の空域について見ていきましょう。

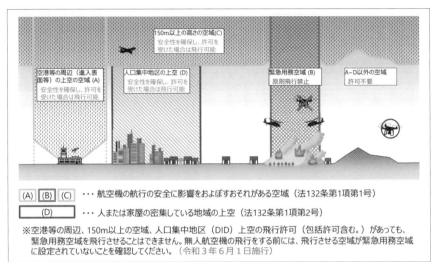

出典：国土交通省ホームページ

a. 規制対象となる飛行の空域

　航空機の航行の安全に影響を及ぼす可能性のある空域として、以下の3つの空域の飛行が規制されています。

（A）空港等の周辺の上空の空域

（B）消防、救助、警察業務その他の緊急用務を行うための航空機の飛行の安全を確保する必要がある空域

（C）地表または水面から150m以上の高さの空域

　さらに、人や建物が密集している地域の上空として、以下の空域もその飛行が規制されています。

（D）国勢調査の結果を受け設定されている人口集中地区の上空

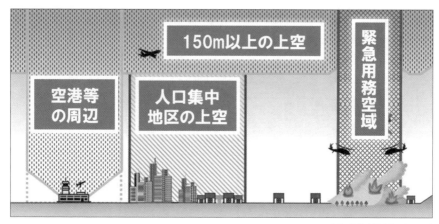

　これらの空域では、原則としてその飛行が規制されています。

　上の図は、国土交通省航空局のホームページに掲載されている、無人航空機の飛行が禁止されている空域のイラストです。

　イラストにもあるように、一部の空域については許可不要で無人航空機を飛行させることが可能ですが、飛行が禁止されている空域でやむを得ず飛行させなければならないときは、航空法の規制に係ることに注意しましょう。

b. 規制対象となる飛行の方法

　次に、規制対象となる飛行の方法について見ていきましょう。

①夜間飛行（日没後から日出まで）

②操縦者の目視外での飛行（目視外飛行）

③第三者または第三者の物件との間の距離が30m未満での飛行

④祭礼、縁日、展示会など多数の者の集合する催しが行われている場所の上空での飛行

⑤爆発物など危険物の輸送

⑥無人航空機からの物件の投下

　これらの飛行も規制の対象で、原則として禁止されています。

　a.に掲げる飛行空域、b.に掲げる飛行方法に該当する飛行のことを「特定飛

行」といいます。航空機の航行の安全や地上・水上の人や物件への危害を及ぼす可能性があるため、「特定飛行」は原則として禁止されています。

無人航空機の飛行形態の分類（カテゴリーⅠ〜Ⅲ）

次に、無人航空機の飛行形態について見ていきます。

禁止空域や飛行方法に関する無人航空機の飛行形態は、そのリスクに応じて分類されます。教則には以下のように書かれています。

a. カテゴリーⅠ飛行

特定飛行に該当しない飛行を「カテゴリーⅠ飛行」という。この場合には、航空法上は特段の手続きは不要で飛行可能である。

b. カテゴリーⅡ飛行

特定飛行のうち、無人航空機の飛行経路下において無人航空機を飛行させる者及びこれを補助する者以外の者（以下「第三者」という。）の立入りを管理する措置（以下「立入管理措置」という。）を講じた上で行うものを「カテゴリーⅡ飛行」という。

カテゴリーⅡ飛行のうち、特に、空港周辺、高度150m以上、催し場所上空、危険物輸送及び物件投下並びに最大離陸重量25kg以上の無人航空機の飛行は、リスクの高いものとして、「カテゴリーⅡA飛行」といい、その他のカテゴリーⅡ飛行を「カテゴリーⅡB飛行」という。

c. カテゴリーⅢ飛行

特定飛行のうち立入管理措置を講じないで行うもの、すなわち第三者上空における特定飛行を「カテゴリーⅢ飛行」といい、最もリスクの高い飛行となることから、その安全を確保するために最も厳格な手続き等が必要となる。

以下は、国土交通省の資料から抜粋した、カテゴリーⅠからⅢまでの飛行形態について、図でまとめた参考の資料です。教則の内容と併せて、確認しておきましょう。

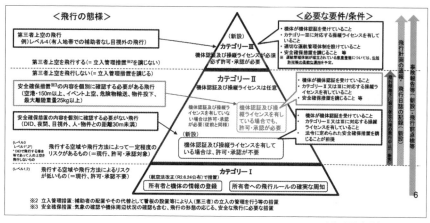

出典：国土交通省ホームページ

機体認証及び無人航空機操縦者技能証明

　航空機の航行の安全や地上及び水上の人や物件への危害を防ぎ、特定飛行時の安全を確保するため、以下の適格性を担保することが必要になります。

教則

①使用する機体
②操縦する者の技能
③運航管理の方法

　上記①及び②の適格性を担保するための具体的な方法として、国があらかじめ基準に適合していることを確認した「機体認証」及び「技能証明」に関する制度が設けられています。車に例えると、「機体認証」は車の「車検」、「技能証明」は車の「運転免許」にあたります。
　機体認証及び技能証明は、無人航空機の飛行形態のリスクに応じて次のように区分されています。

[飛行形態の分類と機体認証・技能証明]

飛行形態	機体認証	技能証明
カテゴリーⅢ飛行	第一種機体認証	一等無人航空機操縦士
カテゴリーⅡ飛行	第二種機体認証	二等無人航空機操縦士
有効期限	第一種：1年 第二種：3年	3年（一等・二等共通）

　カテゴリーⅢ飛行に対応しているのは、第一種機体認証及び一等無人航空機操縦士です。カテゴリーⅡ飛行に対応しているのは、第二種機体認証及び二等無人航空機操縦士になります。

　機体認証の検査は国または国が登録した民間の検査機関が実施し、技能証明の試験は国が指定した民間の試験機関が実施します。それぞれの有効期間については、上記の表を参照しましょう。

特定飛行を行う場合の航空法上の手続き等

　航空機の航行の安全や地上及び水上の人や物件への危害を防ぎ、特定飛行時の安全を確保するために適格性を担保することが必要な項目としては、先述の通り

①使用する機体
②操縦する者の技能
③運航管理の方法

があります。その適格性を担保するため、飛行形態の分類に対応した航空法上の手続きは次のようになります。

a. カテゴリーⅡ飛行
カテゴリーⅡ飛行には、

* カテゴリーⅡA飛行
* カテゴリーⅡB飛行

の2種類があります。

　技能証明を受けた者が機体認証を受けた無人航空機を飛行させる場合は、カテゴリーⅡB飛行として、特別な手続き等なく飛行可能です。

　ただし、飛行の安全を確保するため、安全確保措置を記載した飛行マニュアルを作成し遵守する必要があります。

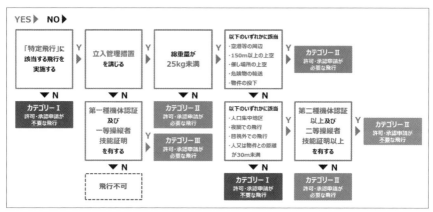

出典：国土交通省ホームページ

　カテゴリーⅡA飛行については、カテゴリーⅡB飛行と比較すると飛行時のリスクが高くなります。たとえ技能証明を受けた者が機体認証を受けた無人航空機を飛行させる場合でも、事前に「③運航管理の方法」について国土交通大臣の審査を受けて飛行の許可・承認を受ける必要があります。

　ただし、カテゴリーⅡA飛行・ⅡB飛行にかかわらず、あらかじめ「①使用する機体」「②操縦する者の技能」及び「③運航管理の方法」について国土交通大臣の審査を受け、飛行の許可・承認を受けているのであれば、技能証明と機体認証の両方またはいずれかを受けていない場合であっても飛行が可能です。

　飛行計画を立てるときに、カテゴリーⅡAなのかⅡBなのか迷うことがあったら、この図を見て確認しましょう。

b.カテゴリーⅢ飛行

　無人航空機の飛行形態の中で最もリスクが高いものがカテゴリーⅢ飛行です。この飛行を行うためには、一等無人航空機操縦士の技能証明を有すること、第一種機体認証を受けた無人航空機を用いて飛行させることが求められます。

カテゴリーⅡ飛行とは異なり、カテゴリーⅢ飛行では技能証明と機体認証を受けることが必須条件になります。さらに、運航管理の方法について事前に国土交通大臣の審査を受け、飛行の許可・承認を受けることも必要です。

無人航空機に関する法規制や最新情報は、国土交通省航空局ホームページに記載されています。最新の情報が出ていないか、定期的に以下リンクから確認してください。

■ https://www.mlit.go.jp/koku/koku_tk10_000003.html

航空機の運航ルール等

ここからは、航空機の運航ルールについて詳しく説明していきます。

(1) 無人航空機の操縦者が航空機の運航ルールを理解する理由

無人航空機は、その名の通り空を飛ぶ航空機の1種です。したがって、もし何かトラブルが起きた場合、航空機の安全な運航に深刻な影響を及ぼす可能性があります。

教則
①航空機の航行安全は、人の生命や身体に直接かかわるものとして最大限優先すべきものであること
②航空機の速度や無人航空機の大きさから、航空機側から無人航空機の機体を視認し回避することが困難であること
③無人航空機は航空機と比較して一般的には機動性が高いと考えられること

航空機の航行の安全を確保するために上記3点を踏まえると、航空機と無人航空機の飛行経路が交差していたり、異常に接近していると判断されたりする場合には、無人航空機側が回避することが適切と考えられます。

航空機は、無人航空機に対して進路権を持つとされているため、このような状況になった場合には、航空機の進行を最優先にしましょう。

また、航空機の航行の安全を確保するため、無人航空機の操縦者は以下の事項を実施することが求められます。

(a) 国が提供している「ドローン情報基盤システム（飛行計画通報機能）」など
   を通じて飛行情報を共有すること

(b) 飛行前に航行中の航空機を確認した場合には飛行させないなどして航空機
   と無人航空機の接近を事前に回避すること

(c) 飛行中に航行中の航空機を確認した場合には無人航空機を地上に降下させ
   ること。その他適当な方法を講じること

　日本でも無人航空機と航空機の接近事故や、無人航空機の進入による空港の
閉鎖などが発生しており、一度でも航空機に事故が起きれば、その被害は甚大
になる可能性があります。したがって、無人航空機の操縦者も航空機の運航
ルールを十分に理解することが極めて重要です。

　特定飛行を行う場合には、飛行情報の共有のために、国が提供しているド
ローン情報基盤システムの飛行計画通報機能を必ず使用することになります。

(2) 計器飛行方式及び有視界飛行方式

　次に、飛行方式の違いについて詳しく見ていきましょう。

　航空機が飛行する方法には主に2つあり、そのひとつが計器飛行方式（IFR）
で、もうひとつが有視界飛行方式（VFR）です。

　計器飛行方式は、航空交通管制機関が与える指示に従って飛行を行う方式の
ことを指します。旅客機などの高速で高高度を移動する航空機は通常、この方
式で飛行します。

　悪天候のときなど、有視界飛行方式での飛行を行うことができない時には、
航空機は計器飛行方式で飛行します。また、このような視界が不良な気象状態
を「計器気象状態」と呼びます。

　一方、有視界飛行方式（VFR）は、計器飛行方式以外の飛行の方式をいいます。
操縦者自身が周囲の状況を見ながら判断して飛行する方式です。小型機やヘリ
コプターなどは、この方式で飛行することが一般的です。

　ちなみに、有視界飛行方式が可能な気象状態、つまり一定の範囲内に雲がな
く、一定の視程が確保できる状態を「有視界気象状態」と呼びます。

　ここからは、計器飛行方式と有視界飛行方式の違いについて、具体的なイラ
ストを用いて詳しく説明します。

　右図は、計器飛行方式（IFR）と有視界飛行方式（VFR）を表したものです。

　そもそも「計器飛行」とは、航空機の姿勢、高度、位置及び針路の測定を計器にのみ依存して行う飛行のことをいいます。計器飛行方式は、航空交通管制機関や航空管制官に管制承認を受けて、常にその指示に従って飛行する方式のことです。視界上不良な気象状態の中で航空機を飛行させると周囲の状況が見えないため、指示に従わないと安全な運航を行うことが大変難しくなります。安全を確保するためには、航空交通管制機関の指示に従って、航空機の計器類の確認や監視が重要になってきます。

　対して有視界飛行方式とは、パイロットがほかの航空機や障害物、雲などを目で見て自分で衝突や接近を回避する飛行方式のことをいいます。安全を確保するためには、航空機の操縦者の目視による確認や監視が重要になってきます。

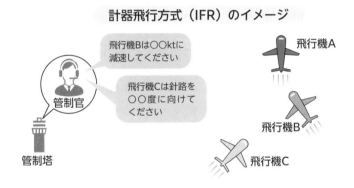

（3）航空機の飛行高度

　続いて、航空機の飛行高度に関する運航ルールについて見ていきましょう。

　航空機は主に離着陸するときに高度150m以下で飛行しますが、警察や消防、

防衛、海上保安庁などの公的機関が使用する航空機や、緊急医療用のヘリコプターー、物資輸送や送電線巡視、農薬散布などの許可を受けた航空機は、離着陸に関係なく150m以下で飛行していることがあります。

　航空機との衝突や接近を避けるため、無人航空機の操縦者は飛行経路や周辺の空域を注意深く監視し、飛行中に航空機を確認した場合には、無人航空機を地上に降下させるなどの適切な対応を取る必要があります。

（4）航空機の操縦者による見張り義務

　視界が良好な状況下では、航空機の操縦者はその飛行方式にかかわらず、飛行中に他の航空機や物件と衝突しないよう常に見張りを行う義務があります。しかし、航空機の飛行速度や無人航空機の大きさを踏まえると、航空機側から無人航空機を視認して回避するのは至難の業です。

　この事実を理解した上で、無人航空機の操縦者は飛行経路上やその周辺の空域を注意深く監視し、飛行中の航空機を確認した場合には無人航空機を地上に降下させるなどの適切な対応を取ることが求められます。

（5）出発前の航空情報の確認

　航空機の機長は、出発前に運航に必要な準備が整っていることを確認する義務があります。その一部として、国土交通大臣から提供される航空情報を確認することが必要となります。

　管制官やパイロットにとって必要な航空情報を提供するホームページに「AIS JAPAN」と呼ばれるものがあります。これを活用することで、無人航空機の飛行に関する情報も確認することができます。

（6）航空機の空域の概要

　無人航空機は、原則として150m以上の高度や空港周辺の空域での飛行が禁止されています。航空機が航行する空域との分離を図ることで、安全を確保することを目的としているためです。

　もし、無人航空機がこれらの禁止空域を飛行する際には、その空域を管轄する航空交通管制機関と調整した上で飛行の許可を受ける必要があります。

　また、無人航空機の操縦者は、次のような航空機の空域の特徴や注意点を十分に理解し、航空交通管制機関の指示を遵守することが必要です。

a.航空機の管制区域

　国は、航空交通の安全と秩序を保つために航空交通管制業務を行う管制区域を設定しています。管制区域以外の空域は非管制区域と呼ばれます。

　航空交通管制区は、地表または水面から200m以上の高さの空域のうち国が指定する空域です。この空域内で計器飛行方式によって飛行する航空機は、常に航空交通管制機関との連絡を取り合い、飛行方法などの指示に従って飛行を行わなければなりません。

　航空交通管制圏は、航空機の離着陸が頻繁に行われる空港及びその周辺の空域です。全ての航空機は航空交通管制機関と連絡を取り、飛行方法や離着陸の順序などの指示に従って飛行を行わなければなりません。

　以下は、航空交通管制区を含めた、日本の空の概要に関する参考の資料です。航空交通管制業務を実施する管制区域の種類と非管制区域、そのほかに自衛隊や米軍が管轄する空域についても紹介されています。

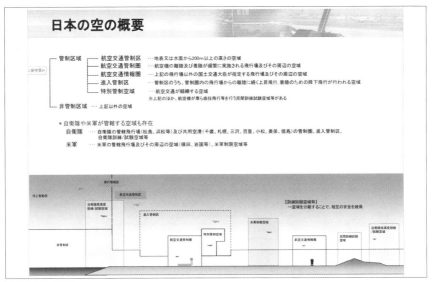

出典：国土交通省ホームページ

b. 空港の制限表面の概要

　航空機が安全に離着陸するためには、空港周辺の一定の空間が障害物のない状態に保たれる必要があります。そのため、航空法では制限表面と呼ばれるものが設定されています。

ア）全ての空港に設定するもの

　全ての空港に設定されている制限表面には3種類があります。

 進入表面：進入の最終段階及び離陸時における航空機の安全を確保するために必要な表面

　　　　水平表面：空港周辺での旋回飛行等低空飛行の安全を確保するために必要な表面

　　　　転移表面：進入をやり直す場合等の側面方向への飛行の安全を確保するために必要な表面

　下記では、これらの制限表面をイラストで説明しています。

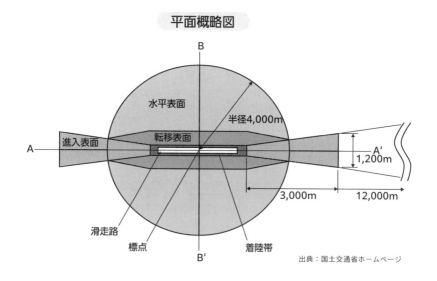

平面概略図

出典：国土交通省ホームページ

134

イ）東京・成田・中部・関西国際空港及び政令空港において指定することができ
るもの

大型の空港（東京（羽田）・成田・中部・関西国際空港及び政令空港（釧路・
函館・仙台・大阪国際・松山・福岡・長崎・熊本・大分・宮崎・鹿児島・那覇
の各空港））では航空機の離着陸が頻繁に行われるため、前述からさらに3つの
制限表面が設定されています。

 教則 円錐表面：大型化及び高速化により旋回半径が増大した航空機の空港
周辺での旋回飛行等の安全を確保するために必要な表面
延長進入表面：精密進入方式による航空機の最終直線進入の安全を確
保するために必要な表面
外側水平表面：航空機が最終直線進入を行うまでの経路の安全を確保
するために必要な表面

これらの表面は、航空機の飛行パターンや種類、空港の位置などに応じて設
定され、無人航空機の飛行にも影響を与えます。無人航空機の操縦者は、これ
らの制限表面を遵守し、航空機の飛行の安全を確保する必要があります。

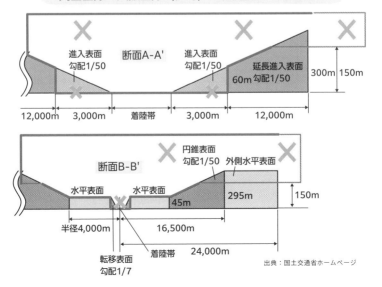

新千歳・成田国際・東京国際（羽田）・中部国際・
関西国際・大阪国際（伊丹）・福岡空港・那覇空港

出典：国土交通省ホームページ

（7）模型航空機に対する規制

　航空機の飛行に影響を及ぼすおそれがあるため、重量100g未満の模型航空機であったとしても、次の飛行は航空法で規制されています。

①航空交通管制圏、航空交通情報圏、航空交通管制区内の特別管制空域等における模型航空機の飛行は禁止されている。また、国土交通省が災害等の発生時に後述の緊急用務空域を設定した場合には、当該空域における飛行も禁止される。
②①の空域以外のうち、空港等の周辺、航空路内の空域（高度150m以上）、高度250m以上の空域において、模型航空機を飛行させる場合には、国土交通省への事前の届出が必要となる。

2-2 航空法② 各論

重要度 ★★★

┃ 無人航空機の登録

1.無人航空機登録制度の背景と目的

　近年、無人航空機による不適切な飛行事例が増えた一方、その活用の可能性も広がっています。これらの背景から、無人航空機の登録制度が導入されました。

　この制度を創設した目的は、下記の点にあります。

教則

①事故発生時などにおける所有者把握
②事故の原因究明など安全確保上必要な措置の実施
③安全上問題のある機体の登録を拒否し安全を確保すること

2.無人航空機登録制度の概要

　無人航空機は、重量が100g未満のものを除き、国の登録を受けなければ飛行させることはできません。登録を行った機体には登録記号の表示と、一部の例外を除いてリモートID機能の搭載が義務付けられます。なお、登録の有効期間は3年です。

　無登録の無人航空機の飛行は禁止されています。100g以上の全ての無人航空機が登録の対象となります。既に模型航空機をお持ちの場合でも、その重量が100g以上であれば登録が必要です。

　また、一部の例外を除き、リモートID機能を搭載する必要があります。この機能は、機体の識別情報を電波で遠隔発信するものです。

3.登録を受けることができない無人航空機

　以下のような無人航空機は登録を受けることができません。

①製造者が機体の安全性に懸念があるとして回収（リコール）している
ような機体や、事故が多発していることが明らかである機体など、
あらかじめ国土交通大臣が登録できないものと指定したもの
②表面に不要な突起物があるなど地上の人などに衝突した際に安全
を著しく損なうおそれのある無人航空機
③遠隔操作または自動操縦による飛行の制御が著しく困難である無
人航空機

4.登録の手続き及び登録記号の表示

　無人航空機の登録は、オンラインまたは書類を提出することで申請することができます。手数料を支払い、必要な全ての手続きが完了すると登録記号が発行されます。登録記号は、取り外しの困難な外部の確認しやすい箇所に、耐久性のある方法ではっきりと表示する必要があります。登録記号の文字の高さは、機体の重量区分により次のように定められています。

・最大離陸重量25kg以上の機体：25mm以上
・最大離陸重量25kg未満の機体：3mm以上

　所有者または使用者の氏名や住所などが変更になった場合は、登録事項の変更届を出す必要があります。また、3年ごとの更新が必要で、更新がないと登録の効力を失います。登録の有効期限から1ヶ月前以降に更新を行った場合は、満了日の翌日から3年後が新たな有効期限となります。
　以下は、無人航空機の登録の申請方法と手数料についての参考です。申請方法、申請台数によって、必要な手数料が変わります。詳しくは、国土交通省航空局の「無人航空機登録ポータルサイト」に掲載されていますので確認してください。

5.リモートID機能の搭載の義務

　無人航空機の登録が完了したら、物理的な登録記号の表示に加えて、リモートID機能を機体に搭載する必要があります。ただし、以下の場合はリモートID機能の搭載が免除されます。

①無人航空機の登録制度の施行前（2022年6月19日）までの事前登録期間中に登録手続きを行った無人航空機

②あらかじめ国に届け出た特定区域（リモートID特定区域）の上空で行う飛行であって、無人航空機の飛行を監視するための補助者の配置、区域の範囲の明示などの必要な措置を講じた上で行う飛行

③十分な強度を有する紐（ひも）など（長さが30m以内のもの）により係留して行う飛行

④警察庁、都道府県警察または海上保安庁が警備その他の特に秘匿を必要とする業務のために行う飛行

6.リモートID機器の概要及び発信情報

　リモートID機器とは、無人航空機の識別情報を電波で遠隔発信するためのもので、内蔵型と外付型があります。

　発信される情報には、静的情報として無人航空機の製造番号及び登録記号、動的情報として位置、速度、高度、時刻などが含まれます。これらの情報は1秒に1回以上発信されます。なお、リモートID機能により発信される情報には、

所有者や使用者の情報は含まれません。

　無人航空機の登録制度に関する法規制や最新情報は、以下サイトから確認できます。定期的にサイトを検索し、最新情報などが出ていないかを確認してみましょう。

■ 無人航空機登録ハンドブック

　https://www.mlit.go.jp/koku/drone/assets/pdf/mlit_HB_web_2022.pdf

■ 無人航空機登録ポータルサイト

　https://www.mlit.go.jp/koku/drone/

規制対象となる飛行の空域及び方法（特定飛行）の補足事項等

（1）規制対象となる飛行の空域

　最初に、航空交通管制区など、航空機の空域の全体像について説明しました。これからは、無人航空機の飛行が規制されている空域について見ていきましょう。

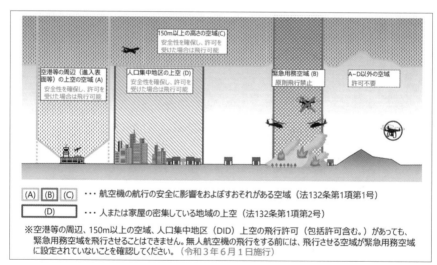

出典：国土交通省ホームページ

a. 空港等の周辺の空域

　航空法に基づく「空港等の周辺の空域」は、原則として無人航空機の飛行が禁止されています。空港やヘリポート等の周辺に設定されている空域については、航空機の離陸及び着陸の安全を確保するため、国土交通大臣が定める告示により次のように定められています。

- 進入表面の上空の空域
- 延長進入表面の上空の空域
- 転移表面の上空の空域
- 円錐表面の上空の空域
- 水平表面の上空の空域
- 外側水平表面の上空の空域
- 進入表面等がない飛行場周辺

　ただし、次の空港では航空機の離着陸が頻繁に実施されるため、進入表面等の上空の空域に加えて、進入表面もしくは転移表面の下の空域または空港の敷地の上空の空域についても飛行禁止空域となっています。

- 新千歳空港
- 関西国際空港
- 成田国際空港
- 大阪国際空港
- 東京国際空港
- 福岡空港
- 中部国際空港
- 那覇空港

　以下に示すのは、全ての空港で設定されている、空港やヘリポート等の周辺に設定されている進入表面、転移表面もしくは水平表面、または延長進入表面、円錐表面もしくは外側水平表面の上空、進入表面がない飛行場の周辺の空域で、航空機の離陸及び着陸の安全性を確保するために必要なものとして、国土交通大臣が告示で定める空域のイラストです。

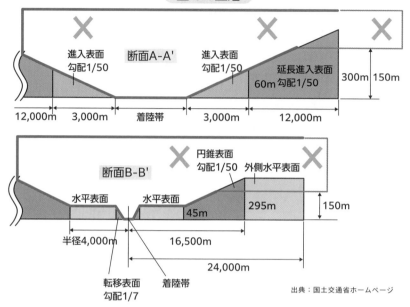

全ての空港

断面A-A'
進入表面 勾配1/50
進入表面 勾配1/50
延長進入表面 60m 勾配1/50
300m | 150m
12,000m | 3,000m | 着陸帯 | 3,000m | 12,000m

断面B-B'
水平表面
水平表面
円錐表面 勾配1/50
外側水平表面
45m
295m
150m
半径4,000m
16,500m
24,000m
転移表面 勾配1/7
着陸帯

出典：国土交通省ホームページ

　無人航空機の飛行が規制されている部分は、イラスト内のバツ印で示されています。

　特に注目していただきたいのは「断面A-A'」の「進入表面勾配」と、「断面B-B'」の「転移表面勾配」です。こちらを見てみると、青色の線より上側は無人航空機の飛行が規制されていることがわかります。

　次の図が新千歳空港・成田国際空港・東京国際空港・中部国際空港・関西国際空港・大阪国際空港・福岡空港・那覇空港で設定されている、進入表面等の上空の空域に加えて、進入表面もしくは転移表面の下の空域または空港の敷地の上空の空域のイラストです。

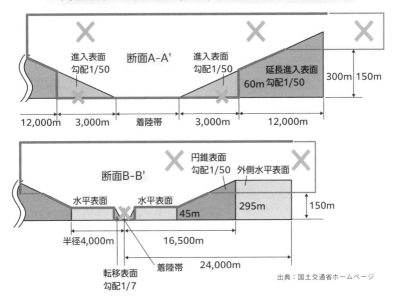

新千歳・成田国際・東京国際（羽田）・中部国際・
関西国際・大阪国際（伊丹）・福岡空港・那覇空港

出典：国土交通省ホームページ

「進入表面勾配」と「転移表面勾配」の描かれ方が、先ほどと異なることがわかります。

つまり、新千歳から那覇までの8空港については、その他の空港と異なり「進入表面勾配」と「転移表面勾配」の下の空域についても、無人航空機の飛行が規制されていることになります。

これら8空港周辺で飛行する場合には、該当する空港の管理者等と飛行の調整を行った上で、無人航空機の飛行の許可を得ることが必要になることがありますので注意してください。

国土交通省航空局のホームページにも掲載されていますので、実際に検索して確認してください。

b. 緊急用務空域

国土交通省、防衛省、警察庁、都道府県警察や地方公共団体の消防機関などの関連機関が使用する航空機の中には、捜索や救助などの緊急用務を行うものがあります。これらの航空機の飛行の安全を確保するため、国土交通省は「緊急用

務空域」を指定しており、この空域では原則として無人航空機の飛行が禁止されています。100g未満の模型航空機も例外ではなく、飛行が禁止されます。

　災害の規模などにより、緊急用務を行う航空機の飛行が予想される場合には、国土交通省がその都度「緊急用務空域」を指定します。その場合には、国土交通省のホームページやX（旧Twitter）で公開されます。

　緊急用務を行う航空機の妨げにならないよう、無人航空機の操縦者は、飛行の開始前に飛行させる空域が緊急用務空域に指定されていないか確認する義務があります。なお、空港周辺などの特定の空域や、地表から150m以上の高度、人口集中地区上空での飛行許可があったとしても、緊急用務空域での飛行は認められません。

　この「緊急用務空域」の制度は、令和3年2月に栃木県足利市で発生した山林火災において、ヘリコプターによる消火活動中に無人航空機が飛行し、活動が一時中断された事件をきっかけに、同年6月1日から始まりました。

　緊急用務空域はいつ指定されるかわかりません。無人航空機を飛行させる前には

■航空局ホームページ　https://www.mlit.go.jp/koku/koku_tk10_000003.html
■航空局X（旧Twitter）　https://twitter.com/mlit_mujinki
のいずれかを必ず確認してから飛行させてください。

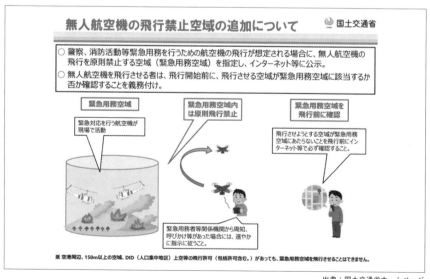

出典：国土交通省ホームページ

c. 高度150m以上の空域

「高度150m以上の飛行禁止空域」という表現は、海抜高度を指すのではなく、無人航空機が飛行している地点の直下の地表または水面からの高度差150m以上の空域を表すものです。

　これは山岳地帯や起伏に富んだ地形の上空で無人航空機を操作する際に特に注意が必要な点です。その理由は、下の図で示されるように、意図しない高度差150m以上に達してしまう可能性があるからです。

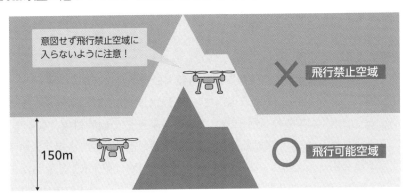

d. 人口集中地区

「人口集中地区」、別名DID（Densely Inhabited District）は、5年ごとに実施される国勢調査の結果に基づき、特定の基準により設定された地域を指します。本書執筆時点では、令和2年の国勢調査結果に基づいた人口集中地区が適用されています。

　たとえ自宅の敷地内であっても、その地域が人口集中地区に指定されている場合、無人航空機を飛行させるためには許可を得ることが必要となります。

　人口集中地区の詳細は、国土交通省や国土地理院のホームページで確認することができます。

■地理院地図　https://maps.gsi.go.jp

　人口集中地区は、総務省統計局が整備し、独立行政法人統計センターが運用管理している「地図で見る統計（jSTATMAP）」からでも確認することができます。

■jSTAT MAP　https://jstatmap.e-stat.go.jp

■jSTAT MAPによる人口集中地区の確認方法

　http://www.stat.go.jp/data/chiri/map/pdf/jstatriyou.pdf

(2) 規制対象となる飛行の方法

a. 昼間（日中）における飛行

　無人航空機の操縦者は、原則として昼間（日中）、すなわち日の出から日没までの時間帯で飛行を行うこととされています。日没から日の出までの夜間に飛行を行う場合は、航空法の規制対象となります。ここでいう「昼間（日中）」とは、国立天文台によって公表される日の出から日没までの時間を指します。

　なお、日の出と日没の時刻は場所により異なるため、飛行予定地の時刻を事前に確認することが重要です。

b. 目視による常時監視

　無人航空機の操縦者は、自身が操作する無人航空機及びその周囲の状況を自身の目視により常時監視しながら飛行させることが原則とされています。それ以外の方法での飛行、すなわち目視外での飛行は航空法の規制対象となります。

　ここでいう「目視により常時監視」とは、操縦者が自分の眼で直接無人航空機を見ることを指しています。双眼鏡やFPV（First Person View）を用いたモニターでの監視、あるいは補助者による監視は、目視内飛行に含まれません。

　ただし、眼鏡やコンタクトレンズを用いることは「目視」に該当します。

c. 人または物件との距離

　無人航空機の操縦者は、無人航空機と地上または水上の人または物件との間に30m以上の距離を維持しながら飛行させることが原則とされています。人または物件から30m未満の飛行を行う場合は、航空法の規制対象になります。

　「人または物件」とは、第三者やその所有物を意味し、無人航空機の操縦者やその関係者、またその所有物は含まれません。

　「物件」とは、以下のようなものを指します。

教則 (a) 中に人が存在することが想定される機器
(b) 建築物その他の相当の大きさを有する工作物等

　具体的な「物件」の例は以下の通りです。

車両等：自動車、鉄道車両、軌道車両、船舶、航空機、建設機械、港湾
のクレーン等
工作物：ビル、住居、工場、倉庫、橋梁、高架、水門、変電所、鉄塔、電
柱、電線、信号機、街灯等

なお、土地や樹木、雑草のような自然物は「物件」に含まれません。

d. 催し場所上空

　無人航空機の操縦者は、祭事やイベント等、多数の者の集合する催しが開催
されている場所の上空での飛行が原則禁止されています。

　ここでいう「多数の者の集合する催し」とは、特定の場所や時間に開催され、
多くの人々が参加するものを指します。

　その適用の有無は、無人航空機が落下した際に地上の人々に危害を及ぼすこ
とを防ぐという目的に基づき、集まる人々の数や規模だけでなく、催しが特定
の場所や時間に開催されるかどうかを考慮して総合的に判断されます。

　多数の者が集合する催しとして扱われる具体的な例は以下の通りです。

 該当する例
- 祭礼、縁日、展示会のほか、プロスポーツの試合、スポーツ大会、運
動会、屋外で開催されるコンサート、町内会の盆踊り大会、デモ（示
威行為）等

該当しない例
- 自然発生的なもの（信号待ちや混雑により生じる人混み等）

　さらに、多数の者が集合する催しの開催地上空で無人航空機を飛行させる際
には、

 ・風速5m/s以上の場合は飛行を中止すること
・機体が第三者及び物件に接触した場合の危害を軽減する構造を用意
していること

が必要です。

催し場所上空で飛行させる際のルールには、次のようなものがあります

① 飛行範囲

飛行範囲の外周から指定距離の範囲に立入禁止区画を設定することが必要です。例えば、高度30mで催し場所上空を飛行させる場合には、飛行範囲の外周から40mの範囲に立入禁止区画を設定することが必要です。

② 機体基準

- プロペラガード等の衝撃を緩和する素材の使用またはカバーを装着することが必要です。
- 想定される運用により、10回以上の離陸及び着陸を含む3時間以上の飛行実績を有することが必要です。

③ 飛行基準

風速5m以上・飛行速度と風速の和が7m以上の飛行が禁止されています。

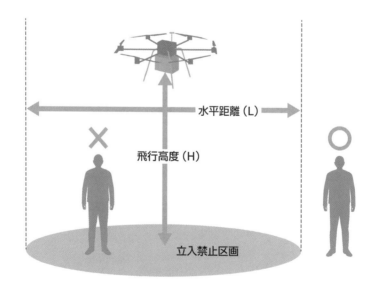

飛行高度 (H)	水平距離 (L)
20m未満	30m
50m未満	40m
100m未満	60m
150m未満	70m

催し場所上空で無人航空機を飛行させるためには、安全対策の実施が必要です。飛行計画を立案する際には、必要な安全対策が講じられていることを確認してから飛行申請を行いましょう。以下は、催し場所上空の飛行に関する参考です。

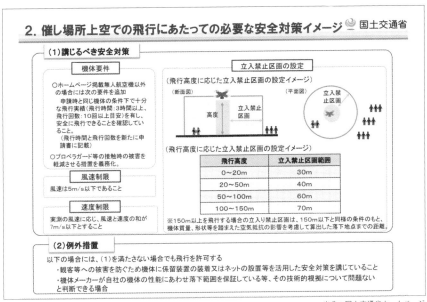

出典：国土交通省ホームページ

e.危険物の輸送

無人航空機による危険物の輸送も原則として禁止されています。

「危険物」は次のようなものを指します。

• 火薬類	• 酸化性物質類
• 高圧ガス	• 毒物類
• 引火性液体	• 放射性物質
• 可燃性物質	• 腐食性物質など

しかし、無人航空機の飛行に必要な物品は「危険物」の範囲に含まれません。例えば、無人航空機の飛行に必要な燃料や電池、パラシュートを開くための火薬類や高圧ガス、業務用機器の電源としての電池は「危険物」にはあたりません。

f. 物件の投下

無人航空機から物件を落とす行為も原則として禁止されています。

この物件の落下には、宅配物などのような固形物の投下だけではなく、水や農薬などの液体や霧状の散布も含まれます。なお、空中から投下するのではなく、無人航空機を用いて物件を置く行為は物件の落下にあたりません。

規制対象となる飛行の空域及び方法の例外

a. 捜索、救助等のための特例

無人航空機の飛行には様々な規制がありますが、捜索や救助等を目的として行う場合には特例があります。

国や地方公共団体、あるいは国や地方公共団体から依頼を受けた者が、事故や災害等に対応するために無人航空機を飛行させる際には、緊急性を考慮し特例として飛行空域や方法の規制が適用されません。ただし、これは国や地方公共団体に関連する活動に限定されているため、有志による支援の飛行など、国や地方公共団体と無関係な独自の活動には特例は適用されず、国による飛行許可や承認等の手続きが必要となります。

国や地方公共団体からの依頼がない状況で無人航空機を利用して、事故や災害現場周辺を飛行させる行為は、かえって捜索や救助活動の妨げとなります。二次災害発生リスクを増大させるため、このような行為は行わないようにしましょう。

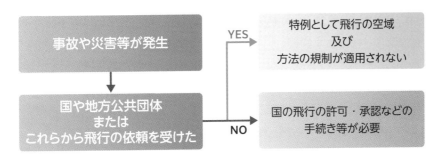

b. 高度150m以上の空域の例外

　航空機が飛行する空域と無人航空機が飛行する空域とを分けるため、地表または水面から150m以上の高さの空域は、原則として無人航空機の飛行が禁止されています。

　しかし、煙突や鉄塔など高層構造物の周囲は航空機の飛行が考えにくいため、高度150m以上の空域であっても、該当の構造物から30m以内の範囲であれば無人航空機の飛行禁止空域から除外されます。

　ただし、その構造物が第三者の物件に該当する場合は、前項の「c. 人または物件との距離」で説明した手続きが必要となることに注意しましょう。

　下記は高度150m以上の空域の例外についてイラストにしたものです。

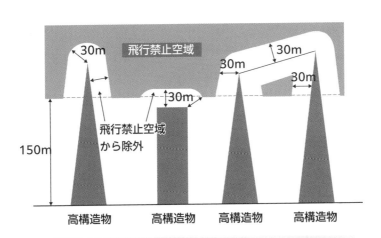

＊空港等の周辺の空域及び緊急用務空域については、物件から30m位内であっても引き続き許可が必要です。また、人口集中地区にかかるようであれば、当該手続きも必要です。

出典：国土交通省ホームページ

「飛行禁止空域」を無人航空機が飛行する際には、150m以上の高度で飛行する許可が必要となります。それ以外の空域を飛行させる場合、許可は不要です。

しかし、イラスト下部の*にあるように、空港周辺などの特定空域や緊急用務空域では、物件から30m以内であっても引き続き許可が必要となります。また、人口集中地区での飛行を予定している場合にも、適切な手続きが求められますのでご注意ください。

c. 十分な強度を有する紐等で係留した場合の例外

30m以上の長さを持ち、十分な強度を備えた紐などで無人航空機を係留し、飛行可能な範囲に第三者が立ち入らないように管理する措置を講じた場合、次の飛行に係る手続きを不要にすることができます。

- 人口集中地区上空の飛行
- 夜間飛行
- 目視外飛行
- 第三者から30m以内の飛行
- 物件投下

ただし、自動車や航空機などの移動する物件に紐等を固定したり、人が紐を持って移動しながら無人航空機を飛行させたりする行為は「えい航」と呼ばれ、係留とはみなされないため注意しましょう。

無人航空機を適切な強度の紐等で係留し、第三者の立入りを管理する措置を講じても、空港周辺や緊急業務空域、150m以上の高空飛行、イベント会場上空での飛行、危険物の輸送については、引き続き該当する手続きが必要となります。これらの事項には十分注意を払ってください。

以下は、十分な強度を持つ紐等で無人航空機を係留した場合の例外事項の参考図です。

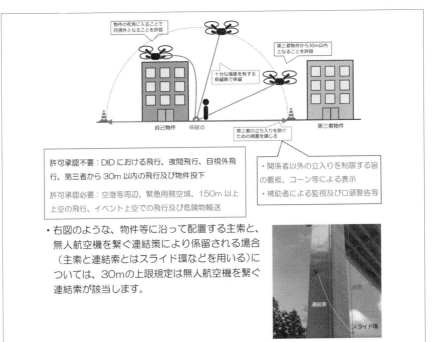

出典：国土交通省ホームページ

その他の補足事項等

a.第三者の定義

「第三者」は、無人航空機の飛行に直接的または間接的に関与していない人々を指します。以下に示す人々は無人航空機の飛行に直接的または間接的に関与しており、「第三者」には該当しません。

(a) 無人航空機の飛行に直接関与している者

　直接関与している者とは、操縦者、現に操縦はしていないが操縦する可能性のある者、補助者等無人航空機の飛行の安全確保に必要な要員とする。

(b) 無人航空機の飛行に間接的に関与している者

　間接的に関与している者（以下「間接関与者」という。）とは、飛行目的について無人航空機を飛行させる者と共通の認識を持ち、次のいずれにも該当する者とする。

a. 無人航空機を飛行させる者が、間接関与者について無人航空機の飛行の目的の全部または一部に関与していると判断している。

b. 間接関与者が、無人航空機を飛行させる者から、無人航空機が計画外の挙動を示した場合に従うべき明確な指示と安全上の注意を受けている。なお、間接関与者は当該指示と安全上の注意に従うことが期待され、無人航空機を飛行させる者は、指示と安全上の注意が適切に理解されていることを確認する必要がある。

c. 間接関与者が、無人航空機の飛行目的の全部または一部に関与するかどうかを自ら決定することができる。

　無人航空機を飛行させる際には、操縦者の周囲にいる人々が「第三者」に該当するのか、それとも「直接または間接的に関与している者」に該当するのかを、上述の定義に基づいて確認することが必要です。

b. 立入管理措置

　特定飛行は、無人航空機の飛行経路下で第三者の立入りを制限するか否かによってカテゴリーII飛行とカテゴリーIII飛行に区分され、それぞれ異なる手続きが必要となります。

　第三者の立入りを制限する区画を設定し、その範囲を明示するための標識設置等を行うことなどが立入管理措置の内容になります。具体的な立入管理措置の方法の例には、次のようなものがあります。

教則
- 関係者以外の立入りを制限する旨の看板（の設置）
- コーン等による（立入管理区画の）表示
- 補助者による監視及び口頭警告など

　立入管理措置を施すことで、無人航空機の飛行経路下の第三者を制限できる場合はカテゴリーⅡ飛行になります。一方、立入管理措置を施さず、無人航空機の飛行経路下の第三者の立入りを管理しない場合はカテゴリーⅢ飛行となり、それぞれに対応した手続きが必要となります。

無人航空機の操縦者等の義務

（1）無人航空機の操縦者が遵守する必要がある運航ルール

a. アルコールまたは薬物の影響下での飛行禁止

　アルコールや薬物を摂取するなどして、正常に無人航空機を飛行させることが困難な場合は飛行させないでください。「アルコール」とはアルコール飲料やアルコール含有食品を、「薬物」とは麻薬や覚醒剤などの規制薬物だけでなく医薬品も含みます。

　アルコールの身体への影響は個々の体質やその日の体調により異なります。また、体内に微量のアルコールが存在しているだけでも、無人航空機の適切な飛行に影響を及ぼす可能性があります。したがって、体内のアルコール濃度がどの程度であるかにかかわらず、体内にアルコールが存在する状態での無人航空機の飛行は行わないでください。

b. 飛行前の確認

　無人航空機が適切に飛行できる状態であることや、飛行に必要な準備が整っているかどうかなどについて、次の事項を無人航空機を飛行させる前に必ず確認してください。

2章 ドローンに関する法令

教則

(a) 外部点検及び作動点検による無人航空機の状況の確認

各機器の取付状況（ネジ等の脱落やゆるみ等）、発動機・モーター等の異音の有無、機体（プロペラ、フレーム等）の損傷や歪みの有無、通信系統・推進系統・電源系統・自動制御系統等の作動状況などの確認が挙げられる。

(b) 無人航空機を飛行させる空域及びその周囲の状況の確認

飛行空域や周囲における航空機や他の無人航空機の飛行状況、飛行空域や周囲の地上または水上の人（第三者の有無）または物件（障害物等の有無）の状況、航空法その他の法令等の必要な手続き等の状況、緊急用務空域・飛行自粛要請空域の該当の有無、立入管理措置・安全確保措置等の準備状況などの確認が挙げられる。

(c) 飛行に必要な気象情報の確認

天候、風速、視程など当該無人航空機の飛行に適した天候にあるか否かを確認する。

(d) 燃料の搭載量またはバッテリーの残量の確認

(e) リモート ID 機能の作動状況（リモート ID 機能の搭載の例外となっている場合を除く。）

c. 航空機または他の無人航空機との衝突防止

飛行前に飛行中の航空機を確認した場合は、直ちに無人航空機の飛行を中止してください。また、飛行中の他の無人航空機を確認した場合は、飛行日時、飛行ルート、飛行高度等について、他の無人航空機の操縦者と調整を行ってください。

飛行中に航空機を確認した場合は、航空機への接近や衝突を回避するため、無人航空機を地上に降下させるなど措置を講じてください。

また、他の無人航空機を確認した場合は、安全な距離を保つように飛行してください。それでも接近や衝突の可能性があると判断される場合は、地上に降下させるなどの適切な措置を取り、飛行日時、飛行ルート、飛行高度等について、他の無人航空機の操縦者と調整を行ってください。

d. 他人に迷惑を及ぼす方法での飛行禁止

　無人航空機を飛行させる際には、必要もないのに高い音を出したり、急に降下させたりするなどの方法で他人に迷惑をかけないようにしてください。「他人に迷惑をかけるような方法」とは、例えば、無人航空機を突然人に接近させるなどの行為があります。

e. 使用者の整備及び改造の義務

　登録した無人航空機は、機体の整備や必要に応じた改造を行い、無人航空機が安全上の問題で登録を受けられない機体にならないように維持する必要があります。また、常に機体の登録記号が表示されているよう維持する必要があります。

f. 事故等の場合の措置

ア) 事故の場合の措置

　以下のような無人航空機の事故が発生した場合には、無人航空機の操縦者は直ちに飛行を中止し、必要な措置を講じる必要があります。

　危険を防止するための措置として、

- 負傷者がいる場合は救護や通報を行い、事故状況に応じて警察への通報
- 火災が発生した場合は消防へ通報

を行います。また、事故の日時、場所などの詳細は国土交通大臣に報告する必要があります。

教則

a. 無人航空機による人の死傷または物件の損壊
　人の死傷に関しては重傷以上を対象とする。物件の損壊に関しては第三者の所有物を対象とするが、その損傷の規模や損害額を問わず全ての損傷を対象とする。
b. 航空機との衝突または接触
　航空機または無人航空機のいずれかまたは両方に損傷が確認できるものを対象とする。

イ）重大インシデントの報告

　これらは事故には至らなかったものの、その重大性から国土交通大臣への報告が必要になるケースです。これらの状況が発生した際は、必ず報告を行ってください。

　なお、「人の重傷」についての判断方法については、＜6章「口述試験」（1）番号6-1　事故又は重大インシデントの説明＞に参考の解説が掲載されていますのでぜひご覧ください。

　ア）のような事故が発生するおそれがあったと判断される事態では、重大インシデントが発生したとして国土交通大臣への報告が必須となっています。

　重大インシデントの対象としては次の通りです。

- 飛行中航空機との衝突または接触のおそれがあったと認めた事態
- 重傷に至らない無人航空機による人の負傷
- 無人航空機の制御が不能となった事態
- 無人航空機が発火した事態（飛行中に発生したものに限る。）

　これらは事故には至らなかったものの、その重大性から国土交通大臣への報告が必要になるケースです。これらの状況が発生した際は、必ず報告を行ってください。

（2）特定飛行をする場合に遵守する必要がある運航ルール
a.飛行計画の通報等

　特定飛行を行う場合には、下記の事項を記載した飛行計画を国土交通大臣へ通報しなければなりません。

(a) 無人航空機の登録記号及び種類並びに型式（型式認証を受けたものに限る。）

(b) 無人航空機を飛行させる者の氏名並びに技能証明書番号（技能証明を受けた者に限る。）及び飛行の許可・承認の番号（許可・承認を受けた場合に限る。）

(c) 飛行の目的、高度及び速度

(d) 飛行させる飛行禁止空域及び飛行の方法

(e) 出発地、目的地、目的地に到着するまでの所要時間

(f) 立入管理措置の有無及びその内容

(g) 損害賠償のための保険契約の有無及びその内容

　なお、あらかじめ飛行計画を通報することが困難な場合には、事後通報することもできます。

　無人航空機の飛行計画を通報したときは、操縦者はその内容に従って特定飛行を行わなければなりません。また、飛行計画の通報を受けて、安全確保上必要と判断される場合には、飛行の日時や経路の変更など、必要な措置を国土交通大臣が指示することがあります。そのような指示があったときは、その指示に従って特定飛行を行ってください。

　なお、特定飛行に該当しないカテゴリーⅠ飛行を行う場合であっても、飛行計画の通報が推奨されています。安全確保のため、飛行計画の通報を行うようにしましょう。

　飛行計画は「ドローン情報基盤システム（飛行計画通報機能）」に入力することで通報できます。特定飛行を行う際は、マニュアル等を参考に必ず入力・通報しましょう。

■ドローン情報基盤システム（飛行計画通報機能）

https://www.ossportal.dips.mlit.go.jp/portal/top/

■ 飛行計画通報手続マニュアル等

https://www.uafpi.dips.mlit.go.jp/contents/fpl/manual.html

b. 飛行日誌の携行及び記載

特定飛行をする場合には、飛行日誌を携行（携帯）することが義務付けられています。特定の飛行を行う際には、必要に応じてすぐに提示などができる状態にしておく必要があります。

なお、飛行日誌は紙または電子データのどちらの形式を使用してもよいこととされています。

特定飛行を行ったときは、登録記号、種類、型式、製造者・製造番号等の無人航空機に関する情報に加えて、次に掲げる事項等を速やかに飛行日誌へ記載しなければなりません。

(a) 飛行記録
　飛行の年月日、離着陸場所・時刻、飛行時間、飛行させた者の氏名、不具合及びその対応等
(b) 日常点検記録
　日常点検の実施の年月日・場所、実施者の氏名、日常点検の結果等
(c) 点検整備記録
　点検整備の実施の年月日・場所、実施者の氏名、点検・修理・改造・整備の内容・理由等

なお、特定の飛行に該当しないカテゴリーⅠ飛行などの無人航空機の飛行を行う場合でも、飛行日誌に記載することが推奨されています。

こちらは、飛行日誌に記載しなければならない飛行記録の様式です。飛行の年月日、離着陸場所・時刻、飛行時間、飛行させた者の氏名、不具合及びその対応等を記載しなければなりません。

[飛行記録の様式例]

無人航空機の登録記号	JU							

無人航空機の飛行記録

飛行年月日 FLIGHT DATE	飛行させた者の氏名 NAME OF PILOT	飛行概要 NATURE OF FLIGHT	離陸場所 FROM	着陸場所 TO	離陸時刻 OFF TIME	着陸時刻 ON TIME	飛行時間 FLIGHT TIME	総飛行時間 TOTAL FLIGHT TIME	飛行の安全に 影響のあった事項 MATTERS AFFECTED FLIGHT SAFETY

記事 REPORT	発生年月日 OCCURRED DATE	不具合事項 FLIGHT SQUAWK	処置年月日 ACTION DATE	処置その他 CORRECTIVE ACTION	確認者 CONFIRMER

当様式は、日本海事協会作成「無人航空機の飛行記録様式 230427」のデザインを一部修正したものです

こちらが、飛行日誌に記載しなければならない日常点検記録の様式です。日常点検の実施の年月日・場所、実施者の氏名、日常点検の結果等を記載しなければなりません。

[日常点検記録の様式例]

無人航空機の登録記号	JU		

無人航空機の日常点検記録

	点検項目	結果	備考
機体全般	機器の取り付け状態（ネジ、コネクタ、ケーブル等）	□異常なし □不具合あり □非該当	
プロペラ	外観、損傷、ゆがみ	□異常なし □不具合あり □非該当	
フレーム	外観、損傷、ゆがみ	□異常なし □不具合あり □非該当	
通信系統	機体と操縦装置の通信品質の健全性	□異常なし □不具合あり □非該当	
推進系統	モーター又は発動機の健全性	□異常なし □不具合あり □非該当	
電源系統	機体及び操縦装置の電源の健全性	□異常なし □不具合あり □非該当	
自動制御系統	飛行制御装置の健全性	□異常なし □不具合あり □非該当	
操縦装置	外観、スティックの健全性、スイッチの健全性	□異常なし □不具合あり □非該当	
バッテリー・燃料	バッテリーの充電状況・残燃料表示機能の健全性	□異常なし □不具合あり □非該当	
機体識別表示	外観	□異常なし □不具合あり □非該当	
リモートID機能	リモートID機能の健全性（※非搭載機であっても模擬的に実施）	□異常なし □不具合あり □非該当	
灯火	外観、灯火の健全性（※夜間飛行時に限る。）	□異常なし □不具合あり □非該当	
カメラ	外観、カメラの健全性（※目視外飛行に限る。）	□異常なし □不具合あり □非該当	
特記事項／NOTES	飛行後点検結果 □異常なし □不具合あり（不具合箇所：　　　　事象等の内容：　　　　　　　　　）		
	実施場所／PLACE	実施年月日／DATE	実施者／INSPECTOR

当様式は、日本海事協会作成「無人航空機の日常点検記録様式 230427」のデザインを一部修正したものです

こちらが、飛行日誌に記載しなければならない点検整備記録の様式です。点検整備の実施の年月日・場所、実施者の氏名、点検・修理・改造・整備の内容・理由等を記載しなければなりません。

[点検整備記録の様式例]

（様式3）点検整備記録

無人航空機の登録記号 REGISTRATION ID OF UAS		無人航空機の点検整備記録 INSPECTION AND MAINTENANCE RECORD OF UAS				（NR.　　）
実施年月日 DATE	総飛行時間※ TOTAL FLIGHT TIME	点検、修理、改造及び整備の内容 DETAIL	実施理由 REASON	実施場所 PLACE	実施者 ENGINEER	備考 REMARKS

※前回の機体認証を受検するにあたり実施した点検整備以降の総飛行時間を記入する。機体認証を受けていない無人航空機は、点検整備作業を実施した時点での総飛行時間を記入するものとする。

出典：国土交通省ホームページ

（3）機体認証を受けた無人航空機を飛行させる者が遵守する必要がある運航ルール

a. 使用の条件の遵守

機体認証を受けた無人航空機を操縦者が飛行させる時は、その機体に指定された「使用の条件」の範囲内で特定飛行しなければなりません。

「使用の条件」については、無人航空機飛行規程に定めた無人航空機の安全性を確保するための最大離陸重量や飛行可能高度、飛行可能速度などの限界事項などが「使用の条件」として指定され、機体認証を行うときに使用条件等指定書として交付されます。

b. 必要な整備の義務

機体認証を受けた無人航空機が常に安全基準に適合するようにするため、無人航空機の使用者は必要な整備を行ってその状態を維持するようにしなければなりません。整備を行うときは、無人航空機の機体認証時に設定される無人航

空機整備手順書（機体メーカーの取扱説明書等）に従って行う義務があります。

(4) 罰則

　航空法令の規定に違反した場合には、次の罰則の対象となる可能性があります。技能証明を有する者は、罰則に加えて、技能証明の取消し等の行政処分の対象にもなる可能性があります。

違反行為	罰則
• 事故が発生した場合に飛行を中止し負傷者を救護するなどの危険を防止するための措置を講じなかったとき	2年以下の懲役又は100万円以下の罰金
• 登録を受けていない無人航空機を飛行させたとき	1年以下の懲役又は50万円以下の罰金
• アルコール又は薬物の影響下で無人航空機を飛行させたとき	1年以下の懲役又は30万円以下の罰金
• 登録記号の表示又はリモートIDの搭載をせずに飛行させたとき • 規制対象となる飛行の区域又は方法に違反して飛行させたとき • 飛行前の確認をせずに飛行させたとき • 航空機又は他の無人航空機との衝突防止をしなかったとき • 他人に迷惑を及ぼす飛行を行ったとき • 機体認証で指定された使用の条件の範囲を超えて特定飛行を行ったとき 等	50万円以下の罰金
• 飛行計画を通報せずに特定飛行を行ったとき • 事故が発生した場合に報告をせず、又は虚偽の報告をしたとき 等	30万円以下の罰金
• 技能証明を携帯せずに特定飛行を行ったとき • 飛行日誌を備えずに特定飛行を行ったとき • 飛行日誌に記載せず、又は虚偽の記載をしたとき	10万円以下の罰金

　これらの違反行為に該当することがないよう、無人航空機を飛行させる上での義務や運航ルール等を遵守してください。

運航管理体制　安全確保措置・リスク管理等

(1) 安全確保措置等

　先述の通り、カテゴリーⅡ飛行にはカテゴリーⅡA飛行とカテゴリーⅡB飛行があります。技能証明を受けた操縦者が機体認証を有する無人航空機を飛行させる場合には、カテゴリーⅡB飛行として特段の手続きなく無人航空機を飛行さ

せることが可能です。

　手続きなく飛行させる場合には、安全確保措置として次に掲げる事項等を記載した飛行マニュアルを作成して、その内容を遵守する必要があります。

a. 無人航空機の定期的な点検及び整備に関する事項
b. 無人航空機を飛行させる者の技能の維持に関する事項
c. 当該無人航空機の飛行前の確認に関する事項
d. 無人航空機の飛行に係る安全管理体制に関する事項
e. 事故等が発生した場合における連絡体制の整備等に関する事項

　技能証明を受けた操縦者が機体認証を有する無人航空機を飛行させる場合であっても、カテゴリーⅡA飛行に該当する飛行を行う場合には、あらかじめ「運航管理の方法」について国土交通大臣の審査を受け、飛行の許可・承認を受ける必要があります。

(2) カテゴリーⅢ飛行を行う場合の運航管理体制

　カテゴリーⅢ飛行を行うためには、下記が必要になります。

① 一等無人航空機操縦士資格を受けた操縦者が
② 第一種機体認証を有する無人航空機を飛行させることが求められることに加え、
③ あらかじめ「運航管理の方法」について国土交通大臣の審査を受け、
④ 飛行の許可・承認を受ける。

　カテゴリーⅢ飛行について審査や確認される項目には次のようなものがあります。

● 第三者上空飛行にあたり想定されるリスクの分析と評価を実施し、
● 非常時の対処方針や緊急着陸場所の設定などの必要なリスク軽減策を講じることとし、これらのリスク評価結果に基づき作成された飛行マニュアルを含めて、運航の管理が適切に行われること
● 適切な保険に加入するなど賠償能力を有することの確認

　下図は、カテゴリーⅢ飛行を行う場合の運航管理体制に関する図です。

　カテゴリーⅢ飛行には多大なリスクが伴うため、そのリスクを徹底的に洗い出し、あらゆる場合を想定した対処や手順などの運航管理の方法を決めておく必要があります。そして、その「運航管理の方法」について国土交通大臣の審査を受け、飛行の許可・承認を受ける必要があります。

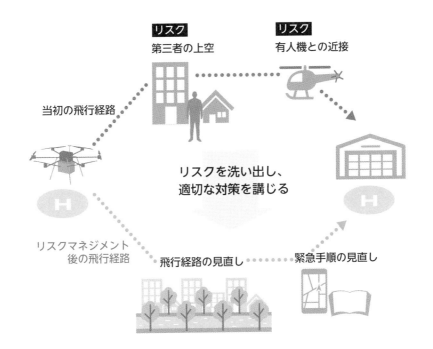

(3) カテゴリーⅢ飛行を行う場合のリスク管理　★★一等

　カテゴリーⅢ飛行の運航を適切に管理するためには、飛行形態に応じてリスク分析・評価を行い、その結果に基づいたリスク軽減策を立てることが必要です。

　具体的にリスク分析及び評価を行う時には「安全確保措置検討のための無人航空機の運用リスク評価ガイドライン」（公益財団法人福島イノベーション・コースト構想推進機構福島ロボットテストフィールド発行）を活用することが推奨されています。

無人航空機操縦者技能証明制度

(1) 制度概要

　無人航空機の飛行に必要な知識や能力を持つことを国が証明する資格制度のことを、無人航空機操縦者技能証明制度といいます。技能証明は、国が指定した民間試験機関（指定試験機関）で行われる以下の試験等を通じて知識や能力を評価し、それらに合格することで国が証明を行います。

- 学科試験
- 実地試験
- 身体検査

　技能証明には、

- 資格（2種類）の区分
- 無人航空機の種類（6種類）の限定
- 飛行の方法（3種類）の限定

があります。パワードリフト機（Powered-lift）のような機体を飛行させるためには、回転翼航空機（マルチローター）及び飛行機の両方の種類の限定に係る資格の取得が必要となりますので注意してください。

資格の区分	無人航空機の種類の限定	飛行の方法の限定
1.一等無人航空機操縦士資格 2.二等無人航空機操縦士資格	1-1.回転翼航空機（マルチローター）（重量制限なし） 1-2.回転翼航空機（マルチローター）（最大離陸重量25kg未満） 2-1.回転翼航空機（ヘリコプター）（重量制限なし） 2-2.回転翼航空機（ヘリコプター）（最大離陸重量25kg未満） 3-1.飛行機（重量制限なし） 3-2.飛行機（最大離陸重量25kg未満）	1.昼間（日中）飛行・目視内飛行 2.夜間飛行 3.目視外飛行

　こちらが、無人航空機操縦士の資格の区分、無人航空機の種類及び飛行の方法の限定について表に表したものです。

　無人航空機操縦士の資格の区分には、一等無人航空機操縦士資格と二等無人航空機操縦士資格の2つの区分があります。無人航空機の種類の限定には、回転翼航空機（マルチローター）の重量制限の有無、回転翼航空機（ヘリコプター）の重量制限の有無、飛行機の重量制限の有無の6種類の限定があります。

　飛行の方法の限定については、昼間（日中）飛行・目視内飛行、夜間飛行、目視外飛行の3つの方法の限定があります。

(2) 技能証明の資格要件

　技能証明の申請にあたっては、以下の事項に該当する者は、申請することができません。

a.16歳に満たない者
b.航空法の規定に基づき技能証明を拒否された日から1年以内の者または技能証明を保留されている者（航空法等に違反する行為をした場合や無人航空機の飛行にあたり非行または重大な過失があった場合に係るものに限る。）
c.航空法の規定に基づき技能証明を取り消された日から2年以内の者または技能証明の効力を停止されている者（航空法等に違反する行為をした場合や無人航空機の飛行にあたり非行または重大な過失があった場合に係るものに限る。）

　また、次に掲げる項目のいずれかに該当する者については、技能証明試験に合格した者であっても、技能証明を拒否または保留されることがあります。

a.てんかんや認知症等の無人航空機の飛行に支障を及ぼすおそれがある病気にかかっている者
b.アルコールや大麻、覚せい剤等の中毒者
c.航空法等に違反する行為をした者
d.無人航空機の飛行にあたり非行または重大な過失があった者

(3) 技能証明の交付手続き

技能証明を受けるためには、

- 「指定試験機関」が実施する学科試験、実地試験及び身体検査に合格していること
- 国土交通大臣に技能証明書の交付の申請手続きを行うこと

が必要です。このうち実地試験を受けるためには、先に学科試験に合格しておく必要があります。

なお「指定試験機関」のほかにも、国の登録を受けた「登録講習機関」と呼ばれる無人航空機の民間講習機関があります。この「登録講習機関」で無人航空機講習（学科・実地講習含む）を修了した者については、技能証明試験のうち実地試験を免除することができます。

技能証明の試験において不正行為があった場合には、当該試験の停止または合格を無効にされることがあります。また、一定期間試験の受験を拒否されることがあります。上記の手続きは、技能証明の新規発行手続きの時だけではなく、限定変更の手続きを行う場合も同様になります。

技能証明の有効期間は3年間です。技能証明を更新する場合には、下記が必要です。

- 有効期間の更新の申請をする日以前3月以内に、国の登録を受けた「登録更新講習機関」が実施する無人航空機更新講習を修了すること
- 有効期間が満了する日以前6月以内に、国土交通大臣に対し技能証明の更新を申請すること

下図は技能証明の交付手続きの流れを図解したものです。技能証明には有効期間がありますので、期間を延長しようとする場合には、忘れずに更新講習を修了して、技能証明の更新申請を行ってください。

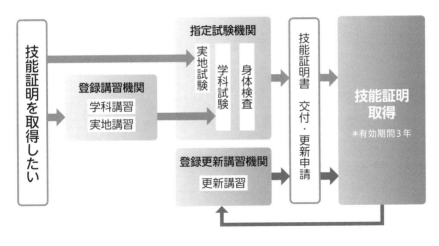

(4) 技能証明を受けた者の義務

技能証明を受けたものには、次のような義務があります。技能証明を受けたらこれらの義務を遵守してください。

教則

①技能証明を受けた者は、その限定をされた種類の無人航空機または飛行の方法でなければ特定飛行を行ってはならない（飛行の許可・承認を受けて特定飛行を行う場合を除く）。

②技能証明を行うにあたって、国土交通大臣は技能証明に係る身体状態に応じ、無人航空機を飛行させる際の必要な条件（眼鏡・コンタクトレンズや補聴器の着用等）を付すことができることとしており、当該条件が付された技能証明を受けた者は、その条件の範囲内でなければ特定飛行を行ってはならない（飛行の許可・承認を受けて特定飛行を行う場合を除く）。

③技能証明を受けた者は、特定飛行を行う場合には、技能証明書を携帯しなければならない。

（5）技能証明の取消し等

　下記の項目のいずれかに該当する場合は、技能証明の取消しや1年以内の技能証明の効力の停止を受けることがあります。

a. てんかんや認知症等の無人航空機の飛行に支障を及ぼすおそれがある病気にかかっているまたは身体の障害であることが判明したとき

b. アルコールや大麻、覚せい剤等の中毒者であることが判明したとき

c. 航空法等に違反する行為をしたとき

d. 無人航空機の飛行にあたり非行または重大な過失があったとき

2-3 小型無人機等飛行禁止法

重要度
★☆☆

小型無人機等飛行禁止法の制度概要

「小型無人機等飛行禁止法」は警察庁が所管している法令です。この法律の第一条には、次のように記載されています。

> （目的）
> 第一条　この法律は、国会議事堂、内閣総理大臣官邸その他の国の重要な施設等、外国公館等、防衛関係施設、空港及び原子力事業所の周辺地域の上空における小型無人機等の飛行を禁止することにより、これらの重要施設に対する危険を未然に防止し、もって国政の中枢機能等、良好な国際関係、我が国を防衛するための基盤並びに国民生活及び経済活動の基盤の維持並びに公共の安全の確保に資することを目的とする。
> 引用：重要施設の周辺地域の上空における小型無人機等の飛行の禁止に関する法律
>
> （平成二十八年法律第九号）

航空法の第一条では「（前略）航空の発達を図り、もって公共の福祉を増進することを目的とする。」としているのに対し、「小型無人機等飛行禁止法」は

 教則
国政の中枢機能等、良好な国際関係、我が国を防衛するための基盤並びに国民生活及び経済活動の基盤の維持並びに公共の安全の確保に資する

ことを目的に定められています。

下記は、警察庁ホームページに掲載されている、小型無人機等飛行禁止法における規制の概要の資料です。

171

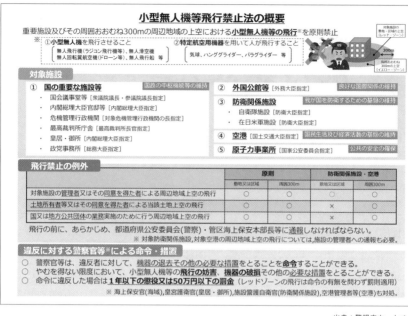

ここでは、「無人航空機」ではなく「小型無人機」と表現されています。ここからは、その定義の違いについて解説していきます。

飛行禁止の対象となる小型無人機等

小型無人機等飛行禁止法により重要施設及びその周辺地域の上空の飛行が禁止されるのは、「小型無人機」と「特定航空用機器」と呼ばれるものです。具体的には次の通りです。

(1) 小型無人機

 教則

飛行機、回転翼航空機、滑空機、飛行船その他の航空の用に供することができる機器であって構造上人が乗ることができないもののうち、遠隔操作または自動操縦により飛行させることができるものと定義されている。航空法の「無人航空機」と異なり、「小型無人機」は大きさや重さにかかわらず対象となり、100g未満のものも含まれる。

　テレビや新聞を見ると、ドローンのことを「無人航空機」や「小型無人機」等と表現されることがありますが、それぞれで適用される法律が異なっています。

（2）特定航空用機器

 航空機以外の航空の用に供することができる機器であって、当該機器を用いて人が飛行することができるものと定義されており、気球、ハンググライダー及びパラグライダー等が該当する。

　下図は、法律によって異なる航空機の分類や名称に関する参考です。航空法では機体の重量に応じて名称や規制が変わりますが、小型無人機等飛行禁止法では航空機の大きさや重さにかかわらず対象となり、100g未満のものも含まれることに注意してください。

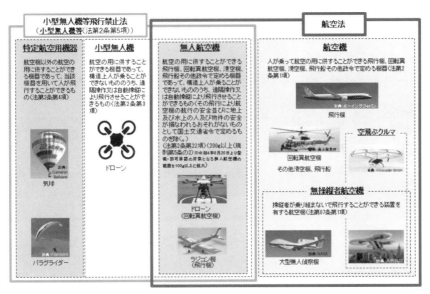

出典：国土交通省ホームページ

▌飛行禁止の対象となる重要施設

　「小型無人機等飛行禁止法」では、下記の飛行が禁止されています。

- 重要施設の敷地・区域の上空（レッド・ゾーン）
- その周囲おおむね300mの上空（イエロー・ゾーン）

　また、外国要人の訪日などの特別な状況に伴い、一時的に対象施設が追加されることがあります。これらの詳細や最新情報については、警察庁のホームページ等をご参照ください。

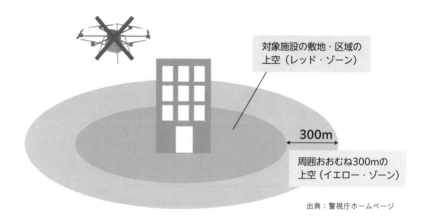

対象施設の敷地・区域の
上空（レッド・ゾーン）

300m

周囲おおむね300mの
上空（イエロー・ゾーン）

出典：警視庁ホームページ

　小型無人機等飛行禁止法の対象となる重要施設は次の通りです。

 教則

①国の重要な施設等

　国会議事堂、内閣総理大臣官邸、最高裁判所、皇居等

　危機管理行政機関の庁舎

　対象政党事務所

②外務大臣が指定する、外国公館等

③防衛大臣が指定する、防衛関係施設

　自衛隊施設

　在日米軍施設

④国土交通大臣が指定する、空港

　新千歳空港、成田国際空港、東京国際空港、中部国際空港、大阪国際空港、関西国際空港、福岡空港、那覇空港

⑤国家公安委員会が指定する、原子力事業所

飛行禁止の例外及びその手続き

　小型無人機等の飛行禁止には、下記のような例外があります。なお、航空法に基づく飛行の許可・承認や機体認証・技能証明を取得していても、小型無人機等を飛行させることはできません。

(a) 対象施設の管理者またはその同意を得た者による飛行
(b) 土地の所有者等またはその同意を得た者が当該土地の上空において行う飛行
(c) 国または地方公共団体の業務を実施するために行う飛行

　ただし、飛行させようとする場所が、対象防衛関係施設及び対象空港の敷地または区域の上空（レッドゾーン）である場合は、上記（b）または（c）であっても、施設管理者の同意を得ることが必要です。また、対象施設及びその周囲おおむね300mの周辺地域の上空で小型無人機等を飛行させる場合には、飛行禁止の例外にあたる場合であっても、都道府県公安委員会等へ通報しなければなりません。

　この通報の手続きについては、下記から行うことができます。

■警察行政手続サイト　https://proc.npa.go.jp/portaltop/SP0200/05/01.html

違反に対する措置等

　「小型無人機等飛行禁止法」に違反して小型無人機等を飛行させている者がいる場合には、警察官等はその機器の撤去やその他必要な措置を命じることが可能です。また、やむを得ない限度であれば、小型無人機等の飛行の妨害、破損その他の必要な措置を取ることができます。

　なお、対象施設の敷地・区域の上空（レッド・ゾーン）で小型無人機等の飛行を行った者及び警察官等の命令に違反した者は、下記のいずれかに処罰されます。

• 1年以下の懲役
• 50万円以下の罰金

飛行禁止に係る措置

＜飛行禁止の対象＞
① **小型無人機**…ドローン、ラジコン飛行機　等
② **特定航空用機器**…気球、パラグライダー　等

＜違反に対する命令・措置等＞

■ 警察官等は以下の命令・措置をとることができる
　・機器の退去その他の必要な措置をとることの命令
　・小型無人機等の飛行の妨害、機器の破損その他の必要な措置

■ 空港管理者も、巡視や滑走路の閉鎖等の措置に加え、一定の範囲で
　命令や飛行の妨害等の措置をとることができる。

■ 罰則：１年以下の懲役又は50万円以下の罰金

飛行の妨害のための措置例（電波妨害）

離陸地点

※飛行禁止の例外
　…<u>空港管理者又はその同意を
　　得た者</u>による飛行

（飛行の前に空港管理者や都道府県
公安委員会等への通報が必要）

2-4

重要度
★★★

電波法

電波法の制度概要及び無人航空機に用いられる無線設備

　無人航空機には、その操縦や画像伝送のために電波を発射する無線設備が搭載されています。これらの無線設備を日本国内で使用するためには、電波法令に基づき、

- 国内の技術基準に合致した無線設備を使用していること
- 原則として、総務大臣の免許や登録を受けて無線局を開設すること（微弱な無線局や一部の小電力の無線局を除きます）

が必要です。本制度の詳細については、総務省電波利用ホームページ等で確認してください。

　こちらが、国内で無人航空機での使用が想定される主な無線通信システムの一覧です。

分類	無線免許	周波数帯	最大送信出力	主な利用形態	無線従事者資格
免許又は登録を要しない無線局	不要	73MHz帯等	微弱*1	操縦用	不要
	不要*2	920MHz帯	20mW	操縦用	
		2.4GHz帯	10mW/MHz*3	操縦用、画像伝送用、データ伝送用	
携帯局（無人移動体画像伝送システムの無線局）	要*4	169MHz帯	10mW*5	操縦用、画像伝送用、データ伝送用	第三級陸上特殊無線技士以上の資格
		2.4GHz帯	1W	操縦用、画像伝送用、データ伝送用	
		5.7GHz帯	1W	操縦用、画像伝送用、データ伝送用	

＊1　500mの距離において電界強度が 200μV/m 以下のもの
＊2　技術基準適合証明等を受けた適合表示無線設備であることが必要
＊3　変調方式や占有周波数帯幅によって出力の上限は異なる
＊4　運用に際しては、運用調整を行うこと
＊5　地上から電波発射を行う無線局の場合は最大1W

　国内で一般的に流通している無人航空機は、

・技術基準適合証明、通称：技適マークがついている
・2.4GHz帯を使用
・最大送信出力が10mW

であることから「免許または登録を要しない無線局」の分類に該当するため、無線従事者資格や、総務大臣の免許や登録を受けて無線局を開設する必要はありません。
　ただし、

・2.4GHz帯であっても最大送信出力が１Ｗあるものや、
・5.7GHz帯を使用する無人航空機

などの場合には「携帯局（無人移動体画像伝送システムの無線局）」の分類に該当するため、第三級陸上特殊無線技士以上の無線従事者資格を有していることや、総務大臣の免許や登録を受けて無線局を開設する必要があります。

　上記でいう「無線従事者資格」とは自動車の「運転免許証」のようなもので、「無線局免許」とは自動車の「車検証」のようなものです。

免許または登録を要しない無線局

　電波を発射する無線設備には、無線局の免許または登録が不要なものがあります。

- 発射する電波が極めて微弱な無線局
- 一定の技術的条件に適合する無線設備を使用する小電力の無線局

　無人航空機には、主にラジコン用の微弱無線局や無線LAN等の小電力データ通信システムの一部が使用されています。

教則
①微弱無線局（ラジコン用）
　ラジコン等に用いられる微弱無線局は、無線設備から500mの距離での電界強度（電波の強さ）が200μV/m以下のものとして、周波数などが総務省告示で定められている。無線局免許や無線従事者資格が不要であり、主に、産業用の農薬散布ラジコンヘリ等で用いられている。
②一部の小電力の無線局
　空中線電力が1W以下で、特定の用途に使用される一定の技術基準が定められた無線局については、免許または登録が不要である。例えば、Wi-FiやBluetooth等の小電力データ通信システムの無線局等が該当する。

　これらの小電力の無線局を使用する場合には、無線局免許や無線従事者資格が不要です。ただし、技術基準適合証明などを受けた適合表示無線設備でなければ、それらを不要とすることはできません。

使用する無線設備に技術基準適合証明等を受けた旨の表示（技適マーク）がついているかどうか確認してください。

アマチュア無線局

無人航空機では、これまで述べた無線局の他に、アマチュア無線が使用されることもあります。この場合は、アマチュア無線技士の資格及びアマチュア無線局免許が必要です。

なお、アマチュア無線とは、金銭上の利益のためでなく、専ら個人的な興味により行う自己訓練や通信及び技術研究のための無線通信のことを指し、アマチュア無線を使用した無人航空機を、営利目的などの業務に利用することはできません。

アマチュア無線によるFPV無人航空機については、無人航空機の操縦に2.4GHz帯の免許不要局を使用し、無人航空機からの画像伝送に5GHz帯のアマチュア無線局を使用してFPV（First PersonView）といった画像伝送が用いられることがあります。

5GHz帯のアマチュア無線は、周波数割当計画上、二次業務に割り当てられているため、同一の周波数帯を使用する他の一次業務の無線局の運用に妨害を与えないように運用しなければならないこととされています。

「二次業務」とは下記のように規定されています。

> 周波数割当計画において、優先順位の高い順に一次分配と二次分配があります。一次分配を受けて行う無線業務が一次業務、二次分配を受けて行うものが二次業務になります。一次業務が高い優先順位を持ち、二次業務は一次業務に電波干渉を与えることはできず、また一次業務から電波干渉を受けても許容しなくてはなりません。
> （引用：国立天文台周波数資源保護室「電波天文観測と天文観測を継続するために知っておきたい用語集」https://prc.nao.ac.jp/freqras/glossary.html）

このため、同一帯域を使用する他の一次業務の無線局の運用に妨害を与えないように運用しなければなりません。特に、次の周波数帯を用いる無線設備を

使用するときは、付近の無線設備に悪影響を与えることがないよう配慮が必要です。

- 5.7GHz帯：無人移動体画像伝送システム
- 5.8GHz帯：DSRCシステム（主に高速道路のETCシステムや駐車場管理等に用いられている）

携帯電話等を上空で利用する場合

　携帯電話などの移動通信システムは、地上での使用を目的に設計されています。上空で利用した場合、通信品質の安定性や地上の携帯電話等の利用に悪影響が生じる可能性があります。

　携帯電話等を無人航空機に搭載して利用できるよう、総務省では次のいずれかの条件を付して制度を整備しています。詳細は総務省電波利用ホームページを確認してください。

- 実用化試験局の免許を受けること
- 高度150m未満において一定の条件下で利用することで、既設の無線局等の運用等に支障を与えないこと

2-5 その他の法令等

その他の法令等

これまでの法令に加えて、その他の法令や地方公共団体が制定する条例に基づき、無人航空機の利用方法が制限されていたり、都市公園や特定の施設の上空での無人航空機の飛行が制限されていたりすることがあります。これらの法令や条例については、国土交通省のホームページに一覧が掲載されていますが、最新の条例の情報については地方公共団体に確認してください。

飛行自粛要請空域

法令による規制にはないものの、警備上の観点等から、警察や関連機関の要請に基づき、国土交通省は無人航空機の飛行自粛を求めることがあります。飛行自粛要請空域が設定された場合、国土交通省のホームページやX（旧Twitter）で公表されます。

そのため、無人航空機の操縦者は、飛行を開始する前に該当空域が飛行自粛要請空域に含まれているかどうかを確認し、その要請内容に基づき適切に対応することが求められます。

行動規範・
運航体制

操縦者が的確に判断・行動をす
ることが、ドローンの安全な飛行
につながります。飛行前の申請や
飛行時の意思決定など、操縦者が
守るべき行動規範・運航体制を解
説します。

操縦者の義務

(1) 操縦者の義務の概要

　無人航空機の操縦者は、無人航空機を安全に飛行させるための様々な義務が課せられています。操縦者が遵守すべき義務や確認事項等については航空法で詳しく定められています。

　操縦者が遵守すべき義務の例には以下のようなものがあります。

- 無人航空機の操縦者や補助者による見張り
- 出発前の航空情報の確認
- 機体登録、リモートID機能の搭載
- 緊急用務空域の確認
- 運航ルールの遵守
- 事故、重大インシデントの報告
- 飛行日誌の携帯
- 必要な整備、点検の実施
- 技能証明書の携帯
- カテゴリーⅢ飛行を行う場合の義務

(2) カテゴリーⅢ飛行の操縦者に追加で義務付けられる事項　★★一等

　カテゴリーⅢ飛行を行うには、無人航空機の操縦者が一等無人航空機操縦士の技能証明を取得し、その運航が適切に管理されているかどうかを確認した上で国土交通大臣の許可・承認を取得する必要があります。

　その上で、運航管理体制の構築には、操縦者がリスクの高い飛行に対する自己責任を認識し、運航の主導的な役割を果たすことが求められます。

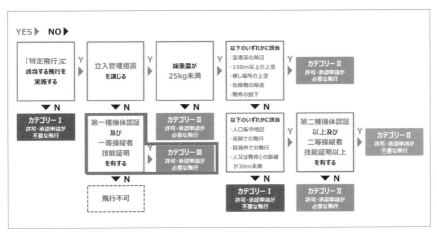

出典：国土交通省ホームページ

こちらは、飛行カテゴリー決定のフロー図です。

運航時の点検及び確認事項

（1）安全運航のためのプロセスと点検項目

　無人航空機を安全に飛行させるためには適切な点検を行うことが必要です。

　機体を点検するための流れや手順を「点検プロセス」として定めて、そのプロセスごとに点検項目を設定します。機体メーカーの取扱説明書や仕様書などで点検プロセスの指示がある場合には、その内容に従って実施してください。

　まずは、点検プロセスの全体像について見ていきましょう。

1）運航当日の準備

　飛行に必要な許可・承認や機体登録等の有効期間が切れていないことを確認するとともに、運航当日には必要な装置や設備の設置作業を行います。

2）飛行前の点検

　無人航空機が正常に飛行できるか最終確認するための点検です。これにはバッテリーのチェックや機体の異常チェックなど、飛行の都度確認すべき点検を行います。

3章

行動規範・運航体制

185

3）飛行中の点検

飛行中の機体の状態チェックや周囲の状況の確認などを行う点検です。飛行中の機体の動きに異常がないかや、周囲に障害物がないかなどを確認します。

4）飛行後の点検

無人航空機の各部品の摩耗等の状態を確認するために、飛行終了して着陸した無人航空機の点検を行います。破損している部品がある場合には交換したり修理したりして正常な状態にします。

5）運航終了後の点検

全ての運航が終了したら、無人航空機やバッテリーを安全に保管するための点検を行い、飛行日誌（日常点検記録、飛行記録、点検整備記録）などの作成を行います。

6）異常事態発生時の点検

飛行中に異常事態が発生した状態でも安全に着陸するため、危機回避行動を行い、着陸の安全性を確保するための項目を確認しておきます。

（2）運航者がプロセスごとに行うべき点検

　以下はプロセスごとに行うべき点検項目の例です。運航する無人航空機の特性やその運航方法によって、必要な点検などを追加で行ってください。

　これらの点検項目を漏れなく実施するためには、点検チェックシートなどを独自に作成するのもよいでしょう。

［飛行前の準備のプロセスとしての点検項目］

①無人航空機の確認
　・無人航空機の登録及び有効期間
　・無人航空機の機体認証及び有効期間並びに使用の条件（運用限界）
　・整備状況等
②操縦者の確認
　・技能証明の等級・限定・条件及び有効期間
　・操縦者の操縦能力、飛行経験、訓練状況等

③飛行空域及びその周囲の状況の確認
  ・第三者の有無、地上または水上の状況（住宅、学校、病院、道路、鉄道等）
  ・航空機や他の無人航空機の飛行状況、空域の状況（空港・ヘリポート、管制区域・航空路等）
  ・障害物や安全性に影響を及ぼす物件（高圧線、変電所、電波塔、無線施設等）の有無
  ・小型無人機等飛行禁止法の飛行禁止空域、緊急用務空域、飛行自粛空域等の該当の有無等
④気象の状況の確認
  ・最新の気象状況（天気、風向、警報、注意報等）
⑤航空法その他の法令等の必要な手続き
  ・国の飛行の許可・承認の取得
  ・必要な書類の携帯または携行（技能証明書、飛行日誌、飛行の許可・承認書等）
  ・航空法以外の法令等の必要な手続き等
⑥立入管理措置
  ・安全確保措置
  ・飛行マニュアルの作成
  ・第三者の立入りを管理する措置
  ・安全管理者や補助者等の配置・役割・訓練状況
  ・緊急時の措置（緊急着陸地点や安全にホバリング・旋回ができる場所の設定等）等
⑦飛行計画の策定及び通報
  ・上記事項を踏まえ飛行計画を策定
  ・ドローン情報基盤システム（飛行計画通報機能）に入力し通報

［飛行前の点検のプロセスとしの点検項目］

①各機器は安全に取り付けられているか（ネジ等の脱落やゆるみ等）
②発動機やモーターに異音はないか
③機体（プロペラ、フレーム等）に損傷やゆがみはないか

④燃料の搭載量またはバッテリーの充電量は十分か

⑤通信系統、推進系統、電源系統及び自動制御系統は正常に作動するか

⑥登録記号（試験飛行届出番号及び「試験飛行中」）について機体に表示されているか

⑦リモートID機能が正常に作動しているか（リモートID機能を有する機器を装備する場合）

（例）リモートID機能が作動していることを示すランプが点灯していることの確認

[飛行中の監視のプロセスとしての点検項目]

①無人航空機の飛行状況

・無人航空機の異常の有無

・計画通りの経路・高度・速度等の維持状況

②飛行空域及びその周囲の気象の変化

③飛行空域及びその周囲の状況

・航空機及び他の無人航空機の有無・第三者の有無等

[異常事態発生時の措置のプロセスとしての点検項目]

①あらかじめ設定した手順等に従った危機回避行動を取る

②事故発生時には、直ちに無人航空機の飛行を中止し、危険を防止するための措置を取る

負傷者がいる場合はその救護・通報

事故等の状況に応じた警察への通報

火災が発生している場合の消防への通報等

③事故・重大インシデントの国土交通大臣への報告

[飛行後の点検のプロセスとしての点検項目]

教則 ①機体にゴミ等の付着はないか

②各機器は確実に取り付けられているか（ネジ等の脱落やゆるみ等）

③機体（プロペラ、フレーム等）に損傷がゆがみはないか

④各機器の異常な発熱はないか

[運航終了後の措置のプロセスとしての点検項目]

教則 ①機体やバッテリー等を安全な状態で適切な場所に保管

②飛行日誌の作成（飛行記録、日常点検記録及び点検整備記録）等

(3) ガソリンエンジンで駆動する機体の注意事項

　ガソリンなどの危険物を乗用車で運搬しようとするときは、22リットル以下の専用容器で運搬することが消防法で定められています。使用に適さない容器でガソリンを運搬しないでください。

　また、エンジン駆動の機体は飛行中の振動が大きくなります。そのため、機体のネジのゆるみなどには十分に注意を払って点検する必要があります。

(4) ペイロードを搭載あるいは物件投下時における注意事項

　無人航空機で物件投下を行うためには、安全を確保するために原則として補助者の配置が必要です。安全を確保するための措置を講じた上で、補助者を配置せずに物件投下を行う場合、物件投下を行うときの対地高度は1m以内である必要があります。

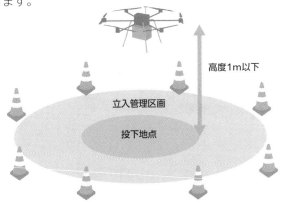

補助者を配置せずに物件投下する場合には、次の基準に適合することが必要です。

ア）物件投下を行う際の高度は1m以下としてください。
イ）物件投下を行う際の高度、無人航空機の種類並びに投下しようとする場所及びその周辺に立入管理区画を設定してください。
ウ）当該立入管理区画の性質に応じて、飛行中に第三者が立ち入らないための対策を行ってください。

飛行申請

（1）国土交通省への飛行申請

　無人航空機の飛行が一定のリスクを伴う場合、そのリスクに対応した安全確保措置の実施と、国土交通大臣からの許可や承認を取得することが必要です。カテゴリーⅡ飛行の申請を行う場合には、飛行開始予定日の10開庁日前までにその申請書を所定の提出先に提出しなければなりません。

　申請書に不備があった場合は、その部分を修正し再申請が必要となります。したがって、余裕を持ったスケジュールで申請を行うことをお勧めします。

日	月	火	水	木	金	土
1	2	3	4	5	6 申請書提出	7
8	9	10	11	12	13	14
15	16	17	（10開庁日）18	19	20	21
22	23 飛行予定日	24	25	26	27	28

　無人航空機を飛行させるための一連の手続きは原則、オンラインサービス「ドローン情報基盤システム」より行います。次のようなステップで進めていきます。初めてドローン情報基盤システムを利用する場合は、アカウントの作成が必要です。

1　ドローン情報基盤システムのアカウントからログイン

2　飛行許可・承認申請書を作成、提出

3　申請書が承認されたら、ドローン情報基盤システムより許可書を確認する

4　飛行の実施にあたって必要な対応

［ドローン情報基盤システム］

https://www.ossportal.dips.mlit.go.jp/portal/top/

　アカウントの開設とログインが完了したら、飛行許可・承認申請書を作成して提出します。操作マニュアル等に従って申請書を作成のうえ、自身の申請に該当する申請先へ提出します。

　申請の宛先については、下の表を確認してください。

　空港等の周辺及び150m以上の空域を飛行する場合には、次ページのURLから、「地表又は水面から150m以上の空域での飛行／空港等周辺の空域での飛行」についての資料も参照してください。

　提出された申請は「無人航空機の飛行に関する許可・承認の審査要領」に基づき審査が行われます。許可・承認の審査要領の内容については、URLから検索して確認してください。

飛行させる空域や地域	申請の宛先
空港等周辺、緊急用務空域及び地上又は水上から150m以上の高さの空域	東京空港事務所長 又は関西空港事務所長
上記以外*	東京航空局長 又は大阪航空局長

＊人口集中地区の上空で飛行させる場合、夜間飛行、目視外飛行、人又は物件から30m以上の距離が確保できない飛行、催し場所上空の飛行、危険物の輸送、物件投下を行う場合

■ 地表又は水面から150m以上の空域での飛行／空港等周辺の空域での飛行
https://www.mlit.go.jp/common/001515201.pdf
■ 無人航空機の飛行に関する許可・承認の審査要領
https://www.mlit.go.jp/common/001521484.pdf

　申請書が承認されたら、ドローン情報基盤システムの「申請書一覧」より許可書をダウンロードします。

　申請時に紙面での許可書発行を希望した場合は、自身の申請に該当する申請先の住所に返信用の封筒を送付してください。返信用封筒の送付先は、下記「許可・承認申請書の提出官署の連絡先 (返信用封筒送付先)」から検索して確認してください。

　なお、特定飛行を行う際には、許可書または承認書の原本または写しの携帯が義務付けられています。許可書を受領したらそのままにせず、印刷するなどして必ず携帯してください。

■ 許可・承認申請書の提出官署の連絡先 (返信用封筒送付先)
https://www.mlit.go.jp/common/001110211.pdf

[許可・承認書の例]

無人航空機の飛行に係る許可・承認書

　　　　　　　　　　　　　　　　　　　殿

　令和4年9月20日付をもって申請のあった無人航空機を飛行の禁止空域で飛行させること及び飛行の方法によらず飛行させることについては、航空法第132条第2項第2号及び第132条の2第2項第2号の規定により、下記の無人航空機を飛行させる者が下記のとおり飛行させることについて、申請書のとおり許可及び承認する。

記

許 可 及 び 承 認 事 項：　航空法第132条第1項第2号
　　　　　　　　　　　　　　　航空法第132条の2第1項第5号、第6号及び第7号

許 可 等 の 期 間：　令和4年10月14日から令和5年3月9日

飛 行 の 経 路：　日本全国（飛行マニュアルに基づき地上及び水上の人及び物件の安全が確保された場所に限る）

登 録 記 号 等：　別紙 無人航空機一覧のとおり

無 人 航 空 機：　別紙 無人航空機一覧のとおり

無人航空機を飛行させる者：

条　　　　件：

・申請書に記載のあった飛行の方法、条件等及び申請書に添付された飛行マニュアルを遵守して飛行させること。また、飛行の際の周囲の状況、天候等に応じて、必要な安全対策を講じ、飛行の安全に万全を期すこと。
・航空機の航行の安全並びに地上及び水上の人及び物件の安全に影響を及ぼすような重要な事情の変化があった場合は、許可等を取り消し、又は新たに条件を付すことがある。
・飛行実績の報告を求められた場合は、速やかに報告すること。
・令和4年6月20日からの無人航空機の登録義務化以前に許可・承認を受けた申請のうち、登録記号がない許可書等を所持している場合は、別途送付される登録記号等の通知を本許可書等と併せて飛行の際に携行すること。

令和4年10月13日

大阪航空局長

3章

行動規範・運航体制

　飛行許可・承認を受けた飛行（特定飛行）の実施にあたっては、飛行計画の通報、飛行日誌の作成が必要です。また、特定飛行かどうかにかかわらず無人航空機に関する事故等が発生した場合、救護義務及び当該事故の詳細を国土交通大臣へ報告する必要があります。

　無人航空機に関する事故等が発生した場合の報告については「無人航空機の事故及び重大インシデントの報告要領」から確認してください。

■無人航空機の事故及び重大インシデントの報告要領
　https://www.mlit.go.jp/koku/content/001520661.pdf

(2) 包括申請

　無人航空機の許可承認申請では、飛行経路を特定せずに申請する「包括申請」も可能です。包括申請は、一度申請すれば最長で1年間の飛行の許可・承認を得られる便利な申請方法ですが、個別に飛行計画の通報が必要になりますので注意してください。

　包括申請ができる飛行例は下記の通りです。

- 人または家屋の密集した地域の上空における、目視外飛行及び30m未満での飛行
- 夜間飛行、目視外飛行、及び30m未満での飛行

　前述の通り、包括申請の飛行期間は最長1年間ですが、3ヶ月を原則として申請しましょう。また『航空局標準マニュアル02』（後述）に指定された安全体制を取る必要があります。

　なお、以下の飛行を実施する場合は、飛行経路を特定しない申請はできません。

飛行の経路を特定する必要がある飛行
- 空港等周辺における飛行
- 地表または水面から150m以上の高さの空域における飛行
- 人または家屋の密集している地域の上空における夜間飛行
- 夜間における目視外飛行
- 補助者を配置しない目視外飛行
- 趣味目的での飛行
- 研究開発目的での飛行

飛行の経路及び日時を特定する必要がある飛行
- 人または家屋の密集している地域の上空で夜間における目視外飛行
- 催し場所の上空における飛行

（3）飛行マニュアル

飛行申請の際、必要事項を記載して作成した「無人航空機飛行マニュアル」を申請書に添付する必要があります。ただし、国土交通省が公開している『航空局標準マニュアル』を使用する場合は、飛行申請時の添付が不要です。

『航空局標準マニュアル』は、以下の01、02のほか、空中散布、研究開発、インフラ点検のマニュアルがあります。

『航空局標準マニュアル01』

飛行場所を特定した申請で利用可能な航空局標準マニュアルです。

『航空局標準マニュアル02』

飛行場所を特定しない申請のうち、以下の飛行で利用可能な航空局標準マニュアルです。

- 人口集中地区上空の飛行
- 夜間飛行
- 目視外飛行
- 人または物件から30m以上の距離を確保できない飛行
- 危険物輸送または物件投下を行う飛行

『航空局標準マニュアル02』は、空港周辺の飛行、150m以上の飛行、催し場所上空の飛行では利用できません。

『航空局標準マニュアル』については、下記の「無人航空機の飛行許可・承認手続」から検索して、「航空局標準マニュアル」の項目から確認してください。

航空局標準マニュアルの内容は法改正等によって変更されることがあります。一度確認して終わりにせず、変更されている項目がないかどうか、定期的に確認しましょう。

■ 無人航空機の飛行許可・承認手続

https://www.mlit.go.jp/koku/koku_fr10_000042.html

（4）無人航空機の飛行ルール

無人航空機の飛行ルールについては、国土交通省航空局の「無人航空機（ド

ローン・ラジコン機等）の飛行ルール」のページに掲載されています。飛行の申請方法のほか、わからないことがあれば、このページを参照してください。

　ただし、このページや関連するページに記載されていない事項等、個別に相談したい事項等がある場合は、下記の無人航空機ヘルプデスクに問い合わせてください。

出典：国土交通省ホームページ

無人航空機ヘルプデスク
電話：050 - 3818 - 9961
受付時間：平日9時から17時まで（土日・祝・年末年始を除く）

(5) カテゴリーⅢの飛行申請　★★一等

　カテゴリーⅢ飛行を行うためには、下記項目への該当が必要です。

①一等無人航空機操縦士の技能証明を受けた者であること

②第一種機体認証を受けた無人航空機であること

③その運航の管理が適切に行われることについて、国土交通大臣から許可または承認を取得していること

　上記③の運航の管理が適切に行われているかどうかについては、無人航空機の操縦者が以下の項目を確認して国土交通大臣へ申請を行います。

- 飛行の形態に応じたリスクの分析と評価を行っていること
- そのリスク評価結果に基づき、非常時の対処方針や緊急着陸場所の設定などのリスク軽減策の内容を記載した飛行マニュアルを作成して提出していること
- 適切な賠償責任保険に加入していること

　「無人航空機の飛行に関する許可・承認の審査要領（カテゴリーⅢ飛行）」の通達に従い、カテゴリーⅢ飛行の申請は、飛行開始予定日の20開庁日前までに国土交通省航空局へ提出しなければなりません。
　下図は、カテゴリーⅢの飛行申請についての流れをイラストにしたものです。

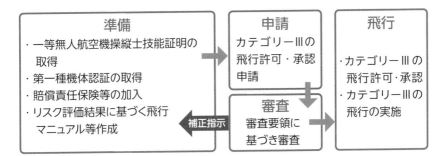

　カテゴリーⅢ飛行に関する申請を行う際は、国土交通省航空局の「無人航空機（ドローン・ラジコン機等）の飛行ルール」のページから、無人航空機の「カテゴリーⅢ飛行の許可・承認に関する審査要領」の資料を確認してください。

保険及びセキュリティ

（1）損害賠償能力の確保

　無人航空機の飛行中に他の航空機や無人航空機と接触したり、地上の人や物に落下したりすることによって第三者に損害を与える可能性があります。そのような事態が発生した場合、その損害の賠償を求められることがあります。
　そのため、無人航空機を操縦する際には、予期せぬ事態への備えとして賠償能力を持つことが推奨され、その一環として損害賠償責任保険に加入すること

などが考えられます。それを踏まえ、国土交通省では飛行の許可や承認の審査において、無人航空機の操縦者が適切な保険に加入し、賠償能力を確保しているかを確認しています。カテゴリーⅢ飛行を行う際には、飛行内容に合わせた保険への加入が推奨されています。

　また、無人航空機の保険には主に次のような種類があります。

①機体保険

　無人航空機の機体やカメラなどが損傷した場合に適用される保険です。ただし、機体が見つからない場合、保険が適用されないこともあるので注意が必要です。また、荷物輸送を行う場合は、輸送物が保険対象に含まれているかを確認することが重要です。

②損害賠償責任保険

　無人航空機の運航により生じた損害に対する保険のことを指します。

　自動車の保険と同じように、対物・対人に対する損害賠償責任保険もあります。自動車の自賠責保険は強制保険と呼ばれ法律で加入が義務付けられていますが、無人航空機の損害賠償責任保険は強制ではなく任意に加入する保険です。

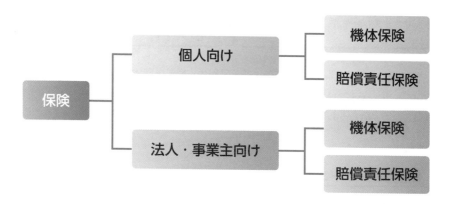

(2) 無人航空機に係るセキュリティ確保について

　無人航空機はその財産価値から盗難の対象になったり、犯罪やプライバシー侵害の目的で悪意を持って運航を妨害されたり、制御が奪われたりする危険性があります。特に、無人航空機が悪用されると、第三者に被害を及ぼす可能性があります。

　そのため、無人航空機の所有者や操縦者は、これらのリスクから無人航空機を保護するため、セキュリティの強化に努めなければなりません。

　下のイラストのように、無人航空機のセキュリティに脆弱性があると、

- 操縦権奪取のリスク
- 飛行記録や成果物の抜き取りリスク
- サーバー内の機密情報などの抜き取りリスク

が考えられます。

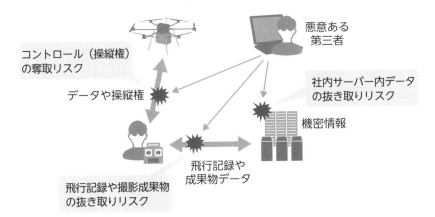

　盗難などを防ぐためには、無人航空機とその遠隔操縦装置を適切に管理することが、セキュリティ対策として推奨されています。

　自動または自律的に飛行するプログラムが搭載された無人航空機は多く存在しますが、これらのプログラムが不正に改ざんされると、無人航空機の制御が奪取されたり、操縦者が意図しない形で悪用されたりする可能性があります。航空法に基づく機体認証や型式認証の安全基準では、無人航空機のサイバーセキュリティに対する適合性が証明されることも求められています。したがって、認証を受けた機体は一定のサイバーセキュリティ対策が講じられているため、これら認証済みの機体を使用することにより、リスクを軽減することが可能です。

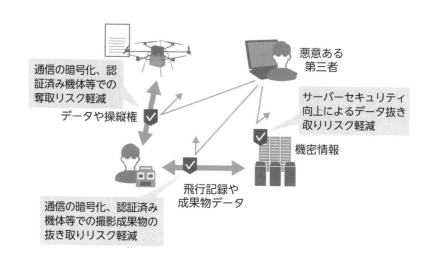

通信の暗号化、認証済み機体等での奪取リスク軽減

データや操縦権 ✓

悪意ある第三者

サーバーセキュリティ向上によるデータ抜き取りリスク軽減

機密情報

飛行記録や成果物データ

通信の暗号化、認証済み機体等での撮影成果物の抜き取りリスク軽減

（3）カテゴリーⅢ飛行のリスク評価結果による保険、セキュリティ ★★一等

　カテゴリーⅢ飛行は、第三者の上空を飛行するという高リスクな運航形態であるため、飛行許可や承認の審査の際に、無人航空機の操縦者が賠償能力を持つことが確認されます。そのため、飛行形態に合わせてリスクを評価し、その結果に基づいて適切な保険に加入することが推奨されます。また、無人航空機を選定する際には、飛行形態に基づいたリスク評価の結果を考慮し、必要なセキュリティ対策が施されていることを確認することが重要です。

　保険会社によっては、サイバー・情報漏洩等保険が基本補償やオプション補償として用意されていることがあります。新たに無人航空機の保険に加入するときや、補償内容の見直しを行う時は、サイバー・情報漏洩等の保険があるかどうかも確認してみましょう。

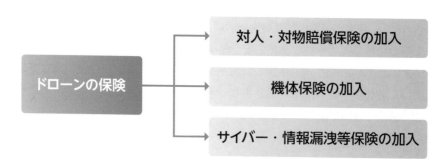

ドローンの保険
→ 対人・対物賠償保険の加入
→ 機体保険の加入
→ サイバー・情報漏洩等保険の加入

　情報セキュリティ対策が行われることによる、無人航空機の安全・安心な活用を促進するため、経済産業省では「無人航空機分野サイバーセキュリティガイドライン」を策定・公表しています。本ガイドラインに沿ったセキュリティ要件に基づき対策を行うことで、利用目的に応じたセキュリティ基準に適合しているかどうかを確認することができます。

　次ページの図は経済産業省の「無人航空機_サイバーセキュリティガイドライン_Ver1.0」の資料から抜粋した、無人航空機の汎用的なシステムモデルです。

　イラストのうち枠線で示されているところが、当ガイドラインで取り扱われている情報セキュリティリスクのある無人航空機の構成要素です。

　このガイドラインは、開発、生産、販売を行う無人航空機システムメーカー、ハードウェア及びソフトウェア部品などの部材の提供を行うサプライヤー、無人航空機システムのデータを活用したサービス事業者を対象としており、対象事業者が提供するそれぞれの製品やサービスにおけるセキュリティの検討に役立てるものとなっています。

　無人航空機を単に飛行させる操縦者の方には直接関わることではありませんが、無人航空機の開発、生産、販売を行う方やサービス事業者の方などにおいては、無人航空機の汎用的なシステムにおいて、

- サイバーセキュリティにおける構成要素
- 考慮すべきセキュリティ特性
- セキュリティに関するリスク分析の実施
- セキュリティ対策

などを検討する必要が生じた場合には、こちらのガイドラインを参考にしてください。

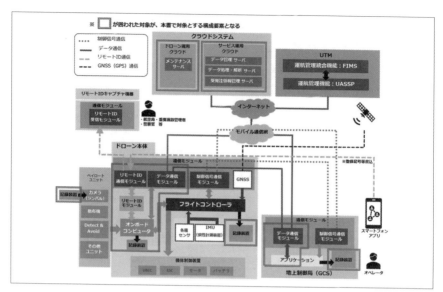

出典：経済産業省ホームページ

3-2 操縦知識

重要度 ★★☆

離着陸時の操作

　無人航空機の操作で最も難しいのは離着陸の時であるといわれています。機体の種類に応じて、注意すべき事項を見ていきましょう。

（1）離着陸時に特に注意すべき事項（回転翼航空機（マルチローター））

　まずは、回転翼航空機（マルチローター）の注意事項について見ていきましょう。

1）離陸

　回転翼航空機（マルチローター）は、送信機などによるスロットル操作で高速に回転する翼から生じる揚力が重力を超えたときに離陸します。

　なお、機体重量が約1.5kgの回転翼航空機（マルチローター）の場合、離陸直後から約1mの対地高度までの間で「地面効果」と呼ばれる現象が発生しやすくなります。これは、回転翼からの下向きの気流が地面近くで滞留し、揚力が増加する現象です。

2）ホバリング

　無人航空機を離陸させたあと、任意の高度と位置を継続して保つ操作のことを「ホバリング」と呼びます。ホバリング状態では、回転翼から生じる揚力と重力がバランスを保ち、機体が一定の状態を維持しています。

　回転翼航空機（マルチローター）は飛行時の安定性を高めるために、方位センサ、地磁気センサ、GNSS受信機、気圧センサなどを利用します。緊急時には、これらのセンサに依存しない、手動操作によるホバリングが求められます。

3）降下

　スロットル操作を少しずつゆるめて揚力を下げることで、機体を降下させることができます。機体を垂直に降下させるとき、吹き下ろした空気が再度吸い

まれて回転翼上部と下部で空気が再循環し、急速に揚力を失う「ボルテックス・リング・ステート」という現象が起きることがあります。この状態を防ぐためには、降下時に水平方向への移動も同時に行うことが推奨されます。

4）着陸

　着陸するために降下するときは、対地高度に合わせて降下速度を落とします。地面に着陸した後は、送信機などを使用してローターの回転を止めます。

5）GNSSを使用しない操作

　通常はGNSS受信装置を使用して操作することで機体の位置が安定しますが、緊急時にはこの装置を使わずに機体を操作する能力が必要とされます。

6）GNSSを使用しないホバリング

　エレベータとエルロンの操作によって水平位置を安定させ、ホバリング飛行を続けることが必要です。これは、ホバリング中にGNSS受信機能をオフにすると、機体周りの気流の影響を受けて水平位置が不安定になるためです。

7）GNSSを使用しない着陸

　ホバリングを安定化させながら着陸するため、細かなエレベータやエルロンの操作を行うことで、「ボルテックス・リング・ステート」や「地面効果」を抑制し、機体の着陸を完了させます。

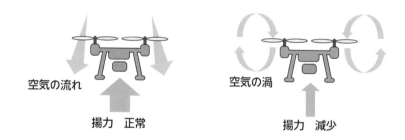

空気の流れ	空気の渦
揚力　正常	揚力　減少

　「ボルテックス・リング・ステート」は「セットリング・ウィズ・パワー」と呼ばれることもあります。

　機体が小刻みに揺れ始めたら揚力が失われる寸前ですので、機体を前後左右

へ移動させながら「ボルテックス・リング・ステート」にならないようにしましょう。

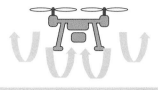

地面

　ドローンの着陸は、プロペラが発生する吹き下ろしの風（ダウンウォッシュ）が地面にあたって機体に跳ね返り、横に流れやすくなります。これを「地面効果」といいます。

　50cm以下からの着陸の時間を長く取ると機体が不安定になってしまうため、一度高度を上げ、速やかに着陸するか、細かくエレベータまたはエルロン操作などを行いながら着陸させましょう。

（2）離着陸時に特に注意すべき事項（回転翼航空機（ヘリコプター））

　続いては、回転翼航空機（ヘリコプター）の注意事項について見ていきましょう。

1）離着陸地点の選定

　回転翼航空機（ヘリコプター）の離着陸地点を選ぶ時は、下記の事項を確認、注意します。

教則
- 水平な場所を選定すること。離着陸直前は、機体が水平となるため、傾斜地ではテール部などが地面に接触するおそれがある。
- 滑りやすい場所を避けること。離陸前は、ヨー軸まわりの制御が不十分な場合があり、ヨー軸を中心に回転するおそれがある。
- 砂または乾燥した土の上は避けること。ローターのダウンウォッシュによる砂埃等が飛散し、視界を遮るおそれがある。

2）離陸方法

　回転翼航空機（ヘリコプター）離陸させようとする時は、下記の事項を確認、注意します。

3章

行動規範・運航体制

205

- 十分にローター回転が上昇してから、離陸すること。ローター回転が低い状態で無理に離陸させると、機体の反応が遅れることがあり、危険である。

- テールローターの作用で、離陸時に機体が左右いずれかに傾く場合がある。傾く方向はローターの回転方向により異なる。あらかじめ傾く方向を確認した上で、離陸させること。

- ローター半径以下の高度では、地面効果の影響が顕著となり、機体が不安定になる。離陸後は速やかに地面効果外まで機体を上昇させること。

- やむを得ない場合を除き、垂直方向の急上昇は避けること。ローター回転が低下し、機体が不安定になるおそれがある。

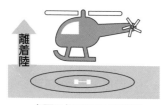

水平な場所での離着陸

機体のテール部が地面に接触

傾斜地での離着陸

3）着陸方法

回転翼航空機（ヘリコプター）を着陸させようとする時は、以下の事項を確認、注意します。

- 地面に近づくにつれ、降下速度を遅くし、着陸による衝撃を抑えること。衝撃が大きい場合、脚部が変形または破損するおそれがある。
- 地面効果範囲内のホバリングは避け、速やかに着陸させること。
- 接地後、ローターが停止するまで、機体に近づかないこと。

降下速度：適切

着陸時の衝撃：小

安全な着陸

降下速度：早すぎる

着陸時の衝撃：大

着陸時の衝撃が大きく脚部破損

（3）離着陸時に特に注意すべき事項（飛行機）

続いて、飛行機の注意事項について見ていきましょう。

1）離着陸地点の選定

飛行機の離着陸地点を選ぶ時は、下記の事項を確認、注意します。

- 滑走路は水平で草などが伸びていない場所を選定すること。傾斜地では滑走中に不安定になり、また草などが伸びているとプロペラに接触し飛行ができないおそれがある。
- 飛行機の離着陸は風向が重要である。離着陸の方向は向かい風を選ぶのが原則である。横風であってもできる限り向かい風方向を選択する。追い風で行うと失速の危険性が生じ、失速しない速度にすると滑走路を逸脱する危険が生じる。

2）離陸方法

飛行機を離陸させようとする時は、以下の事項を確認、注意します。

- 向かい風方向に滑走できるエリアを確保できたら離陸操縦に入る。
- 風速を考慮し適切なパワーをかけてエレベータによる上昇角度をとり離陸する。
- 上昇角度は失速しないように設定する。安全な高度まで機体を上昇させる。

3章

行動規範・運航体制

3）着陸方法

飛行機を着陸させようとする時は、以下の事項を確認、注意します。

 • 向かい風方向に滑走できるエリアを確保できたら着陸操縦に入る。
- 地面に近づくにつれ、降下速度を遅くし、滑空着陸による衝撃を抑えること。衝撃が大きい場合、脚部が変形または破損するおそれがある。
- 目測の誤りにより滑走路を逸脱することがあるので、厳重に注意が必要である。

（4）カテゴリーⅢ飛行において追加で必要となる離着陸の注意点

　以下は、カテゴリーⅢ飛行における着陸時のリスク評価において考慮すべき注意点の例です。カテゴリーⅢ飛行は立入管理措置を講じずに行うリスクの高い飛行であるため、これらの注意点には特に注意を払う必要があります。

 • 離着陸に際しては、機体と人が接触するなど第三者の安全が損なわれるおそれがないようにする。
- 離着陸時ローターから発せられる風の影響を受け、物などが飛ばされないようにする。
- 近接する壁面や構造物により、離着陸時に機体が不安定になるような環境は離着陸エリアから除外する。
- 離着陸エリア上空周辺に電線などの障害物がない、または回避できる空域を選ぶ。

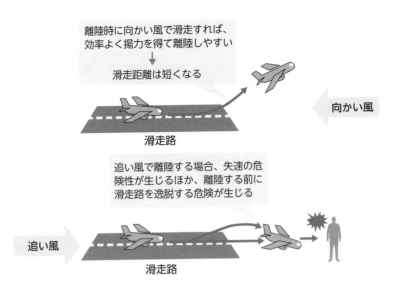

　飛行機の離着陸の方向は向かい風を選ぶのが原則です。飛行機が離陸時に向かい風で滑走すれば、効率よく揚力を得て離陸しやすくなるため滑走距離は短くなります。

　追い風で離陸する場合は失速の危険性が生じるほか、離陸する前に滑走路を逸脱する危険が生じるおそれがあります。また、万が一滑走路を逸脱した先に第三者などがいた場合には、接触の危険が生じるおそれがあります。

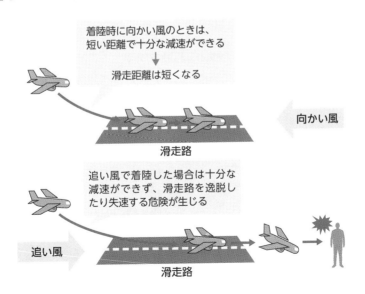

飛行機が着陸時に向かい風のときは、短い距離で十分な減速ができるため滑走距離は短くなります。

追い風で着陸した場合は十分な減速ができず、滑走路を逸脱したり失速したりする危険が生じます。また、万が一滑走路を逸脱した先に第三者などがいた場合には、接触の危険が生じるおそれがあります。

飛行機の離着陸を行う時は、原則として向かい風を選んで離着陸を行うとともに、万が一飛行機が滑走路を逸脱しても第三者の安全が損なわれることがないような離着陸地点を選定してください。

手動操縦及び自動操縦

(1) 手動操縦・自動操縦の特徴とメリット

1) 無人航空機の操縦方法 (自動操縦と手動操縦)

無人航空機は、その高い安定性と飛行能力により、人間の手動操作だけでなく、アプリケーションを用いて事前に設定された飛行コースを精密に飛行できるという特徴があります。

飛行は自動で行わせて、操縦者は機体に装備された撮影用カメラ等の操作だけを担当するという複合的な操作も可能です。

さらに、空中写真測量のような業務に使用する場合には、測地エリアを指定するだけで飛行経路や撮影地点を自動的にプランニングしてくれるような機能も搭載されています。

送信機のスティックを用いて機体の移動を制御する手動操縦は、操縦者の技量によって飛行の安定性に違いが出ます。しかし、その操縦技量が高まると、自動操縦では対応できない複雑な操作や変化に素早く対応する機体の制御が可能になります。

2) 手動操縦の特徴とメリット

手動操縦時では、無人航空機の操縦者自身が送信機のスティックを操作して、GNSS受信機やセンサを搭載した無人航空機を目的の方向へと飛行させます。操縦者の技量によっては、飛行高度や回転半径、航行速度の調整操作、遠隔地での精密な着陸などの細かな操作が可能になります。複雑な形状をした構造物の点検作業、農地への農薬散布、映画のような芸術的な空撮などを行う場合は、手

動操縦による高精度な制御が求められる場面もあります。

　GNSS受信機や電子コンパス、気圧センサなど、安定した飛行に必要な装置が何らかの理由で機能しなくなった場合、手動操縦による危険回避が必要となります。

　細かな制御を行うことができる手動操縦ですが、決められた航路を高精度に飛行するなど、高い再現性が求められる操縦には適していません。

3）自動操縦の特徴とメリット

　自動操縦では、地図情報を利用した飛行制御アプリケーションやソフトウェアで事前に複数のウェイポイント（経過点）を設定し、飛行経路を作成します。ウェイポイントを設定するときには、地図上の位置情報だけでなく、機体の向き、高度、速度などの詳細なパラメータも設定できます。

　土地の経過観察や離島への輸送、農地の生育状況の把握するための飛行など、再現性の高い飛行を行いたいときには自動操縦が利用されます。

(2) 自動操縦におけるヒューマンエラーの傾向

　飛行経路の設定時に障害物の確認が不十分なままウェイポイントの設定を行ったことが原因で、衝突や墜落が起こる可能性があります。ウェイポイントの設定を行う前に、障害物の有無などを事前に現地で確認することが重要です。

(3) 手動操縦におけるヒューマンエラーの傾向

　手動操縦を用いると無人航空機を細かく制御することが可能ですが、操縦経験の少ない操縦士が操作すると、操作方向を間違えるなどして意図しない方向に飛行する可能性があります。特に、操縦者の視線と回転翼航空機の正面方向が一致しない場合に誤操作が発生しやすくなります（名鉄ドローンアカデミーでは「対面飛行」と呼んでいます）。また、操縦者と機体との間の距離が広がると、機体近くの障害物等との距離感がつかみづらくなって接触事故が起こりやすくなります。

　これらのリスクを避けるためには、以下のような訓練を積極的に行うことが有効です。

- 機体をあらゆる方向に向けても確実に意図した方向や高度に制御できる訓練
- 指定された距離での着陸訓練

(4) 自動操縦と手動操縦の切り替えにおける操作上の注意と対応

以下のような状況が発生した際、自動操縦から手動操作へ切り替える必要があります。

- 作業指示による手動操作
- 何らかの原因で不安定な飛行と判断した場合

手動操作に切り替えると、航行速度が急に低下したり失速したりする可能性があるため、それに対する準備をした上で障害物に接近しないよう機体の方向を確認し、ホバリングを行いながら機体の安定性と周囲の安全を確認することなどが求められます。

(5) カテゴリーⅢ飛行において追加となる自動操縦の注意点

カテゴリーⅢの飛行は、立入管理措置を行わずに実施されるため、飛行形態に基づくリスク評価の際には、以下のような自動操縦に関する注意点を考慮しなければなりません。

- 可能な限り第三者の立入りが少ない飛行経路及び送電線や構造物が障害とならない飛行範囲を事前に確認し設定すること。
- 飛行経路付近に地上の第三者を考慮した緊急着陸地点や不時着エリアをあらかじめ設定すること。
- 鳥などの野生動物からの妨害を想定し防御や手動操縦での切り替えを速やかに行える体制を整えておくこと。

緊急時の対応

　緊急事態が発生した場合、必ずしも離陸地点に戻すことを前提とせず、迅速に近くの緊急着陸地点や、安全な無人地帯に機体を不時着させることが重要です。

(1) 機体のフェールセーフ機能

　フェールセーフ機能とは、電波障害やバッテリー切れなどで送信機と機体の通信が途絶えたときに備え、通信不能時の機体動作をあらかじめ設定する機能のことをいいます。

　無人航空機のフェールセーフ機能は、以下のような状態になると作動します。

　送信電波の途絶やバッテリー残量の減少などにより、

- 飛行が継続できなくなったとき
- 飛行を継続できなくなることが予想される場合

　無人航空機の機体によっては、以下のようにフェールセーフ機能が作動したときの設定値を選択できるものもあります。

- ホバリング
- 自動着陸
- 自動帰還

　フェールセーフ機能が作動している間に、バッテリーの残量不足などで飛行が続けられない、またはその可能性が予想される場合には、機体は着陸動作に移行して着陸しようとします。

(2) 事故発生時の運航者の行動

　事故が発生した場合、運航者はすぐに無人航空機の飛行を停止し、負傷者がいるなら、最優先でその救護と緊急通報を行い、事故等の状況に応じて警察に通報します。もし火災が発生している場合は消防に通報し、危険を防ぐための適切な措置を取ります。その後、事故が発生した日時や場所などの必要事項を国土交通大臣に報告しなければなりません。

3章

行動規範・運航体制

（3）カテゴリーⅢ飛行において追加となる緊急時対応手順

　カテゴリーⅢの飛行は立入管理措置を行わずに実施されます。そのため、飛行形態に基づいてリスクを分析・評価し、その結果に基づいてリスクを軽減する措置を取る必要があります。

　カテゴリーⅢの飛行中に緊急対応が必要となった場合に備えて、事前に対応手順を設定したり、迅速に対応できるよう訓練を行ったりすることが考えられます。その際に考慮するべき項目については、以下のようなものがあります。

- GNSSによる位置の安定機能を用いない飛行訓練
- 機体寸法に応じた緊急着陸地点の確保
- フェールセーフ機能が動作しない飛行距離等の把握
- 墜落時の安全優先順位の明確化
- 機体が発火した際の消火方法
- 緊急連絡網の作成

3-3 パフォーマンスの管理

重要度
★★☆

操縦者のパフォーマンスの低下

操縦者は疲労していても無理に飛行を続けてしまうことがあります。操縦者に無理をさせないようにするためには、飛行時間の適切な管理はとても重要です。

また、操縦者が強いストレスを感じている状態は、安全な飛行を阻害する要素となります。操縦者のストレスを軽減するためには、運航計画（飛行計画の作成、運航体制の構築、飛行前の準備、飛行中及び飛行後の対応など、運航全体に関わる計画）に適切なコミュニケーションを組み込むことが必要です。

アルコールまたは薬物に関する規定

前夜に飲酒した場合、翌日の操縦時にまだアルコールの影響を受けている可能性があります。そういった事態を防ぐためには、アルコール検知器の使用が有効です。

3-4
重要度
★★☆

意思決定体制

CRM (Crew Resource Management)

(1) CRMとTEM

　事故防止には、操縦技量（テクニカルスキル）を高めることも有効ですが、それだけではヒューマンエラーを完全に排除することはできません。なぜなら、人間にはそれぞれ特性や能力の限界（ヒューマンファクター）が存在するからです。

　これに対する解決策には、

全ての利用可能な人的リソース、ハードウェア及び情報を活用した「CRM (Crew Resource Management)」というマネジメント手法が効果的である。

とされています。

　また、上記CRMを実現するための方法には、「TEM (Threat and Error Management)」という手法が採用されています。

　TEMの「スレット (Threat)」とは、「エラー (Error)」を引き起こす可能性のある、潜在的な要素（気象の変化、疲労、機器の故障など）のことを指します。スレットは操縦者だけではその発生状況を把握することが難しいことが多く、適切な対処ができず事故等につながるリスクが高まります。このため、スレットがエラーを引き起こす可能性を早期に認識し、利用可能な全てのリソースを駆使して管理する必要があります。

　補助者や関係者との連携による相互監視・確認、機体や送信機の警報システムの利用、飛行空域の周辺状況に関する最新情報の収集などを行うことで、エラーが発生した場合でも事故につながらないよう適切に対応しようとする手法といえます。

　状況認識、意思決定、ワークロードの管理、チーム体制の構築、そしてコミュニケーションといったノンテクニカルスキルは、CRMを効果的に機能させるための重要な能力となります。

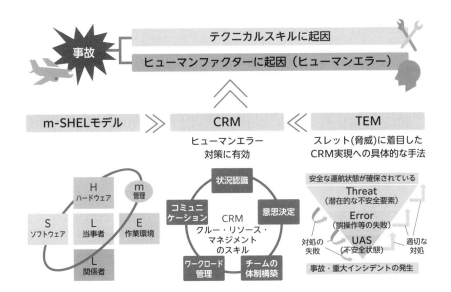

　航空機による事故をなくすため、これまで様々な技術革新などが行われていますが、今日までに航空機の事故を完全になくすことはできていません。

　航空機の事故を完全になくすことができない理由のひとつに、人的要因を意味する「ヒューマンファクター」の存在が着目されてきました。

　完璧にすることが難しい「ヒューマンファクター」によって引き起こされる「ヒューマンエラー」を限りなく少なくするため、CRM等を含めたノンテクニカルスキルを向上させるための研究が行われています。

　完璧な人間がいないように、絶対に失敗しない人間もいないのです。

　また、先ほどの「スレット」で紹介した、「エラー」を誘発する要因についても、全ての要因が目に見える形で存在しているとは限らず、目に見えない要因が潜んでいる可能性も十分にあり、それを一人の人間だけで全ての要因を洗い出して対策することも大変な困難です。

　そこでここからは、

217

- ヒューマンファクターの分析などに用いられる「m-SHEL」モデルの手法、
- ヒューマンエラー対策に有効とされている「CRM」のスキル、
- 潜在的なスレット、「エラー（Error）」を誘発する要因を洗い出す「TEM」の手法

について解説していきます。

　なお、航空機の安全を確保するための方法に「絶対的な答え」はありません。これから紹介する手法やスキルは、より安全な運航を確保するために、様々な研究者や団体などによって研究し続けられ、年月を重ねながら新しい形に変遷し続けています。下記を正解と思わず、今後も安全な運航に関する研究を行うためのきっかけとして活用ください。

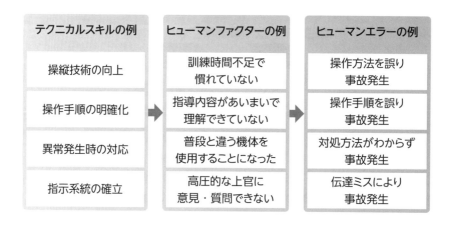

（2）テクニカルスキル、ヒューマンファクター、ヒューマンエラー

　事故等の防止のためには、操縦技量（テクニカルスキル）の向上は有効な対策ですが、これだけでは人間の特性や能力の限界（ヒューマンファクター）の観点からヒューマンエラーを完全になくすことはできません。

　テクニカルスキル向上の例には、

- 操縦技術の向上
- 操作手順の明確化
- 異常発生時の対応手順
- 指示系統の確立

などがあります。

　しかしながら、どれだけテクニカルスキルを向上させたとしても、次のようなヒューマンファクターが発生することも考えられます。

- 訓練時間不足で慣れていない
- 指導内容があいまいで理解できていない
- 普段と違う機体を使用することになった
- 高圧的な上官に意見・質問できない　など

　これらのようなヒューマンファクターに対処しなかったことで、次のようなヒューマンエラーの例につながる可能性があります。

- 操作方法を誤り事故発生
- 操作手順を誤り事故発生
- 対処方法がわからず事故発生
- 伝達ミスにより事故発生　など

　このように、操縦技術などのような技術的側面を対策していたとしても、ヒューマンファクターの要因によって、事故を完全になくすことは難しいのです。

(3) ヒューマンエラーの分類とノンテクニカルスキルとしての「CRM」の活用

　エラーの分類や概念は様々に論じられていますが、原因を大きく3つに類別することで理解しやすくなるといわれています。

　そのうち次ページの図の③は脳の特性から発生するエラーであるため、対処することは極めて難しいとされています。そのため、ノンテクニカルスキルである「CRM」がその対策のひとつとして認識されるようになりました。

　まず、ヒューマンエラーの分類の例には、次のようなものがあるといわれています。

①無作為エラー

　教育・訓練による知識・技量が身に付いていなかった

②系統的エラー

　知識・技量は定着していて発揮できたが、環境による阻害要因で期待値と異なってしまった

③突発的エラー

　身に付いているはずの知識・技量・能力が突発的に発揮できなかった

　①の無作為エラー、②の系統的エラーについては、

- 再教育・訓練の実施を実施したり、作業環境の再調整、作業手順等の見直し

を行うことで対処できそうですが、③の突発的エラーについては、上記のようなテクニカルスキルでは対処が困難です。そこで、ノンテクニカルスキルとして「CRM」を活用した対策がされるようになりました。

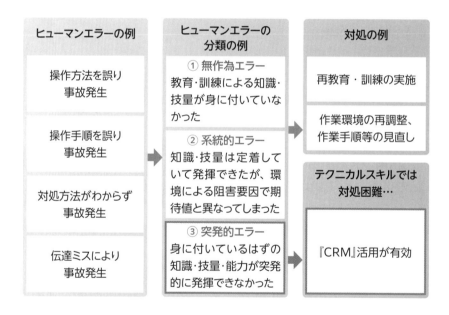

「CRM（Crew Resource Management）」とは、より安全かつ効率的な運航を実現するため、チームまたはクルー全員の力を結集し、利用可能な全ての情報資源（リソース）を最適な方法で有効に活用することであり、そのスキルをより高

める方法のひとつです。

　人の行動に悪影響を与える可能性がある要因の洗い出しとその低減のためには、当事者で対処できないものもあり、チーム一丸で行うことが重要です。

　先ほども解説した通り、CRMを効果的に機能させるための能力には、状況認識、意思決定、ワークロード管理、チームの体制構築、コミュニケーションといったノンテクニカルスキルがあります。

　1970年代に、NASAがパイロットを対象に事故やインシデントに関する聞き取り調査を行った結果、事故原因として多くのパイロットが共通して挙げるものは、技術的な操縦スキルの問題よりもむしろ、リーダーシップ、意思疎通、及びクルーマネジメントに関する訓練の不足であることが判明しました。

　このような背景から、1979年にアメリカ航空宇宙局（NASA）主催のワークショップで「コクピット・リソース・マネジメント（Cockpit Resource Management）」による訓練が、航空機事故を減少させるために大変重要であると発表しました。

　後年、CRMはチーム全体で重視するものととらえるようになり、コクピットからクルー（Crew）に変化して世界中に広まりました。

　CRMは時代とともに変遷を続けており、導入される会社や業界等によって名称や構成要素、訓練方法が異なっています。

(4) CRMスキルの種類と対処の例

[CRM（Crew Resource Management）スキルの種類と対処の例]

CRMスキルの種類	CRMスキルを活用した対処の例
状況認識	・状況の把握：操作結果や周囲の状況の客観的な把握と評価 ・予測：把握した状況からどのような事態が起きるか予想 ・共有：把握した現状と予想をチーム全員で共有する
コミュニケーション	・打ち合わせ：業務のあらゆる局面で情報交換を行う場所を確保 ・アサーション：業務に関する意見や提案、安全のための主張 ・伝達と確認：一方通行でない双方向コミュニケーションを行う
ワークロード管理	・事前準備：段取りを整えることによる作業負荷の低減を図る ・優先順位：物事の重要度、優先順位の見極めを行う ・業務分担：全員に業務を割り当て適度な作業負荷を維持する
チームの体制構築	・雰囲気作り：何でも言い合える雰囲気の醸成を図る ・リーダーシップ：目的達成に向けチーム全員の力を引き出す ・相互支援：自己の役割の自発的遂行、積極的な支援を行う
意思決定	・全員参加：問題解決プロセスへのチームの総合力の結集 ・全員で意思決定：個々の持つ情報やアイデアを引き出し意思決定 ・振り返り：問題解決プロセスの監視、見直しによる思い込みの回避を図る

　CRMスキルの種類と、それらを活用した対処の例について見ていきましょう。各スキルと対処法の例は下記の通りです。

「状況認識」スキルとその対処の例
- 操作結果や周囲の状況の客観的な把握と評価を行う「状況の把握」
- 把握した状況からどのような事態が起きるかを予想する「予測」
- 把握した現状と予想をチーム全員で共有する「共有」

「コミュニケーション」スキルとその対処の例
- 業務のあらゆる局面で情報交換を行う場所を確保するための「打ち合わせ」
- 業務に関する意見や提案、安全のための主張を行う「アサーション」
- 一方通行でない双方向コミュニケーションを行う「伝達と確認」

「ワークロード管理」スキルとその対処の例

- 段取りを整えることによる作業負荷の低減を図る「事前準備」
- 物事の重要度、優先順位の見極めを行う「優先順位」
- 全員に業務を割り当て適度な作業負荷を維持する「業務分担」

「チームの体制構築」スキルとその対処の例

- 何でも言い合える雰囲気の醸成を図る「雰囲気作り」
- 目的達成に向けチーム全員の力を引き出す「リーダーシップ」
- 自己の役割の自発的遂行、積極的な支援を行う「相互支援」

「意思決定」スキルとその対処の例

- 問題解決プロセスへのチームの総合力の結集する「全員参加」
- 個々の持つ情報やアイデアを引き出し意思決定する「全員で意思決定」
- 問題解決プロセスの監視、見直しによる思い込みの回避を図るための「振り返り」

　これらを見ると、それぞれのスキルや対処の例の説明文の中に「全員」「チーム」「コミュニケーション」という言葉が含まれており、操縦者一人で行うものではないことがわかります。チーム全員の力を結集することで、より安全かつ効率的な運航を実現するための、CRMの本来の効果が発揮できます。

(5) m-SHEL モデル

[m-SHELモデル]

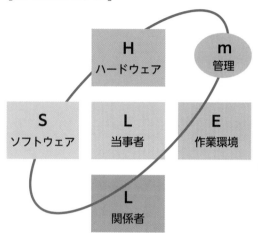

<m-SHEL モデルの歴史>
- 1975年
  KLM 航空の Frank H.Hawkins が「SHEL モデル」を提唱
- 1994年
  東京電力がさらにマネジメント (m) を加えた「m-SHEL」モデルを提唱
➡ 人間の行動を的確にとらえる視点のひとつとして、航空分野に留まらず様々な分野に応用されている

　操縦技術などのような技術的側面を対策していたとしても、人間の特性や能力の限界 (ヒューマンファクター) の要因によって、事故を完全になくすことは困難です。

　そのヒューマンファクターを見極めるための手法のひとつが、m-SHELモデルです。

　人間の特性 (ヒューマンファクター) や、それに影響を与える情報資源などの要素 (リソース) の関係をより理解しやすくするための手法として、m-SHELモデルがあります。この手法を活用することで、当事者と周辺環境との関係を把握しやすくなります。

　m-SHELモデルは、1975年にKLM航空のFrank H.Hawkinsが「SHELモデル」を提唱したといわれており、1994年、東京電力がさらにマネジメントの (m) を加えた「m-SHEL」モデルを提唱したといわれています。

　m-SHELモデルは、人間の行動を的確にとらえる視点のひとつとして、航空分野に留まらず様々な分野に応用されています

　m-SHELモデルの要素の種類とその例は右表の通りです。これらに適切な対処を行わなかった場合、重大な失敗や事故 (エラー) につながる可能性があります。

[m-SHELモデルの要素の種類と内容の例]

要素の種類		要素の内容の例
Software	指示書や作業標準等	内容や目次に不備がある、内容があやふやで理解しにくい 等
Hardware	設備、装置、機械等	誤操作しやすい構造や仕組み、点検不備により正常に動作しない 等
Environment	作業環境	作業環境の温度や明るさ等が適切でなく、作業に集中できない環境になっている 等
Liveware	当事者(自分)	個人的な仕事上の心配事や家族の悩みを抱えている 等
Liveware	関係者(上司や部下等)	高圧的な態度の上司や苦手な部下と正常なコミュニケーションが取れていない 等
Management	全体の管理	作業者任せになっていたり、適切な管理や教育が行われていない 等

対処しなかった → 重大な失敗や事故(エラー)につながる可能性がある

(6) エラーを誘発する要因 (スレット) の分類

顕在的スレットの例	潜在的スレットの例
存在を確認・検知することができる要因 ・環境要因 　→天候、地形、周囲の状況の変化等 ・組織的要因 　→管制指示、整備、運航管理等 ・個人的要因 　→疲労、ストレス、自己満足等 ・チーム及び運航関係者の要因 　→チームワークの欠如、過度の信頼等 ・航空機の要因 　→機体の不具合、機器からの情報等	存在を確認・検知することが困難な要因 ・国の文化や国民性 　→言語の違いや常識の違い等 ・企業や組織の文化 　→企業や組織ごとに異なる価値観や倫理観、使用する用語の違い等 ・職業に特有の文化や気質 　→職人気質、チームプレー文化等 ・解釈に違いが出たり、誤解を生じたりする規則、マニュアル、基準、及び組織の方針 　→複数の解釈ができるようなルールや基準、方針が改善されていない等

　ヒューマンエラーを誘発する要因 (スレット) には、顕在的スレットと潜在的スレットの2つの分類があるといわれており、「CRM」を行う際には、操縦者が存在を確認・検知することが難しい潜在的スレットについても洗い出しておく

ことが重要です。

　顕在的スレットとは、存在を確認・検知することができる要因のことを言い、その例には、

- 天候、地形、周囲の状況の変化等の環境要因
- 管制指示、整備、運航管理等の組織的要因
- 疲労、ストレス、自己満足等の個人的要因
- チームワークの欠如、過度の信頼等のチーム及び運航関係者の要因
- 機体の不具合、機器からの情報等の航空機の要因

などが挙げられます。

　潜在的スレットとは、存在を確認・検知することが困難な要因のことを言い、その例には、

- 言語の違いや常識の違い等の、国の文化や国民性の要因
- 企業や組織ごとにことなる価値観や倫理観、使用する用語の違い等の、企業や組織の文化の要因
- 職人気質、チームプレー文化等の、職業に特有の文化や気質の要因
- 複数の解釈ができるようなルールや基準、方針が改善されていない等の、解釈に違いが出たり、誤解を生じたりする規則、マニュアル、基準、及び組織の方針の要因

などが挙げられます。

　皆さんも誰かに仕事上の指示などをしたとき「指示したことと全く違うことをしている。そして、指示された人間は適切に対処したと思っている」などのようなエラーの経験はありませんか？

　このヒューマンエラーを誘発した要因（スレット）には、指示のミスや人間関係の欠如などの目に見えるものも考えられますが、言語の違いや常識の違い、経験してきた職業や職場特有の文化の違いなどの目に見えない要因によって、解釈や理解の違いが生まれ、予期せぬエラーにつながる可能性も排除できません。

　スレットの排除を行うためには、目に見える要因だけではなく、目に見えにくい潜在的なスレットを洗い出して排除することも重要です。

- 内容や目次に不備があったり内容があやふやで理解しにくい等、指示書や作業標準等のSoftwareの要素
- 誤操作しやすい構造や仕組みになっていたり、点検不備により正常に動作しない等、設備、装置、機械等のHardwareの要素
- 作業環境の温度や明るさ等が適切でなく、作業に集中できない環境になっている等、作業環境のEnvironmentの要素
- 個人的な仕事上の心配事や家族の悩みを抱えている等、当事者及び自分であるLivewareの要素
- 高圧的な態度の上司や苦手な部下と正常なコミュニケーションが取れていない等、上司や部下等の関係者であるLivewareの要素
- 作業者任せになっていたり、適切な管理や教育が行われていない等、全体の管理のmanagementの要素

(7) TEM（Threat and Error Management）

TEM（Threat and Error Management）とは、
① 存在を確認・検知することが困難な潜在的スレット（Threat）
② 失敗（Error）
③ 不安全状態（UAS：Undesired Aircraft State　アンデザイアード・エアクラフト・ステート）

に対して、それぞれ適切な予測・対処を講じることで安全な運航状態を確保する考え方であり、CRMをより具体的に実践していくために取り入れられている手法です。

　前ページの図は、一番上が「安全な運航が確保されている」状態を、一番下が「事故・重大インシデントの発生」した状態を示しており、「事故・重大インシデントの発生」につなげないための管理方法を右側で示しています。

　例えば、Threat Managementの実施とは、不安全要素を事前に予測して、エラーの発生を防ぐ対処を講じることで、安全な運航状態を確保しようとする管理手法です。しかし、Threat Managementを実施しなかったり、対処方法に誤りがあるとエラーの発生につながる可能性があります。

　Error Managementとは、エラーが発生した時を想定した対処方法を講じて不安全状態発生を防ぐことで、安全な運航状態を確保しようとする管理手法です。しかし、Error Managementを実施しなかったり、対処方法に誤りがあると不安全状態の発生につながる可能性があります。

　UAS Managementとは、万が一不安全状態になった時の対処方法を適切に講じることで、安全な運航状態を確保しようとする管理手法です。しかし、UAS Managementを実施しなかったり、対処方法に誤りがあると事故・重大インシデントの発生につながる可能性があります。

　TEMの対処の例として、まずは不安全要素（Threat）を洗い出していきます。ここでは、目に見える顕在的スレットと、目に見えない潜在的スレットの両方を洗い出します。それらに対して、

Threat Management：不安全要素の管理
Error Management：失敗の管理
UAS Management：不安全状態の管理

の順に適切な対処と思われるものを洗い出し、事故・重大インシデントの発生につながらないようにするための対処方法を洗い出します。

　今回は一例として挙げたものですが、無人航空機の運航においては、さらに多くの顕在的または潜在的スレットがあるものと思われます。一度TEMを実施したら事故や重大インシデントが絶対に発生しないとは限りませんので、よ

り安全な運航を目指し、チーム一丸となってこれらの対処の洗い出しや対処に
あたる必要があります。

安全な運航のための補助者の必要性、役割及び配置

　無人航空機の操縦者は、機体の操作とその動きに専念するため、飛行経路（特
に離着陸エリア）の管理を操縦と同時に行うことは難しいです。そのため、飛行
前の準備、飛行経路の安全確認、そして第三者の管理等は、主に補助者が責任を
持って行う必要があります。補助者は、離着陸区域や飛行ルートの近くの地上
や空間の安全性を確認し、飛行前のチェックで特定された障害物等については、
指定された手順に従って対処します。

　また、補助者は、定められた方法で操縦者とコミュニケーションを取り、以下
のような業務等を担当します。

- 危険予知の警告
- 緊急着陸地点への誘導
- 着陸後の機体回収や安全点検の補助

　また、補助者を配置する時には、無人航空機の飛行経路や操作範囲に基づい
て、以下の事項等についてもあらかじめ決めておきます。

- 補助者の数や配置
- 各人の担当範囲や役割
- 異常運航時の対応方法

運航計画・リスク管理

　安全な飛行を行うには、しっかりとした運航計画を立てることが重要です。この章では、天候をはじめとして、飛行に際して何がリスクとなるか、どのようにしてリスクを軽減するのか等を解説していきます。

運航計画の立案

安全に配慮した飛行

　無人航空機の飛行では法的な基準や要件を満たすことが基本ですが、様々な要素により飛行中に操縦が難しくなったり、または予期しない機体故障が発生したりする可能性があるため、運航者が運航に伴う「リスク」を管理することは、安全確保上極めて重要です。

　つまり、運航者は運航形態に応じて、事故を引き起こしかねない要素（ハザード）を具体的に可能な限り多く特定し「リスク」を評価した上で、その発生確率を減らし、リスクの結果となる被害を軽減する措置を講じ、「リスク」を許容範囲内に減らす必要があります。

　このリスク管理の考え方は、特にカテゴリーⅢの飛行において重要ですが、他の飛行でも十分に理解し、安全を考慮した計画や飛行を行うことが求められます。

（1）安全マージン
　「安全マージン」とは、「安全の確保のために持たされているあそび・余裕・空間」のようなものを指します。原則として、無人航空機を飛行させるときは、その飛行空域からさらに安全マージンを加えた飛行範囲を設定してから行ってください。

教則
- 飛行経路を考慮し、周辺及び上方に障害物がない水平な場所を離着陸場所と設定する。
- 緊急時などに一時的な着陸が可能なスペースを、前もって確認・確保しておく。
- 飛行領域に危険半径（高度と同じ数値又は30mのいずれか長い方）を加えた範囲を、立入管理措置を講じて無人地帯とした後、飛行する。

(2) 飛行の逸脱防止

飛行空域からの逸脱を防止するための方法には、次のようなものがあります。

- ジオフェンス機能を使用することにより、飛行禁止空域を設定する。
- 衝突防止機能として無人航空機に取り付けたセンサを用いて、周囲の障害物を認識・回避する。

ジオフェンス機能とは、無人航空機が誤って飛行禁止空域に入ってしまわないように、無人航空機の飛行範囲を自動的に制限する機能のことを指します。

(3) 安全を確保するための運航体制

安全を確保するための運航体制として、操縦と安全管理の役割を分ける観点から、操縦者に加えて安全管理者や運航管理者を配置することが推奨されます。

飛行計画

(1) 飛行計画策定時の確認事項

無人航空機の飛行計画作成時には、飛行経路と範囲を決定しようとするときに、関連自治体や各権利者への周知や承諾が必要となることがあります。

離着陸地点では、人々の出入りや騒音、コンパスエラーの原因となる可能性のある建造物が周囲にあるかどうかなどに注意を払います。

飛行経路の設定時には、近隣の電力施設や緊急用務空域、救急ヘリ等の航空機の航行がないかなどを考慮する必要があります。また、予定の着陸地点への着陸が不可能な場合や、離陸地点まで戻るための飛行可能距離が確保できないリスクがある場合には、緊急着陸地点を事前に確保しておくべきです。

飛行計画の作成においては安全管理が最優先です。離陸前、離陸時、計画ルート上の飛行、着陸時、そして着陸後の各状況に対応した安全対策を施し、安全に飛行の目的を達成する計画を立てることが求められます。

飛行計画を策定する際には、機体の物理的な障害が発生する可能性や、飛行範囲固有の現象がないか、制度的な規制に該当するおそれがないかなど、事前に予測可能な状況の変化などを考慮した確認項目の作成が必要です。予定される飛行ルートや時間については、飛行予定日が緊急用務空域の指定や一時的な

飛行規制の対象空域となっていないかなど、計画策定時の確認が求められます。

(2) 事故・インシデントへの対応

　無人航空機による事故等が発生した場合には、警察や消防など関係各所への連絡が必要になります。そういった事態の発生に備え、あらかじめ緊急連絡先を洗い出しておきましょう。

　第三者にケガを負わせてしまったときや、第三者が所有する物件等を破損させてしまった場合には、

- 直ちに無人航空機の飛行を中止する
- 人命救助を最優先にして行動する
- 消防や警察に連絡するなど危険を防止するための必要な措置を講じる

などの措置を実施してください。

　また、上記のような事故等が発生してしまった場合には、航空局ホームページに掲載されている「無人航空機の事故及び重大インシデントの報告要領」の内容に従って、すみやかに国土交通省へ事故等の報告を行ってください。

　下の表は、無人航空機による事故等の情報提供先の一覧です。

［無人航空機による事故等の報告先一覧］

官署	連絡先	管轄区域	執務時間
東京航空局	☎03-6685-8005 e-mail : cab-emujin-houkoku@mlit.go.jp	新潟県、長野県、静岡県以東の地域	平日9:00～17:00
大阪航空局	☎06-6937-2779 e-mail : cab-wmujin-houkoku@mlit.go.jp	富山県、岐阜県、愛知県以西の地域	平日9:00～17:00
国土交通省	☎03-5253-8111　内線48715 e-mail : hqt-jcab-uav@gxb.mlit.go.jp	公海上、カテゴリーⅢ飛行	平日9:00～17:00
東京空港事務所（24時間対応）	☎050-3198-2865 e-mail : cab-hnd-kyoka@mlit.go.jp	新潟県、長野県、静岡県以東の地域	24時間
関西空港事務所（24時間対応）	☎050-3198-2870 e-mail : cab-kixinfo@mlit.go.jp	富山県、岐阜県、愛知県以西の地域	24時間

＊夜間等の執務時間外における無人航空機による事故等が発生した場合は、飛行を行った場所を管轄区域とする空港事務所にご連絡ください。

　万が一事故やインシデントが発生した場合には、飛行を行った場所を管轄区域とする官署へ連絡してください。

　なお、夜間等の執務時間外における無人航空機による事故等が発生した場合には、飛行を行った場所を管轄区域とする空港事務所に連絡してください。

(3) カテゴリーⅢ飛行において追加となる安全確保　★★一等

　カテゴリーⅢ飛行の飛行形態に応じたリスク評価を実施するにあたり、機体を選定するときに考慮すべき注意点の例としては次のようなものがあります。

- 地上の第三者への被害の可能性を低減させる対策として、必要最低限の数より多くのプロペラ及びモーターを有するなど、適切な冗長性を備えた機体を使用すること。
- 地上の第三者への被害を軽減させる対策として、パラシュートを展開するなど、落下時の衝撃エネルギーを軽減できる機能を有する機体を使用すること。

経路設定

(1) 飛行経路の安全な設定

　無人航空機の飛行経路を設定しようとするときは、その飛行経路内に建物等の障害物や鳥の接近による妨害があっても、安全に回避できる高度と経路を設定することが重要です。やむを得ず障害物の近くを飛行する経路を設定する場合には、機体の性能に基づき安全な距離を確保した飛行経路を設定するように注意します。

　また、機体の目視ができる限界まで飛行させようとする場合には、限界付近にある障害物との距離感があいまいになりやすいため、事前に現地で飛行経路周辺の障害物との距離を確認し、必要に応じて補助者を配置することが推奨されます。操縦者がいる位置からでは障害物の距離が確認しにくい場合には、常に障害物と安全な距離を保てるよう、適切な場所に補助者を配置して連絡を取り合うことが重要です。

（2）カテゴリーⅢ飛行において追加となる経路設定の注意点

　カテゴリーⅢ飛行では、飛行形態に応じたリスクの分析と評価を行い、その結果に基づくリスク軽減策を講じることが必要です。

　飛行経路の設定時には、地上と空中の両方のリスクについて、飛行経路の逸脱や墜落などの異常が発生したときに対するリスク軽減策を講じることが求められます。具体的な対策の例は以下の通りです。

　なお、それらが必要となる機体の機能や安全対策が想定した通りに機能するかどうかなど、事前検証が必要です。

- 可能な限り第三者の立入りが少ない飛行経路を設定する。
- 飛行経路付近に緊急着陸地点や不時着エリアをあらかじめ設定する。
- 飛行経路からの逸脱を防止するためのジオフェンス機能を設定する。
- ジオフェンス機能の設定において、当日の他の航空機との空域調整結果が反映されていることを確認する。

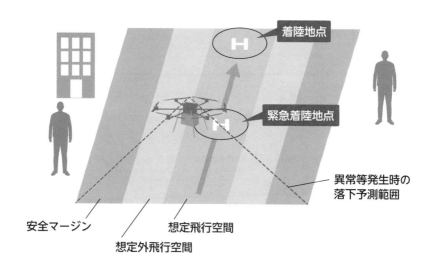

4-2
重要度
★★☆

リスク評価

無人航空機の運航におけるハザードとリスク

「ハザード」とは、無人航空機の運航において事故などを引き起こす可能性のある潜在的な危険要素を指す言葉です。「リスク」とは、無人航空機の運航の安全性に影響を及ぼす何らかの事象が起こる可能性のことをいいます。

リスクの度合いを計量するときは、予想される頻度（被害の発生確率）と、その結果の重大性（被害の大きさ）で考えます。

危険性または有害性（ハザード）とリスクの違い

危険性または有害性　　　　リスク

ライオンがいる
危険性（ハザード）

ライオンに襲われる
可能性（リスク）

付近に人がいなければライオンによる災害につながらない

危険性があるものに近づいたことで災害発生の可能性が高まる

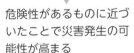
厚生労働省ホームページを基に作成

　例えば、上のイラストのライオンがいることが危険性、ハザードにあたります。ライオンそのものは危険性があるものですが、付近に人がいなければライオンによる災害につながりません。

　ライオンに襲われる可能性がリスクにあたります。もし付近に人がいれば、

ライオンという危険性があるものに近づいたことで、災害発生の可能性が高まります。

　上記のように、無人航空機の運航においても、

- どんな危険性、ハザードがあるのか
- そのハザードに近づくことでどれだけの被害が発生するリスクがあるのか

について洗い出しておくことが重要です。

無人航空機の運航リスクの評価

　無人航空機の飛行において安全を確保するためには、リスク評価とその結果に基づくリスク軽減策の検討が極めて重要です。運航形態に応じて、事故を引き起こしかねない具体的な「ハザード（危険要素）」をできるだけ多く特定し、それによって発生する「リスク（可能性）」を評価した上で、リスクを許容可能なレベルまで減少させます。

　リスクを軽減させるために考慮すべきことには、

① 事象の発生確率を低減するか、
② 事象発生による被害を軽減するか、

があり、これらに基づいて必要な対策を行います。

　例えば、機器の故障というハザードが原因で墜落するというリスクを考慮する場合には、信頼性の高い機器を使用して機器の故障の可能性を低減させる対策（上記①）や、墜落時にパラシュートを利用して地上への被害を軽減させる対策（上記②）などが考えられます。

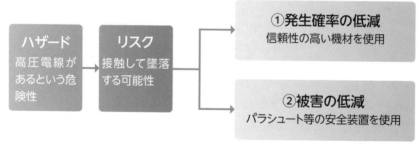

| ハザード
高圧電線があるという危険性 | リスク
接触して墜落する可能性 | ①発生確率の低減
信頼性の高い機材を使用 |
| | | ②被害の低減
パラシュート等の安全装置を使用 |

　左の図は、特定したハザードと、それによって生じるリスクの低減について表したものです。

　例えば、高圧電線があるというハザード（危険性）があり、接触して墜落するというリスク（可能性）の低減を行うための対策としては、

① 発生確率の低減対策として、ジオフェンス機能を有するとして機体認証を受けた機体を使用する等、信頼性の高い機材を使用する方法
② 被害の低減対策として、パラシュート等の安全装置を使用する方法

などが考えられます。

カテゴリーⅢ飛行におけるリスク評価　★★一等

　第三者の上空を飛行するカテゴリーⅢ飛行は、人の生命や身体に重大な被害を及ぼす墜落事故などのリスクが高い飛行であるため、その安全確保は厳格に求められます。

　カテゴリーⅢ飛行を行うためには、一等無人航空機操縦士の技能証明を受けた者が第一種機体認証を受けた無人航空機を操縦することに加えて、その運航が適切に管理されることについて国から飛行の許可・承認を事前に得ることが必要となります。また、実施にあたっては、飛行形態に応じたリスクの分析と評価を行い、その結果に基づいたリスク軽減策を取り入れることが必要です。

　適切な運航管理体制を維持するため、リスク評価の結果に基づいたリスク軽減策の内容などを記載した飛行マニュアルの作成とその遵守が求められます。

　以下に、無人航空機の飛行に関する許可・承認の審査要領（カテゴリーⅢ飛行）におけるリスク評価の基本的な考え方と、リスク評価手法のひとつである「安全確保措置検討のための無人航空機の運航リスク評価ガイドライン」（公益財団法人福島イノベーション・コースト構想推進機構　福島ロボットテストフィールド発行）（以下、「リスク評価ガイドライン」という。）の概要をご説明します。

（1）カテゴリーⅢ飛行におけるリスク評価の基本的な考え方
1）リスク分析及び評価において考慮すべき事項

「無人航空機の飛行に関する許可・承認の審査要領（カテゴリーⅢ飛行）」では、国から飛行の許可や承認を得るための申請を行う際に、飛行形態に応じたリスクの分析及び評価を行い、その結果を提出することを求めることとしています。リスクの分析及び評価にあたって考慮しなければならない事項としては、以下のようなものがあります。

①次の事項を含む運航計画
- 飛行の日時
- 飛行する空域及びその地域
- 無人航空機を飛行させる者及び運航体制
- 使用する無人航空機
- 飛行の目的
- 飛行の方法

②飛行経路における人との衝突リスク（地上リスク）及び航空機との衝突リスク（空中リスク）

③電波環境（無線通信ネットワークを利用して操縦を行う場合に限る。）

④使用条件等指定書で指定された使用の条件等、使用する無人航空機の情報

⑤無人航空機を飛行させる者の無人航空機操縦者技能証明及び訓練の内容

⑥無人航空機を飛行させる者を補助する者等を含めた運航体制

2）リスク軽減策を記載した飛行マニュアル

適切な運航管理体制を維持するため、無人航空機の飛行時には、リスク評価の結果に基づいたリスク軽減策の内容を含む飛行マニュアルの作成と遵守が必要です。この飛行マニュアルでは、例えば以下のような項目を記載します。

①無人航空機の点検・整備

　無人航空機の機能及び性能に関する基準に適合した状態を維持するため、次に掲げる事項に留意して、機体の点検・整備の方法を記載する。

- 機体の点検・整備の方法
- 機体の点検・整備の記録の作成方法
- 整備の実施・責任体制の明確化

②無人航空機を飛行させる者の訓練

　無人航空機を飛行させる者の飛行経歴、知識及び能力を確保・維持するため、次に掲げる事項に留意して、無人航空機を飛行させる者の訓練方法等を記載する。

- 無人航空機を飛行させる者の資格に関する事項
- 知識及び能力を習得するための訓練方法
- 知識及び能力を維持させるための訓練方法
- 飛行記録（訓練を含む。）の作成方法
- 無人航空機を飛行させる者が遵守しなければならない事項
- 訓練の実施・管理体制の明確化

③無人航空機を飛行させる際の安全を確保するために必要な体制

　次に掲げる事項に留意して、安全を確保するために必要な体制を記載する。

- 飛行前の安全確認の方法
- 無人航空機を飛行させる際の安全管理体制
- 事故等の報告要領に定める事態への対応及び連絡体制

(2) リスク評価ガイドラインによるリスク評価手法

　国土交通省が公開する「無人航空機の飛行に関する許可・承認の審査要領（カテゴリーⅢ飛行）」では、リスク評価ガイドラインによるリスク評価手法の利用が推奨されています。このガイドラインは、JARUS（Joint Authorities for Rulemaking of Unmanned System）のSORA（Specific Operation Risk Assessment）を基に作成されたものですが、詳細についてはリスク評価ガイドラインを参照してください。

■リスク評価ガイドライン

https://www.fipo.or.jp/robot/initiatives/guidelines

1）リスク評価のための基本的なコンセプト

a. セマンティックモデル（想定飛行空間と想定外飛行空間）

「想定飛行空間」とは飛行範囲のことを指し、無人航空機の飛行目的や機体・システムの性能、周囲の環境に応じて設定します。

　しかし、機体や外部システムの異常や外部からの干渉によってこの想定飛行空間を超えてしまう可能性もあります。そのような事態に備えて設定する空間のことを「想定外飛行空間」といいます。

　正常に運航できている時は、無人航空機を標準運航手順に従って飛行させますが、機体や外部システムなどの干渉により想定飛行空間を外れる可能性がある、もしくは外れてしまった場合は「異常対応手順」に移って飛行させます。「想定外飛行空間」とは、異常対応手順によって想定飛行空間に戻るための飛行空間を確保するために設定します。

　この「想定飛行空間」と「想定外飛行空間」を組み合わせたものを「オペレーション空間」といいます。万が一、この「オペレーション空間」から外れるような緊急事態が発生した場合は、「緊急時対応手順」と「緊急時対応計画」に移って対応を行います。

　飛行の地上リスクの検討時には、オペレーション空間からさらに安全マージンとしての「地上リスク緩衝地域」を加えた範囲を定め、その地域内でのリスクを一定の範囲まで減少させるように計画します。飛行の空中リスクの検討時には、オペレーション空間に「空中リスク緩衝空域」を任意で追加して設定し、その空域内でのリスクを一定の範囲まで減少させるように計画します。

　オペレーション空間や地上リスク緩衝地域、空中リスク緩衝空域に隣接する領域を「隣接エリア」といい、無人航空機が制御不能になって進入すると高いリスクが予想される場合、隣接エリアに進入しないような対策を検討します。

地上へのリスク		空中衝突へのリスク

想定飛行空間	無人航空機の飛行の目的や、機体やシステムの性能、環境に応じて設定される飛行範囲	緊急時対応計画	緊急時対応手順と併せて使用され、事態が発生した場合に被害の加速や二次災害を抑制するためにとるべき対応をまとめたもの
想定外飛行空間	機体や外部システムの異常・外乱等の影響で想定飛行空間を外れて飛行してしまうことに備える空間	地上リスク緩衝地域	オペレーション空間を逸脱した場合に地上リスクを考慮すべきエリア
異常対応手順	機体や外部システムの異常・外乱の影響で想定飛行空間から外れてしまうおそれ、又は外れてしまった異常事態に行うべき手順	空中リスク緩衝空域	オペレーション空間を逸脱した場合に空中リスクを考慮すべきエリア（検討は任意）
オペレーション空間	想定飛行空間と想定外飛行空間を合わせたもの	隣接エリア	オペレーション空間並びに地上リスク緩衝地域及び空中リスク緩衝空域に隣接する区域
緊急時対応手順	緊急時対応計画とともに使用され、オペレーション空間から逸脱してしまった緊急事態において直ちにとるべき機体の制御に関わる手順	「安全確保措置検討のための無人航空機の運航リスク評価ガイドライン」をもとに作成　https://www.fipo.or.jp/robot/initiatives/guidelines	

右側余白：**4章** 運航計画・リスク管理

b. ロバスト性（安全確保に必要とされる安全性の水準及び保証の水準）

　ロバスト性とは、安全対策によって得られる「安全性の水準」（安全性の増加）と、計画された安全対策が確実に実行されることを示す「保証の水準」（証明の方法）の両方を考慮して評価された水準のことをいいます。

　安全対策を検討する際には、その対策の安全性は高いのか、その安全対策は確実に作動することが保証されているのかを考慮することが重要です。

243

ロバスト性の水準には、運航形態のリスクに応じて低、中、高の3つの異なる
レベルがあります。そして、安全性の水準と保証の水準のうち低い方に準じて
評価します。例えば、中レベルの安全性の措置が低レベルの保証で行われた場
合、その安全確保措置は低レベルと評価されます。

[ロバスト性レベルの決定]

		保証の水準		
		低	中	高
安全性の水準	低	ロバスト性「低」		
	中		ロバスト性「中」	
	高			ロバスト性「高」

「安全確保措置検討のための無人航空機の運航リスク評価ガイドライン」を基に作成
https://www.fipo.or.jp/robot/initiatives/guidelines

c.総合リスクモデル

リスク評価における「総合リスクモデル」とは、無人航空機の運航に伴うリス
ク、ハザード、脅威、安全確保措置の一般的な枠組みのことをいいます。

2）リスク評価手法

リスク評価ガイドラインによるリスク評価手法は、以下に示す6つのステッ
プから成り立っています。詳細についてはリスク評価ガイドラインを参照して
ください。

a.Step1：運航計画 (CONOPS) の説明

リスク評価で最初に行うステップは「運航計画 (CONOPS)」を明確にするこ
とです。ただし、事前に入念な運航計画を立てていたとしても、リスク評価を
行った結果必要とされる対策や安全目標を達成することができない場合は、運
航計画を修正する必要があります。

[CONOPS の説明で必要とされる事項の概要]

運航体制を確認するための情報	運航の安全性について技術的な観点から確認するための情報
1.運航組織の概要（Who（だれが）：運航者／運航体制） (1)組織の安全方針について (2)無人航空機、設計と製造について (3)運航に関わるスタッフの訓練について (4)整備について (5)リモートクルーについて (6)無人航空機の形態管理 (7)その他 2.運航（How（どのように）：飛行方法） (1)運航形態 (2)標準的な運航方式 (3)通常時の運航方針 (4)異常時の運航と緊急時の運航方針 (5)事故、インシデントと、その他のトラブルに際して 3.訓練（Who（だれが）：運航者／運航体制） (1)訓練一般 (2)初期訓練と資格認定 (3)能力維持の手順 (4)シミュレーターの利用 (5)訓練プログラム	1.使用する無人航空機について (1)機体について（What（何を）：使用する無人航空機の情報） 1 機体について 2 機体の性能特性 3 動力システム 4 操縦舵面とアクチュエーター 5 センサー 6 ペイロード 2.操縦システムについて（How（どのように）：飛行方法） (1)操縦システムについて (2)航法 (3)自動航行システム（オートパイロットシステム） (4)操縦系統 (5)コントロールステーション (6)衝突回避システム 3.ジオフェンシング 4.地上支援装置について 5.C2リンクについて 6.C2リンクの機能低下に際して 7.C2リンクの喪失（ロストリンク）に際して 8.安全機能について

「安全確保措置検討のための無人航空機の運航リスク評価ガイドライン」を基に作成
https://www.fipo.or.jp/robot/initiatives/guidelines

4章 運航計画・リスク管理

b.Step2：地上リスクの把握

　地上リスクを把握するステップでは、表のような判定表を用いて判定します。この判定表は、無人航空機の最大寸法及び運動エネルギーと、想定する運航形態に基づいて判定することができます。地上リスククラスを判定した後は、リスク軽減策とそのロバスト性を考慮し、調整後の地上リスククラスを決定します。

[地上リスククラスの判定表]

	地上リスククラス			
無人航空機の最大寸法	1m／約3ft	3m／約10ft	8m／約25ft	＞8m／約25ft
代表的な運動エネルギーの見積り	＜700J 約529FtLb	＜34KJ 約25000FtLb	＜1084KJ 約800000FtLb	＞1084KJ 約800000FtLb
運航形態 — 立入管理地域での目視内／目視外飛行*1	1	2	3	4
運航形態 — 低人口密度環境での目視内飛行	2	3	4	5
運航形態 — 低人口密度環境での目視外飛行*1	3	4	5	6
運航形態 — 人口密集環境での目視内飛行	4	5	6	8
運航形態 — 人口密集環境での目視外飛行*1	5	6	8	10
運航形態 — 集会上空における目視内飛行	7			
運航形態 — 集会上空における目視外飛行*1	8	＊1　目視外飛行には補助者ありの目視外飛行も含まれます		

「安全確保措置検討のための無人航空機の運航リスク評価ガイドライン」を基に作成
https://www.fipo.or.jp/robot/initiatives/guidelines

[地上リスクを軽減するための対策と地上リスククラスの調整数]

軽減策の評価順	地上リスクの軽減策	ロバスト性		
		低／なし	中	高
1	M1-制御不能な状態となった際の無人航空機との衝突リスクに曝される人の数を減らす対策	0：なし* -1：低	-2	-4
2	M2-無人航空機との衝突時のエネルギーを減らす手段	0	-1	-2
3	M3-制御不能な状態になった際に被害の拡大を抑制するための緊急対応計画の設定	1	0	-1

＊ M1の軽減策においてロバスト性"なし"を選択できるのは、カテゴリーⅢ飛行が可能な場合に限ります

c.Step3：空中リスクの把握

　飛行予定空域において航空機と遭遇する確率について考慮し、下図のようなフローに基づいて「空中リスククラス」を決定します。また、必要に応じて「戦略的対策」を講じることで空中リスクを低減しても残留する空中リスククラス（ARC-a／ARC-b／ARC-c／ARC-d）を決定します。

教則
「戦略的対策」とは、飛行前に航空機との遭遇確率やリスクにさらされている時間を低減するための任意の対策であり、特定の時間帯や特定の境界内での飛行などが挙げられる。
　一方で、「戦術的対策」とは、飛行中に航空機との衝突を回避するための対策であり、残留する空中リスククラスに応じて対策の要求レベルとロバスト性のレベルが割り当てられる。

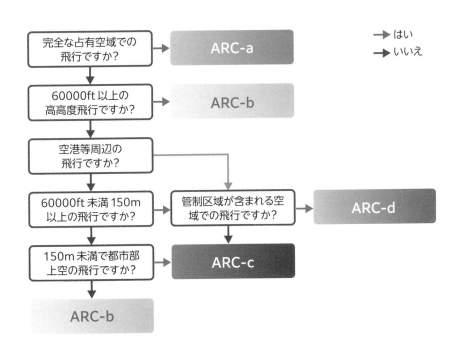

4章
運航計画・リスク管理

ARC-a	有人航空機との遭遇率が非常に低いと考えられ、衝突リスクが「戦術的対策」を追加しなくても許容される空域
ARC-b	有人航空機に遭遇する可能性は低いが無視できない空域であり、「戦略的対策」によりリスクの大部分に対処することができる
ARC-c	有人航空機に遭遇する可能性が高い空域ですが、「戦略的対策」によりある程度のリスクに対処することができる
ARC-d	有人航空機との遭遇する可能性が高い空域であり、「戦略的対策」が利用できる可能性が非常に低い空域

「安全確保措置検討のための無人航空機の運航リスク評価ガイドライン」を基に作成
https://www.fipo.or.jp/robot/initiatives/guidelines

d.Step4：運航に関わる安全目標の確認

このステップでは「安全性と保証のレベル（SAIL）」を決定します。SAILの決定には、これまでのステップで決定した地上リスククラスと空中リスククラスを使用します。

SAILを決定することで「運航に関わる安全目標（OSO）」と、その安全目標に対するロバスト性を決定することができます。

安全確保措置の安全性の水準と保証の水準によって運航に関わる安全目標（OSO）に対するロバスト性を十分に満たしていることを、運航者は十分に確認してください。

e.Step5：隣接エリアの考慮

このステップでは、オペレーション空間に隣接するエリアについてのリスクを評価します。隣接エリアへ逸脱するリスクが高い場合には、逸脱させないための対策を講じておきます。

f.Step6：評価結果に対する対応

これまでの段階で評価したリスクに対して、要求される条件を十分に満たすことを確認し、それぞれの対策や安全目標を達成するため、リスク評価の結果を基に飛行マニュアルを作成します。

ただし、リスク評価に基づき必要と判断された対策や安全目標を達成することができない場合は、運航計画（CONOPS）を修正してください。

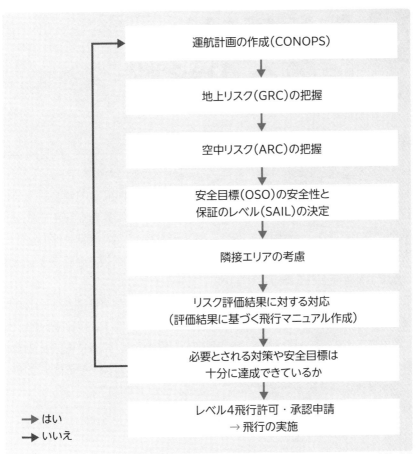

```
運航計画の作成（CONOPS）
        ↓
地上リスク（GRC）の把握
        ↓
空中リスク（ARC）の把握
        ↓
安全目標（OSO）の安全性と
保証のレベル（SAIL）の決定
        ↓
隣接エリアの考慮
        ↓
リスク評価結果に対する対応
（評価結果に基づく飛行マニュアル作成）
        ↓
必要とされる対策や安全目標は
十分に達成できているか
        ↓
レベル4飛行許可・承認申請
→ 飛行の実施
```

→ はい
→ いいえ

「安全確保措置検討のための無人航空機の運航リスク評価ガイドライン」を基に作成
https://www.fipo.or.jp/robot/initiatives/guidelines

4章

運航計画・リスク管理

4-3 気象情報と運航への影響

重要度 ★★★

無人航空機における気象の重要性

無人航空機を安全に運航するためには、気象状況の把握が重要です。

航空法では「当該無人航空機及びその周囲の状況を目視により常時監視して飛行させること」が求められています。これは目視できる距離を超えての飛行を禁止するだけでなく、近距離であっても無人航空機の飛行状況や他の物件との安全距離が確保できるようにするため、雲や濃霧など目視で確認できない気象状況では無人航空機を飛行させないことを指します。

安全な飛行を行うためには、どのような気象情報や予報が提供されているかを総合的に情報収集して理解することが必要です。そして、自身の作業内容、時間、環境に応じて、雲や視程障害、風向風速及び降水など、飛行に影響を及ぼす可能性のある気象情報を適切に取得・分析し、離陸から着陸までの間に支障をきたす可能性のある気象状況がないことを確認した上で飛行を開始しなければなりません。

安全な飛行を行うために確認すべき気象の情報源

安全な飛行を行うために確認すべき気象の情報源には次のようなものがあります。

教則

- アメダス
- 気象レーダー
- 実況天気図、予報天気図、悪天解析図

インターネットを活用した気象情報の入手も有効です。

上記について、それぞれ見ていきましょう。

① アメダス

アメダス（AMeDAS）は「地域気象観測システム」のことで、「オートメーテド・メテオロジカル・データ・アクィジション・システム」の略称です。

雨、風、雪などの気象状況を時間的、地域的に細かく監視するために、降水量、風向・風速、気温、湿度の観測を自動的に行い、気象災害の防止・軽減に重要な役割を果たしています。

アメダスは1974年11月1日に運用を開始して、現在、降水量を観測する観測所は全国に約1,300ヶ所（約17km間隔）あります。このうち、約840ヶ所（約21km間隔）では降水量に加えて、風向・風速、気温、湿度を観測しているほか、雪の多い地方の約330ヶ所では積雪の深さも観測しています。

② 気象レーダー

気象レーダーは、アンテナを回転させながらマイクロ波の電波を発射し、半径数百kmの広範囲内に存在する雨や雪を観測するものです。

発射した電波が戻ってくるまでの時間から雨や雪までの距離を測り、レーダーエコーという、戻ってきた電波の強さから雨や雪の強さを観測します。また、ドップラー効果と呼ばれる、戻ってきた電波の周波数のずれを利用して、雨や雪の動きすなわち降水域の風を観測することができます。

気象庁は1954年に気象レーダーの運用を開始し、全国に20ヶ所設置しています。気象レーダーで観測した日本全国の雨の強さの分布は、リアルタイムの防災情報として活用されるだけでなく、降水短時間予報や降水ナウキャストといった予報の作成にも利用されています。

また、令和2年3月からは「二重偏波気象ドップラーレーダー」が導入されています。二重偏波気象ドップラーレーダーは、水平方向と垂直方向に振動する電波を用いることで、雲の中の降水粒子の種別判別や降水の強さをより正確に推定することが可能です。

[二重偏波気象ドップラーレーダーの観測原理]

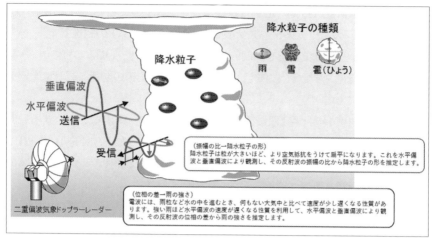

出典：気象庁ホームページ

③ 実況天気図、予報天気図、悪天解析図

　気象庁の作成する天気図には、実況天気図と予想天気図があります。

　気象庁ホームページでは日本周辺域とアジア太平洋域について、それぞれカラー版と白黒版の実況天気図と予想天気図を見ることができます。実況天気図は最新のものから過去3日分が掲載されており、低気圧や前線などの気圧配置がどう変わってきたかを表示できます。一方、予想天気図は、今後、気圧配置がどう変わっていくかの予想を表示しています。その他、高層天気図、数値予報天気図も掲載されており、用途に応じて使い分けることで、天気図を有効に活用することができます。

　悪天解析図とは、気象レーダーや気象衛星画像に、航空機から通報された乱気流や着氷などの実況を重ね合わせ、それに予報官によるジェット気流の解析や悪天域に関する簡潔なコメント文を加えた図情報です。国内航空機の主な運航時間となる、日本時間6時から21時まで3時間ごとに、1日6回作成しています。

天気図の見方

　天気図には、各地点で観測された天気や気温、気圧、風向き、風速、そして高気圧や低気圧の位置、前線の位置、等圧線などが記載されています。実況天気図や予想天気図を参照することにより、気圧の配置、前線の位置、その移動速度な

どを把握することができます。

（1）天気記号・風

　天気記号は、晴れ、くもり、雨などを表した記号です。

　風は、天気記号に付けられた矢印で示されます。風が吹いてくる方向に矢印が向いており、観測では16または36の方位で、予報では8方位で示されます。矢印の羽根の数は風力（気象庁風力階級表による風力の尺度）を表しており、風力0〜12の13段階で表示されます。

天気記号

風力階級表

風力階級	地上10mにおける風速(m/s)	天気図に用いられる記号	地上の物の様子
0	0.3未満		煙がまっすぐに上る。
1	0.3～1.6未満		風向きは、煙がたなびくことでわかる。
2	1.6～3.4未満		顔に風を感じる。 木の葉が動き、風向計が動く。
3	3.4～5.5未満		木の葉や、細かい枝が絶えず動く。
4	5.5～8.0未満		砂ぼこりが立ち、紙きれがまい上がる。
5	8.0～10.8未満		葉のある低木がゆれ始める。 池などの水面に波が立つ。
6	10.8～13.9未満		大枝が動く。電線が鳴る。 かさがさしにくい。
7	13.9～17.2未満		木全体がゆれる。 風に向かって歩きにくい。
8	17.2～20.8未満		小枝が折れる。 風に向かって歩きにくい。
9	20.8～24.5未満		かわらがはがれたり、煙突が倒れたりする。
10	24.5～28.5未満		木が根こそぎ倒れる。 家に大損害が起こる。
11	28.5～32.7未満		家が倒れたりして、広い範囲に被害が起こる。
12	32.7以上		被害はいよいよ大きくなる。

(2) 気温

気温は摂氏の度数による温度で、天気記号の左上に数字で示されます。

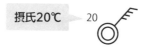

摂氏20℃ ← 20

(3) 気圧

気圧は大気の圧力のことをいいます。単位は「ヘクトパスカル (hPa)」で、標準大気圧 (1気圧) は、1013hPaです。

例えば、気圧が1004hPaの場合、下記のように下2桁が天気記号の右上に表されます。

04 気圧が1004hPaの場合、下2桁を天気記号の右上に書く

(4) 等圧線

等圧線は、気圧の等しい点を結んだ線をいい、風の向きや強さを推定することができます。

気圧は天気に大きな影響を与えるため、等圧線として天気図に描かれます。通常1000hPaを基準に、4hPa間隔で引かれ、5本 (20hPa) 間隔で太線が引かれます。

等圧線の間隔が狭いほど気圧の傾きが急になるため、等圧線の間隔が狭いほど風が強くなります。また、気圧の高い方 (高気圧) から低い方 (低気圧) へと風が吹きます。

天気図では高気圧の中心には「高」、低気圧の中心には「低」の文字がつけられます。他にも台風の中心には「台」もしくは「台〇号」、熱帯低気圧の中心には「熱帯」とつけられます。

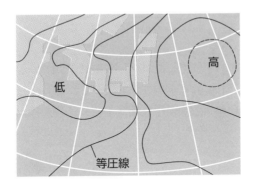

(5) 高気圧

高気圧は、周囲よりも気圧が高い場所 (高圧部) のうち、閉じた等圧線に囲まれた部分のことを指します。

北半球で発生する高気圧は、時計回りに風を吹き出しており、その風は等圧線と約30度の角度で中心から外へ吹き出しています。

高気圧の中心部は一般的に天気がよく、下降気流が発生しています。

(6) 低気圧

　低気圧は、周囲よりも気圧が低い場所（低圧部）のうち、閉じた等圧線に囲まれた部分のことを指します。

　北半球で発生する低気圧は、周囲から中心に向かって反時計回りに風が吹き込んでいます。

　低気圧は一般的に天気が悪く、その中心部では上昇気流が起こり、雲が発生しています。

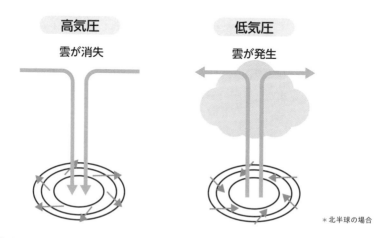

＊北半球の場合

(7) 前線

　異なる温度や湿度の「気団（空気の塊）」が接触した場合、気団はすぐに混ざり合わずに、境界が形成されます。この境界が地表に接する部分を前線といいます。

　「前線」には「寒冷前線」「温暖前線」「閉塞前線」「停滞前線」の4つの種類があります。

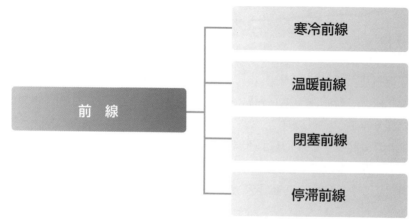

この4つの前線はそれぞれ構造が異なり、下記のような特徴があります。

a.寒冷前線

発達した積乱雲により、突風や雷を伴い短時間で断続的に強い雨が降る。前線が接近してくると南から南東よりの風が通過後は風向きが急変し、西から北西よりの風に変わり、気温が下がる。

b.温暖前線

層状の厚い雲が段々と広がり近づくと気温、湿度は次第に高くなり、時には雷雨を伴うときもあるが、弱い雨が絶え間なく降る。通過後は北東の風が南寄りに変わる。

c.閉塞前線

寒冷前線が温暖前線に追いついた前線で、閉塞が進むと次第に低気圧の勢力が弱くなる。

d.停滞前線

気団同士の勢力が変わらないため、ほぼ同じ位置に留まっている前線で、長雨をもたらす梅雨前線や秋雨前線がこれにあたる。

e.梅雨前線（ばいうぜんせん）

梅雨前線とは、四季の変わり目に出現する長雨（菜種梅雨、梅雨、秋霖など）のうち、とくに顕著な長雨、大雨をもたらす停滞前線のことである。

前線を天気図で表すときは、下図のような記号を使います。

前線の種類

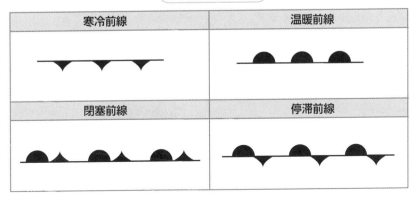

寒冷前線

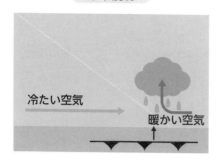

温暖前線

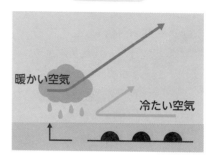

閉塞前線

停滞前線

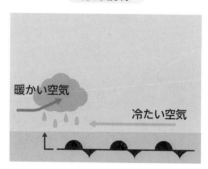

(8) 春と秋の天気

　日本の気象は、冬はシベリア高気圧が、夏は太平洋高気圧が主に支配しています。春と秋は、これら2つの高気圧の勢力が入れ替わる時期となります。この時期には、日本周辺に両気圧の境界が形成され、前線が停滞します。

　これが広範囲にわたって天候不良を引き起こし、1週間程度雨が降り続き、低い雲高や視程障害が発生します。

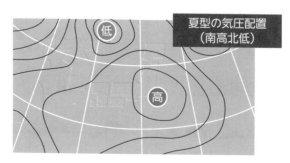

夏型の気圧配置
（南高北低）

(9) 冬の天気

冬の天候は「西高東低」といわれ、天気図上、西部に高気圧、東部に低気圧が配置されます。この配置が日本海側に雪をもたらす原因となります。

シベリア高気圧の勢力が強くなって季節風が吹き始めると、気象衛星の雲の画像には沿海州から日本海に向かって流れる帯状の雲が映し出されます。

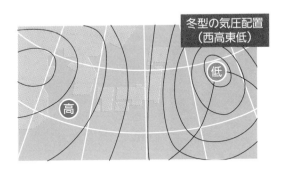

冬型の気圧配置
（西高東低）

知っておくべき気象現象とその影響

様々な気象が、無人航空機の飛行にどのような影響を与えるのか押さえておきましょう。

(1) 雲と降水

雲には10種類の形状があり、「10種雲形」とも呼ばれます。

上層雲には巻雲、巻層雲、巻積雲があり、中層雲には高層雲、乱層雲、高積雲があります。低層雲及び下層から発生する雲には、積雲、積乱雲、層積雲、層雲が分類されます。これらの中で、層雲系の雲は連続的な降水を、積雲系の雲は断続的で集中的な降水をもたらす傾向があります。

各層で発生する雲の種類は「すじぐも」や「うすぐも」など、別の呼び方をすることもあります。

［10種類の雲の形］

上層（5〜13km）の雲	1.巻雲（けんうん）　通称：すじぐも
	2.巻層雲（けんそううん）　通称：うすぐも
	3.巻積雲（けんせきうん）　通称：うろこぐも
上層から下層まで広がる中層 （2〜7km）の雲	4.高層雲（こうそううん）　通称：おぼろぐも
	5.乱層雲（らんそううん）　通称：あまぐも
	6.高積雲（こうせきうん）　通称：ひつじぐも
下層（地面〜2km）の雲	7.積雲（せきうん）　通称：わたぐも
	8.積乱雲（せきらんうん）　通称：かみなりぐも
	9.層積雲（そうせきうん）　通称：うねぐも
	10.層雲（そううん）　通称：きりぐも

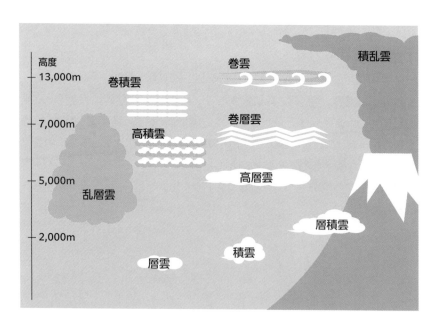

（2）風

a. 風と気圧

　風とは、空気が水平方向に流れる現象を指し、これは風向と風速によって表現されます。空気は高気圧の場所から低気圧の場所へと流れ、この流れそのものが風となります。風は等圧線の間隔が狭いほど強く吹きます。

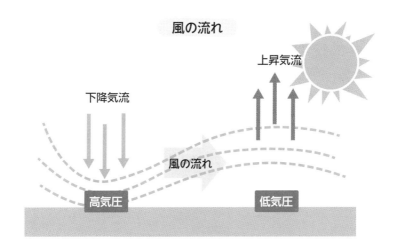

b. 風向

　風向とは、風が吹いてくる方向のことをいいます。例えば北から南に向かって吹く風のことを北の風といいます。風向は360度を16等分して表現されます。

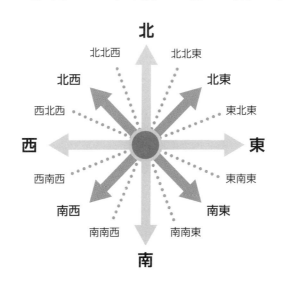

261

c. 風速

　風速とは、空気が動く速さのことをいいます。一般的に、単位はメートル毎秒（m/s）で表されます。

　風は常に一定の強さで吹いているわけではありません。「風速」という表現は観測時の前10分間の平均風速を指します。平均風速の最大値を最大風速、瞬間風速の最大値を最大瞬間風速と呼びます。

　風は地面の摩擦の影響を受けるため、基本的には上空で強く、地表に近づくにつれて弱くなります。この変化の度合いは、地表の粗度（樹木や建物などによる凹凸の程度）や風速の大きさによって変わります。地表の粗度が大きいほど、高度による風速の変化は大きくなります。

　下図は気象庁ホームページに掲載されている、天気予報などで用いる「風の強さと吹き方」の用語の一覧です。平均風速やおおよその瞬間風速の大きさに応じて、使用される予報用語や物への影響などがまとめられています。

風の強さ（予報用語）	平均風速（m/s）	おおよその時速	速さの目安	人への影響	屋外・樹木の様子	走行中の車	建造物	おおよその瞬間風速（m/s）
やや強い風	10以上15未満	~50km	一般道路の自動車	風に向かって歩きにくくなる。傘がさせない。	樹木全体が揺れ始める。電線が揺れ始める。	道路の吹流しの角度が水平になり、高速運転中は横風に流される感覚を受ける。	樋（とい）が揺れ始める。	20
強い風	15以上20未満	~70km		風に向かって歩けなくなり、転倒する人も出る。高所での作業はきわめて危険。	電線が鳴り始める。看板やトタン板が外れ始める。	高速運転中では、横風に流される感覚が大きくなる。	屋根瓦・屋根葺材がはがれるものがある。雨戸やシャッターが揺れる。	
非常に強い風	20以上25未満	~90km	高速道路の自動車	何かにつかまっていないと立っていられない。飛来物によって負傷するおそれがある。	細い木の幹が折れたり、根の張っていない木が倒れ始める。看板が落下・飛散する。道路標識が傾く。	通常の速度で運転するのが困難になる。	屋根瓦・屋根葺材が飛散するものがある。固定されていないプレハブ小屋が移動、転倒する。ビニールハウスのフィルム（被覆材）が広範囲に破れる。	30
	25以上30未満	~110km					固定の不十分な金属屋根の葺材がめくれる。養生の不十分な仮設足場が崩落する。	40
猛烈な風	30以上35未満	~125km	特急電車	屋外での行動は極めて危険。	多くの樹木が倒れる。電柱や街灯で倒れるものがある。ブロック壁で倒壊するものがある。	走行中のトラックが横転する。		50
	35以上40未満	~140km					外装材が広範囲にわたって飛散し、下地材が露出するものがある。	60
	40以上	140km~					住家で倒壊するものがある。鉄骨構造物で変形するものがある。	

（注1）強風によって災害が起こるおそれのあるときは強風注意報、暴風によって重大な災害が発生するおそれのあるときは暴風警報、さらに重大な災害が起こるおそれが著しく大きいときは暴風特別警報を発表して警戒や注意を呼びかけます。なお、警報や注意報の基準は地域によって異なります。
（注2）平均風速は10分間の平均、瞬間風速は3秒間の平均です。風の吹き方は絶えず強弱の変動があり、瞬間風速は平均風速の1.5倍程度になることが多いですが、大気の状態が不安定な場合等は3倍以上になることがあります。
（注3）この表を使用される際は、以下の点にご注意下さい。
　1. 風速は地形や周りの建物などに影響されますので、その場所での風速は近くにある観測所の値と大きく異なることがあります。
　2. 風速が同じであっても、対象となる建物、構造物の状態や風の吹き方によって被害が異なる場合があります。この表では、ある風速が観測された際に、通常発生する現象や被害を記述していますので、これより大きな被害が発生したり、逆に小さな被害にとどまる場合もあります。
　3. 人や物への影響は日本風工学会の「瞬間風速と人や街の様子との関係」を参考に作成しています。今後、表現など実状と合わなくなった場合には内容を変更することがあります。

出典：気象庁ホームページ

d. 突風

　低気圧が近づくと、寒冷前線周辺の上昇気流によって発達した積乱雲から、激しい雨や雷とともに突風が発生することがあります。日本周辺の場合、一般的に天候は西から東へと変化するため、西から寒冷前線を伴う低気圧が接近する際には、突風が起きる時間帯を予測することが可能となります。

e.海陸風

気温の差異が生じると、それに伴って気圧差が発生して風が吹きます。

海陸風は、海と陸との間の気温差によって発生する局地的な風で、日本では夏の日差しが強い沿岸部で多く見られます。

地表近くでは、日中は暖まりやすい陸地への風が吹き、夜間は冷めにくい海上への風が吹きます。風が切り替わる際にはほぼ無風状態となり、これを「朝凪」「夕凪」と呼びます。

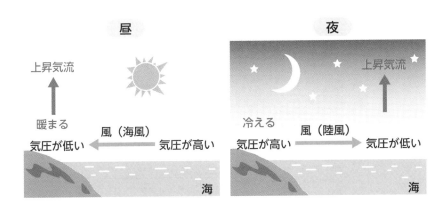

f.山谷風

山岳地帯においては、空気の温度によって吹く風の特徴に違いがあります。「谷風」とは、日中の日射によって暖められた空気が谷間を上昇する風のことをいいます。「山風」とは、夜間に冷却された空気が山から下降する風のことをいいます。

g. 風力

風力は0〜12の13階級で表現されます。この階級は、気象庁風力階級表、あるいはビューフォート風力階級表に基づいているものです。

ビューフォート風力階級表

風力階級	説明		相当風速
	地表物の状態（陸上）		m/s
0	静穏。煙はまっすぐに昇る。		0.0-0.2
1	風向きは煙がなびくのでわかるが、風見には感じない。		0.3-1.5
2	顔に風を感じる。木の葉が動く。風見も動きだす。		1.6-3.3
3	木の葉や細かい小枝がたえず動く。軽く旗が開く。		3.4-5.4
4	砂埃がたち、紙片が舞い上がる。小枝が動く。		5.5-7.9
5	葉のある灌木がゆれはじめる。池や沼の水面に波頭がたつ。		8.0-10.7
6	大枝が動く。電線が鳴る。傘はさしにくい。		10.8-13.8
7	樹木全体がゆれる。風に向かっては歩きにくい。		13.9-17.1
8	小枝が折れる。風に向かっては歩けない。		17.2-20.7
9	人家にわずかの損害がおこる。		20.8-24.4
10	陸地の内部ではめずらしい。樹木が根こそぎになる。人家に大損害がおこる。		24.5-28.4
11	めったに起こらない広い範囲の破壊を伴う。		28.5-32.6
12			>32.7

出典：気象庁ホームページ

h. ビル風

高層ビルなどの大きな建物が密集している地域やその周辺では特有の風が発生し、その強さや建物周囲での風の特性により分類されます。

その分類には、剥離流、吹き降ろし、逆流、谷間風、街路風などがあります。

ビル風は、一般的に周囲の風に比べて風速が速く持続的に吹いており、その建物群の配置や構成によって吹く風の種類が変わるという特徴があります。

i. ダウンバースト

積乱雲や積雲内で発生する強力な下降気流が地表に当たり、水平方向にドーナツ状の渦を描きながら四方に広がっていく現象のことを「ダウンバースト」

といいます。ダウンバーストが広がる範囲は、数百mから10kmにも及ぶといわれています。

　また、ダウンバーストの中にはマイクロバーストと呼ばれるものがあります。これは直径が4km以下の下降気流を指し、範囲は小さいものの、下降気流はダウンバーストと比較して強烈なものもあります。発生時間は数分から10分程度が一般的で、通常の観測網では探知されない局地的な現象となります。

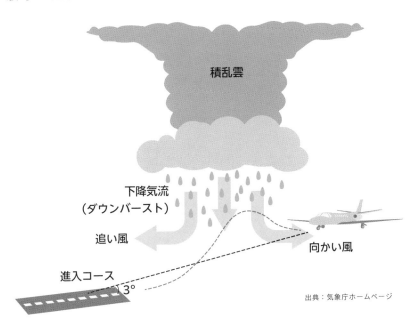

出典：気象庁ホームページ

（3）気象に関する注意事項

　無人航空機の運用可能な動作環境は、取扱説明書や仕様書などで具体的に明示されています。しかし、その使用範囲内であったとしても、特に低温や高温の状況ではその性能に大きな悪影響を及ぼす可能性があります。特に低気温時にはバッテリーの持続時間や飛行可能時間が通常より短くなる可能性があるため注意が必要です。

　また、地表面が暖められると上昇気流が発生するため、太陽光パネルが広範囲に設置されている場所やアスファルト、コンクリートで覆われた市街地などでは操縦に注意が求められます。

　さらに、広い運動場のような場所では強い日射によって上昇気流が発生し、つむじ風が生じる可能性もあります。

気象状況の確認と飛行実施の判断

　安全性を確保するために気象条件を考慮した判断を行う際には、降雨、降雪、霧の発生、雷鳴が聞こえるなどの状況では、飛行を延期または中止することが推奨されます。

　操縦技術や機体性能を過信せず、安全を最優先にした飛行の判断を行ってください。

4-4 機体別の計画とリスク

重要度
★★☆

飛行機

　飛行機における機体の特徴、リスク軽減策の検討、運航の計画の立案の例について見ていきましょう。

(1) 飛行機の運航の特徴

　滑走によって離着陸を行う飛行機は、回転翼航空機と比べて広範な離着陸エリアを必要とするうえ、飛行中の最小旋回半径が大きいという特徴があります。

　飛行機の運航では、離陸や着陸は向かい風を受ける方向から行われます。横風の状況でも可能な限り向かい風を受ける方向から行いますが、操縦の難易度が高くなります。追い風の離着陸は失速の危険性があるため行わないでください。回転翼航空機とは異なり、ホバリング（空中停止）はできません。上空待機を行う場合は、円を描くように旋回します。着陸は失速しない程度に速度を下げて行うため、高度なエレベータ操作が必要となります。

(2) 使用機体と飛行計画を元にしたリスク軽減策の検討要素の例 ★★一等

　飛行機の飛行計画においては、気象状況、飛行経路、そして緊急着陸地点の確保が重要です。

　離着陸時には向かい風を利用するため、風向の予測と、それに適した滑走路を確保することが肝心です。さらに、地上の風速だけではなく、アプリケーション等を活用して上空の風速を把握することも重要となります。

　地上経路の設定では、過度な上昇角度を避け、また旋回半径が過度に小さくならないようにすることが求められます。緊急着陸では、滑空するために広大なエリアが必要となります。

　これらの要素はリスクを低減する具体策の一部であり、飛行計画が適切に設定されているか、また運航者がチームで確認作業を行っているかどうかも、安全な飛行のためには不可欠です。

（3）リスク軽減策を踏まえた運航の計画の立案の例

飛行機において、リスク軽減策を踏まえた運航計画立案の際に留意すべき要素の例としては、次のような項目が挙げられます。

（1）離陸及び着陸

- 離着陸地点は操縦者及び補助者と20m以上離れることを推奨する。取扱説明書等に、推奨距離が記載されている場合は、その指示に従う。
- 離着陸地点は滑走範囲も考慮して周囲の物件から30m以上離すことができる場所を選定する。距離が確保できない場合は、補助者を配置するなどの安全対策を講じる。
- 離陸後は失速しない適度な速度と角度を保って上昇する。
  着陸は失速しない程度の低速度で滑走路に確実に進入させ、安全に接地させる。

（2）飛行

- 上昇させる場合は、取扱説明書等で指定された上昇角度以内で飛行させる。
- 旋回させる場合は、取扱説明書等で指定された旋回半径以内で飛行させる。
- 降下させる場合は、取扱説明書等で指定された速度以内で飛行させる。
- 飛行中断に備え、飛行経路上又はその近傍に緊急着陸地点を事前に選定する。第三者の立入りを制限できる場所の選定又は補助者の配置を検討する。

30m以上　　20m以上

回転翼航空機（ヘリコプター）

回転翼航空機（ヘリコプター）における、機体の特徴、リスク軽減策の検討、運航の計画の立案の例について見ていきましょう。

(1) 回転翼航空機（ヘリコプター）の運航の特徴

回転翼航空機（ヘリコプター）は構造上プロペラガードが装着されないものが一般的です。そのため、安全を確保するためにはプロペラガード付きの回転翼航空機（マルチローター）よりも広範囲の離着陸エリアが必要となります。

離着陸時には、機体と操縦者または補助者との適切な距離を、取扱説明書などを参照しながら確保することが重要です。また、機体の高度がメインローターの半径以下になると、地面効果の影響が顕著に現れ、推力の変化やホバリング時の安定性、挙動に注意が必要となります。

飛行の際には、前進しながら上昇させることで必要なパワーを削減できるため、可能な限り垂直上昇は避けることを推奨します。山間部や斜面を飛行する場合は、吹き下ろしの風が強いと上昇できない可能性があるため、注意が必要です。

また、垂直降下時や降下を伴う低速前進時には、ボルテックス・リング・ステートが生じて急激に高度が低下し回復できない状況に陥るおそれがあります。これを防ぐためには、前進しながら降下することが有効です。

オートローテーション機構を備えた機体は、エンジンが停止した状態でも軟着陸（ソフトランディング）が可能です。ただし、オートローテーションに移行するためには、特定の操作と飛行高度範囲、速度範囲が必要となります。

(2) 使用機体と飛行計画を元にしたリスク軽減策の検討要素の例

回転翼航空機（ヘリコプター）において、使用機体と飛行計画を元にしたリスク軽減策の検討要素の例としては、次のような項目が挙げられます。

> **教則** (1) 離陸及び着陸
> - 離着陸地点において、機体と操縦者、補助者及び周囲の物件との必要な安全距離を確保する。
> - 地面効果範囲内の飛行時間を短くする。
>
> (2) 飛行
> - 余裕を持った上昇率を設定する。
> - ボルテックス・リング・ステートを予防できる降下方法を選定する。
> - 緊急着陸地点の安全確保方法を飛行前に検討する。
> - オートローテーション機能を理解し、飛行訓練を実施する。（オートローテーション機能付きの場合）。

(3) リスク軽減策を踏まえた運航の計画の立案の例

回転翼航空機（ヘリコプター）において、リスク軽減策を踏まえた運航計画立案の際に留意するべき要素の例としては、次のような項目が挙げられます。

(1) 離陸及び着陸

- 離着陸地点は操縦者及び補助者と20m以上離れることを推奨する。取扱説明書等に、推奨距離が記載されている場合は、その指示に従う。
- 離着陸地点は周囲の物件から30m以上離すことができる場所を選定する。距離が確保できない場合は、補助者を配置するなどの安全対策を講じる。
- 離陸後は速やかに地面効果外まで上昇する。機体状況の確認は地面効果外とする。

(2) 飛行

- 上昇させる場合は、取扱説明書等で指定された上昇率以内で飛行させる。
- 前進させながら上昇させる飛行経路を検討する。
- 降下させる場合、ボルテックス・リング・ステートに入ることを予防するため、取扱説明書等で指定された降下率範囲及び降下方法で飛行させること。
- 飛行中断に備え、飛行経路上又はその近傍に緊急着陸地点を事前に選定する。プロペラガード等の安全装備がない機体の場合、第三者の立入りを制限できる場所の選定又は補助者の配置を検討する。
- オートローテーション機能を装備した機体を運航する場合、機能が発揮できる条件を運航の計画に考慮する。

回転翼航空機（マルチローター）

　回転翼航空機（マルチローター）における、機体の特徴、リスク軽減策の検討、運航の計画の立案の例について見ていきましょう。

(1) 回転翼航空機（マルチローター）の運航の特徴

　回転翼航空機（マルチローター）は、複数のローターを機体周囲に備えています。このローターの回転により揚力を生成し、それによって垂直上昇が可能と

なります。また、フライトコントロールシステムの制御により、安定した飛行が可能となるのがこの機体の特徴です。

(2) 使用機体と飛行計画を元にしたリスク軽減策の検討要素の例

　回転翼航空機（マルチローター）において、使用機体と飛行計画を元にしたリスク軽減策の検討要素の例としては、次のような項目が挙げられます。

(1) 離陸及び着陸
- 離着陸地点において、機体と操縦者、補助者及び周囲の物件との必要な安全距離を確保する。
- 地面効果範囲内の飛行時間を短くする。

(2) 飛行
- 飛行経路において人や物件との必要な安全距離を確保する。
- 緊急着陸地点の安全確保方法を飛行前に検討する。
- 自動帰還時の高度を障害物等が回避できる安全な高さに設定する。

(3) リスク軽減策を踏まえた運航の計画の立案の例 ★★一等

　回転翼航空機（マルチローター）において、リスク軽減策を踏まえた運航計画立案の際に留意するべき要素の例としては、次のような項目が挙げられます。

(1) 離陸及び着陸

- 離陸地点は操縦者及び補助者との距離を3m以上保つか、機体の取扱説明書に推奨距離が記載されている場合はその指示に従う。
- 離陸地点は周囲の物件から30m以上離すことができる場所を選定する。距離が確保できない場合は、補助者を配置するなどの安全対策を講じる。

(2) 飛行

- 飛行経路での最高飛行高度の設定を行う。
- 飛行中断に備え、飛行経路上又はその近傍に緊急着陸地点を事前に選定する。プロペラガード等の安全装備がない機体の場合、第三者の立入りを制限できる場所の選定又は補助者の配置を検討する。操縦者も必要に応じて保護具を使用する。

4章
運航計画・リスク管理

30m以上　　　3m以上

大型機 (最大離陸重量25kg以上)

回転翼航空機 (最大離陸重量25kg以上) における、機体の特徴、リスク軽減策の検討、運航の計画の立案の例について見ていきましょう。

(1) 大型機 (最大離陸重量25kg以上) の運航の特徴

大型機 (最大離陸重量25kg以上) は、事故が発生したときの影響が甚大であることから、操縦者の運航に対する熟練度や安全運航に対する意識の高さが求められます。

大型機は機体の慣性力が大きいため、増速や減速、上昇や降下に要する時間と距離が長くなり、障害物の回避が通常より困難になります。また、緊急着陸地点の選定においては、小型機より広い範囲が必要となります。さらに、一般的に小型機体よりも騒音が大きくなる傾向があるため、飛行経路周辺の環境への配

慮が必要とされます。

（2）飛行計画を元にしたリスク軽減策の検討要素の例　★★一等

　大型機を用いた運航において、使用する機体と飛行計画を元にしたリスク軽減策を検討する場合には、次のようなものがあります。

- 飛行速度に応じた障害物回避に必要な時間や距離を事前に把握する。
- 安全な緊急着陸地点を選定する。
- 離着陸地点及び飛行経路周辺の騒音問題対応を検討する。

　先述の通り、大型機は機体の慣性力が大きいことから、増速・減速・上昇・降下などに要する時間と距離が長くなるため、障害物回避に必要な時間や距離を事前に把握しておかないと、回避できず接触するおそれがあります。

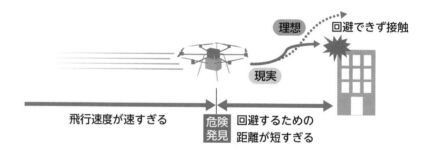

（3）リスク軽減策を踏まえた運航の計画の立案の例　★★一等

　大型機を用いた運航において、リスク軽減策を踏まえた運航計画立案の際に留意するべき要素の例としては、次のような項目が挙げられます。

- 障害物回避など機体の進行方向を変える場合は、時間的、距離的な余裕を十分に考慮した飛行経路及び飛行速度を設定する。
- 緊急着陸地点は、第三者の進入が少ない河川敷や農地などの場所を選定する。
- 離着陸地点を含む飛行経路近隣エリアへの事前説明、調整を計画する。

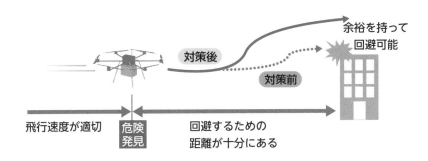

4章

運航計画・リスク管理

飛行方法別の計画とリスク

　飛行の方法に応じた運航の特徴、リスク軽減策の検討、運航の計画の立案の例についても見ていきましょう。

夜間飛行

(1) 夜間飛行の運航

　夜間飛行は、昼間（日中）の飛行と比較すると、機体の姿勢や方向の視認、周囲の安全を確認することが難しくなる傾向にあります。そのため、夜間飛行を行う際には、原則として目視外飛行は実施しないようにし、機体の向きを視覚的に確認できる灯火を備えた機体を使用します。操縦者は、事前に第三者が立ち入らない安全な場所で訓練を行う必要があります。また、離着陸地点を含め、障害物の存在が予想される場所には安全を確保するために適切な照明が必要となります。

(2) 夜間飛行のリスク軽減を図るための対策と提案　　★★ 一等

　夜間飛行において、リスク軽減を図るための検討要素の例としては、次のような項目が挙げられます。

教則

- 操縦者は、夜間飛行の訓練を修了したものに限定する。
- 夜間における機体灯火の視認可能範囲など、飛行範囲を明確にする。
- 操縦者と補助者の連絡方法の有効性を確認する。
- 飛行経路下を飛行管理区域に設定する。
- 第三者が出現する可能性が高い地点の特定と対応方法を検討する。
- 離着陸を予定している場所、回避すべき障害物、緊急着陸予定地点を視認可能とする。

機体の灯火が視認できる
範囲内でのみ飛行

(3) 夜間飛行におけるリスク軽減策を踏まえた運航の計画の立案の例 ★★一等

　夜間飛行において、リスク軽減策を踏まえた、運航計画の立案の際に留意するべき要素の例としては、次のような項目が挙げられます。

- 夜間飛行においては、目視外飛行は実施せず、機体の向きを視認できる灯火等が装備できる機体を使用し、機体の灯火が容易に認識できる範囲の飛行に限定する。
- 飛行高度と同じ半径内に第三者が存在しない状況でのみ飛行を実施する。
- 離着陸を予定している場所、回避すべき障害物、緊急着陸予定地点を照明の設置等により明確にするとともに、機体が視認できるようにする。
- 飛行経路全体を見渡せる位置に、無人航空機の飛行状況及び周囲の気象状況の変化等を常に監視できる補助者を配置し、補助者は操縦者が安全に飛行させることができるよう必要な助言を行う。
- 第三者が出現する可能性が高い地点には、補助者を配置する。
- 操縦と補助者は常時連絡が取れる機器を使用する。
- 補助者についても、機体特性を十分理解させておく。

4章 運航計画・リスク管理

目視外飛行

（1）目視外飛行の運航

1）補助者を配置する場合

　目視外飛行の場合、機体の状態や周囲の障害物などの状況を、直接肉眼で確認することはできません。そのため、飛行経路全体を把握し、安全を確認できる双眼鏡などを持つ補助者の配置が推奨されます。

　また、目視外飛行には、以下に示す機能を備えた無人航空機の使用が必要となります。補助者を配置して目視外飛行を行う際は、使用する無人航空機にこれらの機能が装備されていることを確認してください。

- 自動操縦システムを装備し、機体に設置したカメラ等により機体の外の様子が監視できる。
- 地上において、無人航空機の位置及び異常の有無を把握できる（不具合発生時に不時着した場合を含む）。
- 不具合発生時にフェールセーフ機能が正常に作動する。当該機能の例は、以下のとおり。
  - ①電波断絶の場合に、離陸地点まで自動的に戻る機能又は電波が復帰するまでの間、空中で位置を継続的に維持する機能
  - ②GNSSの電波に異常が見られる場合に、その機能が復帰するまでの間、空中で位置を継続的に維持する機能、安全な自動着陸を可能とする機能又はGNSS等以外により位置情報を取得できる機能
  - ③電池の電圧、容量又は温度等に異常が発生した場合に、発煙及び発火を防止する機能並びに離陸地点まで自動的に戻る機能又は安全な自動着陸を可能とする機能

２）補助者を配置しない場合

　補助者を配置せずに目視外飛行を行う際には、以下に示す機能を追加で備えた無人航空機の使用が必要となります。補助者を配置して目視外飛行を行う場合の機能の装備に加え、これらの要件を満たしていることを確認してください。

- 航空機からの視認をできる限り容易にするため、灯火を装備する。または飛行時に機体を認識しやすい塗色を行う。
- 地上において、機体や地上に設置されたカメラ等により飛行経路全体の航空機の状況が常に確認できる。
- 第三者に危害を加えないことを、製造事業者等が証明した機能を有する。ただし立入管理区画（第三者の立入りを制限する区画）を設定し、第三者が立ち入らないための対策を行う場合、又は機体や地上に設置されたカメラ等により進行方向直下及びその周辺への第三者の立入りの有無を常に監視できる場合は除く。
- 地上において、機体の針路、姿勢、高度、速度及び周辺の気象状況等を把握できる。
- 地上において、計画上の飛行経路と飛行中の機体の位置の差を把握できる。
- 想定される運用に基づき、十分な飛行実績を有する機体を使用すること。この実績は、機体の初期故障期間を超えていること。

4章

運航計画・リスク管理

(2) 目視外飛行のリスク軽減を図るための対策と提案

目視外飛行におけるリスク軽減を図るため、検討すべき要素の例としては、次のような項目があります。

(1) 補助者を配置する場合

- 操縦者は、目視外飛行の訓練を修了したものに限定する。
- 事前確認などにより、適切な飛行経路を選定する。
- 適切な補助者の配置を検討する。
- 飛行前に、飛行経路下に第三者が存在しないことを確認する。
- 操縦者と補助者の連絡方法の有効性を確認する。

(2) 補助者を配置しない場合

補助者を配置しない場合は、例えば、次のような内容を追加する。

- 操縦者は、補助者なし目視外飛行の教育訓練を修了したものに限定する。
- 飛行経路は第三者の存在する可能性の低い場所を選定する。
- 有人機の運航を妨げない飛行範囲を設定する。
- 緊急時の対応と、緊急着陸地点をあらかじめ設定する。
- 立入管理区画を設定した場合、第三者が立ち入らないための方策及び周知方法を設定する。

（3）目視外飛行におけるリスク軽減策を踏まえた運航の計画の立案の例

　目視外飛行において、リスク軽減策を踏まえた、運航計画の立案の際に留意するべき要素の例としては、次のような項目が挙げられます。

(1) 補助者を配置する場合

- 飛行経路及び周辺の障害物件等を事前に確認し、適切な経路を特定し選定すること。
- 飛行経路全体が見渡せる位置に飛行状況及び周囲の気象状況の変化等を常に監視できる双眼鏡等を有する補助者を配置し、操縦者へ必要な助言を行うこと。
- 操縦者と補助者が常時連絡を取れること。
- 補助者が安全に着陸できる場所を確認し、操縦者へ適切な助言を行うことができること。
- 補助者にも機体の特性を理解させておくこと。

(2) 補助者を配置しない場合

　補助者を配置しない場合は、例えば、次のような内容を追加する。

- 飛行経路には、第三者が存在する可能性が低い場所を設定する。第三者が存在する可能性が低い場所は、山、海水域、河川・湖沼、森林、農用地、ゴルフ場又はこれらに類するものとする。
- 空港等における進入表面等の上空の空域、航空機の離陸及び着陸の安全を確保するために必要なものとして国土交通大臣が告示で定める空域又は地表若しくは水面から150m以上の高さの空域の飛行は行わない。（一時的に地表から150mを超える飛行を行う場合は、山間部の谷間など、航空機との衝突のおそれができる限り低い空域を選定する。）
- 全ての飛行経路において飛行中に不測の事態（機体の異常、飛行経路周辺への第三者の立入り、航空機の接近、運用限界を超える気象等）が発生した場合に、付近の適切な場所に安全に着陸させる等の緊急時の対策手順を定めるとともに、第三者及び物件に危害を与えずに着陸ができる場所をあらかじめ選定すること。

- 飛行前に、飛行させようとする経路及びその周辺について、不測の事態が発生した際に適切に安全上の措置を講じることができる状態であることを現場確認する。
- 飛行範囲の外周から落下距離の範囲内を立入管理区画とし、飛行経路には第三者が存在する可能性が低い場所の設定基準を準用する。
- 立入管理区画を設定した場合は、当該立入管理区画に立看板等を設置するとともに、インターネットやポスター等により、問い合わせ先を明示した上で上空を無人航空機が飛行することを第三者に対して周知する。
- 立入管理区画に道路、鉄道、家屋等、第三者が存在する可能性を排除できない場所が含まれる場合には、追加の第三者の立入りを制限する方法を講じる。

机上試験

　ここでは、実地試験のうち、机上試験について解説します。試験員より提示された模擬飛行計画の作成において、留意事項を理解しているか問う試験です。全機種で共通していますが、一等・二等で分かれているので、受験する資格の区分に合わせて準備しましょう。

　机上試験は、試験員より一定の条件での模擬飛行計画が提示され、飛行計画の作成において留意が必要な事項について理解しているかどうかが問われます。

　この試験は、回転翼航空機（マルチローター・ヘリコプター）、飛行機で内容は共通していますが、一等・二等の区分で異なります。本節では一等について解説し、二等の試験については5-2で解説します。

　「一等無人航空機操縦士実地試験実施細則」には、下記のように、その実施要領と減点適用基準が提示されています。

［基本飛行］

（目的）立入管理措置を講ずることなく行う昼間かつ目視内の飛行に必要な知識を有するかどうかを判定する。

番号	科目	実施要領	減点適用基準
2-1	飛行計画の作成	試験員より昼間の目視内、立入管理措置を講じない条件での模擬飛行計画を提示し、飛行計画の作成において留意が必要な事項について、受験者が理解しているかどうかを判定可能な質問を行い、答えさせる。出題数は、5問とする。 留意事項（例） （1）航空法等の法令遵守 （2）安全確保措置 （3）機体の仕様、限界事項 （4）自動飛行機能の設定（自動飛行する経路、危機回避機能の設定等）	1.誤りがあった場合に、1問につき5点を減点する。 2.回答時間10分以内に全問を回答できること。未回答の設問については、1問あたり5点を減点する。

[昼間飛行の限定変更]

（目的）立入管理措置を講ずることなく行う夜間飛行に必要な知識を有するかどうかを判定する。

番号	科目	実施要領	減点適用基準
2-1	飛行計画の作成	試験員より立入管理措置を講ずることなく行う条件での模擬飛行計画を提示し、飛行計画の作成において留意が必要な事項について、受験者が理解しているかどうかを判定可能な質問を行い、答えさせる。出題数は、5問とする。 留意事項（例） （1）航空法等の法令遵守 （2）安全確保措置 （3）機体の仕様、限界事項 （4）自動飛行機能の設定（自動飛行する経路、危機回避機能の設定等）	1.誤りがあった場合に、1問につき5点を減点する。 2.回答時間10分以内に全問を回答できること。未回答の設問については、1問あたり5点を減点する。

[目視内飛行の限定変更]

（目的）立入管理措置を講ずることなく行う目視外飛行に必要な知識を有するかどうかを判定する。

番号	科目	実施要領	減点適用基準
2-1	飛行計画の作成	試験員より立入管理措置を講ずることなく行う条件での模擬飛行計画を提示し、飛行計画の作成において留意が必要な事項について、受験者が理解しているかどうかを判定可能な質問を行い、答えさせる。出題数は、5問とする。 留意事項（例） （1）航空法等の法令遵守 （2）安全確保措置 （3）機体の仕様、限界事項 （4）自動飛行機能の設定（自動飛行する経路、危機回避機能の設定等）	1.誤りがあった場合に、1問につき5点を減点する。 2.回答時間10分以内に全問を回答できること。未回答の設問については、1問あたり5点を減点する。

5章
機上試験

［最大離陸重量25kg未満の限定変更］

（目的）立入管理措置を講ずることなく行う最大離陸重量25kg以上の機体の飛行に必要な知識を有するかどうかを判定する。

番号	科目	実施要領	減点適用基準
2-1	飛行計画の作成	試験員より立入管理措置を講ずることなく行う条件での模擬飛行計画を提示し、飛行計画の作成において留意が必要な事項について、受験者が理解しているかどうかを判定可能な質問を行い、答えさせる。出題数は、5問とする。 留意事項（例） （1）航空法等の法令遵守 （2）安全確保措置 （3）機体の仕様、限界事項 （4）自動飛行機能の設定（自動飛行する経路、危機回避機能の設定等）	1.誤りがあった場合に、1問につき5点を減点する。 2.回答時間10分以内に全問を回答できること。未回答の設問については、1問あたり5点を減点する。

　実施要領の出題数や減点適用基準、回答時間は、基本飛行、昼間飛行の限定変更、目視内飛行の限定変更、最大離陸重量25kg未満の限定変更ともに同じです。詳細な試験概要については、巻頭の試験概要のページをご参照ください。

　一等の机上試験において、試験員より提示される一定の条件は「**立入管理措置を講じない**」というものです。その条件のもと、留意が必要な事項の例を考察し、回答時間10分以内で5問を解かなければならないので、1問あたりに利用できる時間は約2分と限られています。じっくり考えたいところですが、効率よく解いていくことが重要です。

　また、誤りがあった場合、1問につき5点の減点です。4問誤った場合、机上試験のみで減点20点で実地試験の合格基準の最低点80点となり、口述試験と実技試験を減点なしで実施しなければ合格はできません。この机上試験で、全問正答できることが実地試験の合格への一歩となります。

　学科試験に向けて学習した内容を十分復習し、様々な飛行計画に対応できるように準備しましょう。

5-2
二等

重要度
★★☆

　二等の試験も、試験員より一定の条件での模擬飛行計画が提示され、飛行計画の作成において留意が必要な事項について理解しているか問われるという流れになります。

　「二等無人航空機操縦士実地試験実施細則」には、下記のように、その実施要領と減点適用基準が提示されています。

[基本飛行]

（目的）立入管理措置が講じられた昼間かつ目視内の飛行に必要な知識を有するかどうかを判定する。

番号	科目	実施要領	減点適用基準
2-1	飛行計画の作成	試験員より昼間の目視内、立入管理措置が講じられた条件での模擬飛行計画を提示し、飛行計画の作成において留意が必要な事項について、受験者が理解しているかどうかを判定可能な質問を行い、答えさせる。出題数は、4問とする。 留意事項（例） （1）航空法等の法令遵守 （2）安全確保措置 （3）機体の仕様、限界事項 （4）自動飛行機能の設定（自動飛行する経路、危機回避機能の設定等）	1.誤りがあった場合に、1問につき5点を減点する。 2.回答時間5分以内に全問を回答できること。未回答の設問については、1問あたり5点を減点する。

[昼間飛行の限定変更]

（目的）立入管理措置が講じられた夜間飛行に必要な知識を有するかどうかを判定する。

番号	科目	実施要領	減点適用基準
2-1	飛行計画の作成	試験員より立入管理措置が講じられた条件での模擬飛行計画を提示し、飛行計画の作成において留意が必要な事項について、受験者が理解しているかどうかを判定可能な質問を行い、答えさせる。出題数は、4問とする。 留意事項（例） (1)航空法等の法令遵守 (2)安全確保措置 (3)機体の仕様、限界事項 (4)自動飛行機能の設定（自動飛行する経路、危機回避機能の設定等）	1.誤りがあった場合に、1問につき5点を減点する。 2.回答時間5分以内に全問を回答できること。未回答の設問については、1問あたり5点を減点する。

[目視内飛行の限定変更]

（目的）立入管理措置が講じられた目視外飛行に必要な知識を有するかどうかを判定する。

番号	科目	実施要領	減点適用基準
2-1	飛行計画の作成	試験員より立入管理措置が講じられた条件での模擬飛行計画を提示し、飛行計画の作成において留意が必要な事項について、受験者が理解しているかどうかを判定可能な質問を行い、答えさせる。出題数は、4問とする。 留意事項（例） (1)航空法等の法令遵守 (2)安全確保措置 (3)機体の仕様、限界事項 (4)自動飛行機能の設定（自動飛行する経路、危機回避機能の設定等）	1.誤りがあった場合に、1問につき5点を減点する。 2.回答時間5分以内に全問を回答できること。未回答の設問については、1問あたり5点を減点する。

[最大離陸重量25kg未満の限定変更]

（目的）立入管理措置が講じられた最大離陸重量25kg以上の機体の飛行に必要な知識を有するかどうかを判定する。

番号	科目	実施要領	減点適用基準
2-1	飛行計画の作成	試験員より立入管理措置が講じられた条件での模擬飛行計画を提示し、飛行計画の作成において留意が必要な事項について、受験者が理解しているかどうかを判定可能な質問を行い、答えさせる。出題数は、4問とする。 留意事項（例） (1)航空法等の法令遵守 (2)安全確保措置 (3)機体の仕様、限界事項 (4)自動飛行機能の設定（自動飛行する経路、危機回避機能の設定等）	1.誤りがあった場合に、1問につき5点を減点する。 2.回答時間5分以内に全問を回答できること。未回答の設問については、1問あたり5点を減点する。

（5章 机上試験）

実施要領の出題数や減点適用基準、回答時間は、基本飛行、昼間飛行の限定変更、目視内飛行の限定変更、最大離陸重量25kg未満の限定変更ともに同じです。詳細な試験概要については、巻頭の試験概要のページをご参照ください。

二等の机上試験において、試験員より提示される一定の条件は「**立入管理措置が講じられた**」というものです。その条件のもと、留意が必要な事項の例を考察し、回答時間5分以内で4問を解かなければならないので、1問あたりに利用できる時間は約1分程度と限られています。じっくり考えたいところですが、効率よく解いていくことが重要です。

また、誤りがあった場合、1問につき5点の減点です。全問誤った場合、既に減点20点となり、合格基準の70点以上をクリアするには、その後の口述試験と実技試験の減点を10点以内に抑えなければなりません。この机上試験で全問正答することで、その後の実地試験に余裕を持って挑めることが合格への一歩となります。

学科試験に向けて学習した内容を十分復習し、様々な飛行計画に対応できるように準備しましょう。

5-3 机上試験の試験イメージ

重要度
★★☆

以下は、机上試験で試験員から配布される問題用紙、解答用紙のイメージです。

[問題用紙のイメージ]

① 試験の種類

② 説明文

③ 図

④ 無人航空機の諸元

⑤ 気象予報
飛行計画

⑥ 問題文

[解答用紙のイメージ]

問題用紙・解答用紙共通

① 一等・二等の資格の区分、機体の種類、試験の科目が記載されています。

問題用紙

② 立入管理措置の有無や飛行経路、特定飛行の有無、国の許可承認の有無など、模擬飛行計画の内容に関する説明が記載されています。

③ 飛行経路や補助者の配置など、模擬飛行計画の飛行経路が記載されています。

④ 機体の種類や最大離陸重量、飛行可能風速など、模擬飛行計画で使用される

無人航空機の運用限界が記載されています。

⑤風や降水量、日没時間など、飛行当日の気象予報が記載されています。

⑥模擬飛行計画の内容に基づき、飛行計画の作成において留意が必要な事項についての問題文が記載されています。一等は5問、二等は4問出題されます。四肢択一式で出題されます。

解答用紙

⑦試験年月日、試験会場、受験者名、技能証明申請者番号を記入します。

⑧解答時間・配点並びに出題数が記載されています。

⑨机上試験の受験に係る禁止行為などの注意事項が記載されています。違反した場合には不合格や結果の無効の措置が取られることがあります。

⑩問題用紙の⑥について解答を記入します。

⑪計算や解答のメモなど、自由に記入することができます。

⑫試験員が記入する欄です。受験者は記入しません。

　机上試験の対策として、様々な地域で飛行する飛行計画を仮定で作成し、留意事項の例を様々なパターンで考察してみるのもよいでしょう。

　無人航空機を飛行させる場合、まずは飛行させる場所がどういう場所なのか知る必要があります（人口集中地区や空港等周辺の地域なのか、地方自治体で定める条例等で飛行が規制されている場所でないか、小型無人機等飛行禁止法に該当する空域でないか等）。

　次に飛行の方法についても考慮します（常に目視で飛行させるのか、モニターの映像を見ながら飛行させるのか、夜間に飛行させるのか等）。そして使用する機体、所有する技能証明の限定解除の種類によっては飛行させることができず、飛行経路や飛行時間を変更する必要がでてくる場合もあります。このような法律上の手続きをクリアした上で、安全に飛行させることができるのか考えていきます。

　周りに障害物や危険物になるものはないか、飛行当日の天候でも安全に飛行させることはできるか、異常が発生する可能性を減らすための方法は何か、もし異常が発生した場合はどのように被害の低減をはかるか等、考慮しなければならないことは山のようにあります。飛行計画を立てる上で様々なリスクを洗い出し、使用する機体を熟知して、より安全な飛行計画を目指しましょう。

口述試験

ここからは、実地試験のうちの口述試験について解説します。口述試験では、飛行空域等の確認、飛行前後の点検を適切に実行できるかを判定します。実施要領・減点適用基準は、資格の区分、機体の種類にかかわらず、ほぼ共通です。

6-1 一等・二等共通

重要度
★★☆

実地試験のうち、飛行空域等の確認や飛行前後の点検を適切に行うことができるかどうかを判定する試験が、口述試験です。この試験の減点適用基準は、資格の区分（一等・二等）、機体の種類（回転翼航空機（マルチローター・ヘリコプター）、飛行機）にかかわらず、共通したものとなります。実施要領については一部記載が異なることがありますが、基本的な考え方については共通です。

ただし、口述試験のうち「事故、重大インシデントの報告」は基本飛行の試験でのみ出題されます。

飛行内容				試験項目	試験内容
基本飛行	昼間飛行の限定変更	目視内飛行の限定変更	最大離陸重量25kg未満の限定変更		
○	○	○	○	口述試験（飛行前点検）	飛行前の点検を適切に行うことができるかどうかを判定します
○	○	○	○	口述試験（飛行後の点検と飛行後の記録）	飛行後の点検と記録を適切に行うことができるかどうかを判定します
○	－	－	－	口述試験（事故、重大インシデントの報告）	事故、重大インシデント発生時の報告と対応について、適切に行うことができるかどうかを判定します

以下、試験項目の順番に「一等無人航空機操縦士実地試験実施細則」の実施要領と減点適用基準を見ていきましょう。

飛行前点検

実技試験（飛行）の前に行う飛行前点検の内容から見ていきましょう。

 細則 （目的）飛行前の点検を適切に行うことができるかどうかを判定する。

＊点検中に不具合が確認された場合であって、当該不具合に対応等した後に試験再開が可能なときは、受験者が不具合を確認するまでに行った点検項目は試験員が点検を行う。

番号	科目	実施要領	減点適用基準
3-1	飛行空域及びその他の確認	飛行空域及びその他の確認事項を示し、結果を答えさせる。 確認事項（例） （1）飛行空域及びその周辺の状況に問題はないか。 （2）航空法等の違反はないか。 （3）必要な許可証、承認証、技能証明証等を携帯しているか。 （4）操縦者の体調等に問題はないか。 （5）気象状況に問題はないか。	3-1の確認に漏れ若しくは誤りが一つでもあった場合又は3-2及び3-3の日常点検記録への記載漏れ若しくは誤りが一つでもあった場合、10点を減点する。
3-2	作動前点検	通達：無人航空機の飛行日誌の取扱要領に準じた日常点検記録の様式を受験者に提供し、試験員の指示に従って点検をさせる。点検結果を当該様式に記載させる。 点検項目（例） （1）各機器が確実に取り付けられているか。（ネジ、コネクタ等の脱落やゆるみ等） （2）機体（ローター/プロペラ、フレーム、機体識別票等）及び操縦装置に外観の異常、損傷又はゆがみ等がないか。	
3-3	作動点検	機体及び操縦装置を作動させて、試験員の指示に従って点検をさせる。点検結果を3-2で提供される日常点検記録の様式に記載させる。 作動点検（例） (1)電源系統（機体及び操縦装置の電源を投入した際の状態等）は正常か。	3-1の確認に漏れ若しくは誤りが一つでもあった場合又は3-2及び3-3の日常点検記録への記載漏れ若しくは誤りが一つでもあった場合、10点を減点する。

3-3	作動点検	（2）通信系統（機体と操縦装置の通信、GNSS の通信等）は正常か。 （3）燃料の搭載量又はバッテリーの残量は十分か。 （4）リモート ID 機能の作動が正常であるか（リモート ID 非搭載機の場合は、リモート ID が正常に作動していると仮定し、リモート ID が正常に作動している旨の点呼を行う）。 ＜以下、回転翼の場合＞ （5）推進系統（発動機又はモーター等）は正常か。 （6）自動制御系統及び操縦系統は正常か。機体を離陸地点直上でホバリングさせた状態で、各操縦系統の操作を行い、機体及び操縦装置が意図通りに作動するか。 ＜以下、飛行機の場合＞ （5）自動制御系統及び操縦系統（動翼及びセンサー等）は正常か。 （6）推進系統（発動機又はモーター等）は正常か。 ＜以下、目視外飛行の場合＞ （7）機体に搭載したカメラの画像及び挙動に異常はないか。 ＊作動点検に関する事項の確認後、機体を着陸させる。	3-1 の確認に漏れ若しくは誤りが一つでもあった場合又は 3-2 及び 3-3 の日常点検記録への記載漏れ若しくは誤りが一つでもあった場合、10点を減点する。

（1）番号 3-1　飛行空域及びその他の確認

　確認事項（例）にあるように、ここでは、実技試験の会場における飛行空域や周辺の状況について問題がないか等の確認ができるかどうか、またそれに対してどう対応するか、特定飛行の有無や許可・承認書の携帯（携行）の有無といった航空法の確認等を求められています。事前に確認できるものはしておきましょう。

　なお、あくまで出題の例であるため、確認事項（例）の全てが問われるとは限りません。

　また、受験者自身の体調や当日の気象についても問われます。速やかに答えられるようにしておきましょう。

(2) 番号3-2　作動前点検

ここは、文字通り、機体を作動させる前の点検を行います。点検項目は、日常点検記録簿に記載の内容を漏れなく確認して、その結果をチェックし、かつ実施場所や日付、氏名等も間違えることなく記入しましょう。

番号3-1とともに、これらの試験では、漏れや誤りがひとつでもあれば10点減点です。確実にチェックすることで、次の実技試験に備えましょう。

作動前点検の際に記入する「無人航空機の日常点検記録」の様式は下図を参照ください。

[指定試験機関一般財団法人日本海事協会の様式]

（受験者記載欄）

無人航空機の登録記号 REGISTRATION ID OF UAS	JU

無人航空機の日常点検記録
DAILY INSPECTION RECORD OF UAS
(NR　　)

点検項目		結果	備考 （不具合内容及び是正措置内容を記載）
機体全般 UAS GENERAL	機器の取り付け状態（ネジ、コネクタ、ケーブル等）	□異常なし □不具合あり □非該当	
プロペラ PROPELLER(S)	外観、損傷、ゆがみ	□異常なし □不具合あり □非該当	
フレーム FRAME	外観、損傷、ゆがみ	□異常なし □不具合あり □非該当	
通信系統 COMMUNICATION SYSTEM	機体と操縦装置の通信品質の健全性	□異常なし □不具合あり □非該当	
推進系統 PROPULSION SYSTEM	モーター又は発動機の健全性	□異常なし □不具合あり □非該当	
電源系統 POWER SYSTEM	機体及び操縦装置の電源の健全性	□異常なし □不具合あり □非該当	
自動制御系統 AUTOMATIC CONTROL SYSTEM	飛行制御装置の健全性	□異常なし □不具合あり □非該当	
操縦装置 FLIGHT CONTROL SYSTEM	外観、スティックの健全性、スイッチの健全性	□異常なし □不具合あり □非該当	
バッテリー・燃料 BATTERY・FUEL	バッテリーの充電状況・残燃料表示機能の健全性	□異常なし □不具合あり □非該当	
機体識別表示 REGISTRATION ID MARKING	外観	□異常なし □不具合あり □非該当	
リモートID機能 REMOTE ID FUNCTION	リモートID機能の健全性（※非搭載機であっても模擬的に実施）	□異常なし □不具合あり □非該当	
灯火 LIGHT(S)	外観、灯火の健全性（※夜間飛行時に限る。）	□異常なし □不具合あり □非該当	
カメラ CAMERA	外観、カメラの健全性（※目視外飛行に限る。）	□異常なし □不具合あり □非該当	
特記事項／NOTES	飛行後点検結果　□異常なし □不具合あり（不具合箇所：　　事象等の内容：　　）		

実施場所／PLACE	実施年月日／DATE	実施者／INSPECTOR

出典：日本海事協会

(3) 番号3-3　作動点検

作動前点検後には、試験員の指示に従って、機体や操縦装置を作動させて点検を行います。

点検内容は、作動点検（例）のように、作動開始（電源入）後の状態を確認し記録します。この一連の点検は、無人航空機を操縦する上では必ず毎回行うべき内容です。漏れなく点検できるよう身に付けておきましょう。

試験会場に用意された機体を用いて実技試験を行う場合には、普段使用している機体と操縦感覚が異なる可能性があるため、機体の正常・異常の有無の点検だけではなく、操縦装置のスティック操作の感覚も確認しておきましょう。

この作動点検も、記載漏れや誤りがひとつでもあれば、10点の減点です。

試験の流れでは、ここから実技試験へ進みます。実技試験の詳細は、7章を参照してください。

飛行後点検と飛行後の記録

こちらは、飛行前点検と同じく、無人航空機を操縦する上で毎回行うべき飛行後点検について確認する試験になっています。

細則 （目的）飛行後の点検と記録を適切に行うことができるかどうかを判定する。

番号	科目	実施要領	減点適用基準
5-1	飛行後点検	試験員の指示に従って飛行後の点検をさせ、点検結果を3-2で提供される日常点検記録の様式に記載させる。 点検項目（例） （1）各機器が確実に取り付けられているか。（ネジ、コネクタ等の脱落やゆるみ等） （2）機体（ローター／プロペラ、フレーム、機体識別票等）の外観、損傷、ゆがみ等がないか。 （3）各機器の異常な発熱はないか。 （4）機体へのゴミ等の付着はないか。	点検結果の記載漏れ又は誤りが一つでもあった場合、5点を減点する。
5-2	飛行後の記録	通達：無人航空機の飛行日誌の取扱要領に準じた飛行記録の様式を提供し、実施した飛行を記録させる。飛行時に異常が認められた場合は、当該様式に不具合事項を記載することとする。	記載の漏れ又は誤りが一つでもあった場合、10点を減点する。

（1）番号5-1　飛行後点検

作動前点検で使用した日常点検記録様式の「特記事項」の欄に、飛行後の点検結果を記載します。記載漏れや誤りがひとつでもあると、5点の減点となります。

(2) 番号5-2　飛行後の記録

　飛行後点検が終わったら、飛行した内容の記録を行います。

　特定飛行を行わない場合は、必ず行わなければならないものではありません。しかし、万が一不具合事項が発生した場合の原因特定や要因分析等に活用することができるなど、飛行の安全に資するため、記録をつけることが推奨されています。

　試験では、登録記号や飛行概要、離着陸場所、総飛行時間などを記載します。

　こちらの記載漏れや誤りは、ひとつでもあった場合10点減点です。慌てて記入しようとせず、登録記号の記載や時間計算などの誤りがないか、最後までよく確認しましょう。

[指定試験機関一般財団法人日本海事協会の様式]

出典：日本海事協会

　以上が、口述試験の内容です。先述の通り、資格の区分、機体の種類にかかわらず、実技試験の基本飛行、昼間飛行限定変更、目視内限定変更、最大離陸重量25kg未満限定変更の各試験で行われます。

事故、重大インシデントの報告

　事故、重大インシデントの報告の口述試験は、基本飛行の試験でのみ実施される試験です。

（目的）事故、重大インシデント発生時の報告と対応について、適切に行うことができるかどうかを判定する。

番号	科目	実施要領	減点適用基準
6-1	事故又は重大インシデントの説明	事故又は重大インシデントのどちらかについて、該当する事態の3つを口頭で答えさせる。又は用意された様式に記入させる。	1. 抜け又は誤りがあった場合、5点を減点する。 2. 回答時間3分以内に回答できること。未回答の場合は、5点を減点する。
6-2	事故等発生時の処置の説明	事故等が発生した際の適切な処置について受験者が理解しているかどうかを判定可能な質問を行い、口頭で答えさせる。又は用意された様式に記入させる。出題数は、1問とする。	1. 抜け又は誤りがあった場合、5点を減点する。 2. 回答時間3分以内に回答できること。未回答の場合は、5点を減点する。

　事故、重大インシデントの報告については、以下の2つの事態と、その危険を防止するための必要な措置を十分に理解しておくことが重要です。

（1）番号6-1　事故又は重大インシデントの説明

　ここでは「事故に該当する事態」「事故が発生する恐れがあると認める事態（重大インシデント）」について問われます。

事故に該当する事態
- 無人航空機による人の死傷
- 第三者の物件の損壊
- 航空機との衝突又は接触

事故が発生する恐れがあると認める事態（重大インシデント）

- 飛行中の航空機との衝突又は接触のおそれがあったと認めた事態
- 重傷に至らない無人航空機による人の負傷
- 無人航空機の制御が不能となった事態
- 無人航空機が発火した事態（飛行中に発生したものに限る）

　事故に該当する事態における「人の死傷」は、重傷以上が対象とされています。また「物件の損壊」は、第三者の所有物が対象で、規模や損害額を問わず全ての損傷が対象となります。

　「人の重傷」の具体的な判断として、航空局では、人の重傷の定義についての考え方は国際民間航空機関（ICAO）が発行する条約の付属書であるAnnex13（Seriousinjury）の内容（下表＊部）を参考にしています。あくまで参考であるため、実際の学科試験や、実地試験の口述試験では重傷の定義について出題はされませんが、万一の事態に備えて覚えておきましょう。

国土交通大臣への報告方法	定義	受傷の程度
事故	死亡	死亡した場合
	＊重傷	受傷日から7日以内に48時間以上の入院が必要になった場合
		何らかの骨折があった場合（指、足の指、または鼻の単純骨折を除く）
		重度の出血もしくは神経、筋又は腱の損傷を伴う裂傷があった場合
		内臓の損傷があった場合
		II度（真皮まで損傷）またはIII度（皮下組織まで損傷）のやけどまたは体表の5％を超えるやけどを負った場合
		感染性物質または有害な放射線への暴露があった場合
重大インシデント	軽傷	上記「重傷」の程度に至らない受傷があった場合

(2) 番号6-2　事故等発生時の処置の説明

　ここでは、事故が発生してしまった場合に次の対処ができるかどうかが問われます。

- 直ちに当該無人航空機の飛行を中止
- 負傷者がいる場合にはその救護・通報
- 事故等の状況に応じた警察への通報
- 火災が発生している場合の消防への通報
- 当該事故が発生した日時及び場所等の必要事項を国土交通大臣に報告

　それぞれ、抜けや誤りがあった場合、5点減点となります。

　この内容は、実際に無人航空機を操縦する上でも操縦者の義務であり、万が一の際に行動しなければなりませんので、満点を目指しましょう。

　口述試験は、無人航空機を安全に運航させるための確認が実施できるかどうか、万が一事故等が発生したときに適切な対処ができるかどうかなどを問われる試験です。常に安全最優先の飛行とその管理を心掛け、適切な対応ができる操縦士になるために繰り返し学習し、実際の飛行を行う場合に役立てられるようにしましょう。

［無人航空機に係る事故／重大インシデントの報告書］

出典：国土交通省

302

実技試験

この章では、実地試験のうち、実技試験について解説します。実技試験は、資格の区分、機体の種類、飛行の方法ごとに内容が異なります。受験する区分、機種をよく確認して、試験対策を行いましょう。

実地試験の全体像

　まずは、実地試験の全体像を確認しましょう。実地試験の実施に関する詳細な基準等は、

① 無人航空機操縦士実地試験実施基準
② 一等無人航空機操縦士実地試験実施細則
③ 二等無人航空機操縦士実地試験実施細則

で定められています。

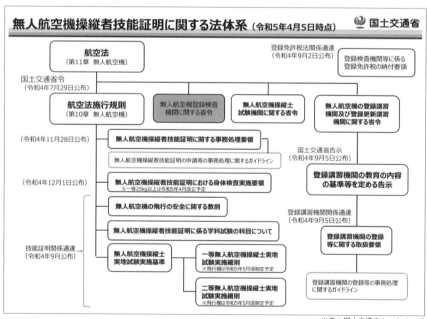

出典：国土交通省ホームページ

　上記①の無人航空機操縦士実地試験実施基準では、技能証明の資格の区分、機体の種類及び飛行の方法にかかわらず、実地試験全般に係る実施方法について、次のような構成で記載されています。

第1章	総則	実地試験全般に係る基準等について記載されています。 (例) ● 資格の区分、機体の種類 ● 試験科目 ● 例外規定　等
第2章	机上試験及び口述試験	机上試験の口述試験の実施に係る基準等について記載されています。 (例) ● 実施要領及び合否判定 ● 不正行為　等
第3章	実技試験	実地試験の実施に係る基準等について記載されています。 (例) ● 実施要領及び合否判定 ● 屋外・屋内の試験 ● 実地試験の中止基準　等
第4章	成績の判定	実地試験の不合格の判定基準等について記載されています。 (例) ● 航空法違反 ● 不正行為 ● 制限時間超過　等
第5章	実技試験における安全の確保	実地試験に関わる者への安全に関する責任等について記載されています。 (例) ● 受験者の責任 ● 試験員の責任　等
第6章	その他	実地試験の申請等に関する事務処理について記載されています。
第7章	準用	上記の基準を登録講習機関で実施する場合の準用基準について記載されています。 (例) ● 試験員 ⇒ 修了審査員 ● 受験者 ⇒ 受講者　等

7章

実技試験

受験にあたっては、下記についてあらかじめ確認しておきましょう。

- どんな順番で試験を受けることになるのか
- どんなことをすると不合格、中止になってしまうのか
- 機材の持ち込みが必要になる場合は何を持参すればよいのか
- どんな場所で試験が行われるのか　など

■無人航空機操縦士実地試験実施基準
　https://www.mlit.go.jp/common/001516515.pdf

　なお、実技試験は机上試験、口述試験と共に行われます。机上試験は第5章、口述試験は6章を参照してください。

7-2 一等　回転翼航空機（マルチローター）

重要度 ★★☆

総則

　ここでは、一等・回転翼航空機（マルチローター）の試験について解説します。まずは、この試験の総則について見てみましょう。

I.総則

1. 無人航空機操縦者技能証明の一等無人航空機操縦士の資格の区分に係る回転翼航空機（マルチローター）の実地試験（以下単に「実地試験」という。）を行う場合は、無人航空機操縦者実地試験実施基準及びこの細則による。

2. 実地試験は、100点の持ち点からの減点式採点法とし、各試験科目終了時に、80点以上の持ち点を確保した受験者を合格とする。

3. 実技試験の実施にあたっては、飛行経路からの逸脱を把握するため、各試験科目で示された減点区画及び不合格区画を明示しておくこと。

4. 実技試験の実施にあたっては、飛行経路からの逸脱状況を別の手段で確認できる場合を除き、試験員が認めた試験員補助員を所要の場所に配置すること。

5. 試験員補助員は試験を行う者に所属する者であり、無人航空機の飛行原理、実技試験の具体的内容及び手順並びに減点適用基準を理解していること。

6. 試験員補助員は、試験員及び受験者に対して、減点区画または不合格区画に機体が進入したことを、知らせるなどの補助業務を行うこととし、採点及び合否判定は実施しない。

7. 実技試験を実施するときは、実技試験の各科目開始前に風速計を用いて風速を計測し、無人航空機操縦者実地試験実施基準に記述された基準以下の風速であることを確認すること。

8. 試験員または試験員補助員は、実技試験の内容を記録し、採点及び合否判定の結果についても記録すること。

無人航空機を安全に操縦するための操作技術を持っているかどうかだけでなく、安全に飛行させるための点検や安全確認を確実に実施できるかどうか、航空法のルールに従って合法的に実施できるかどうかなど、無人航空機の操縦者としての総合力が問われる内容になっています。

　一等の実地試験の合格には、100点中80点以上の持ち点を確保しなくてはなりません。一等・回転翼航空機（マルチローター）の実技試験における減点適用基準は次の通りです。

 細則 II. 実技試験の減点適用基準

1. 次に掲げる基準を標準として、実技試験の減点を行うこととする。

2. 適用事項に記載がない場合でも、減点細目に該当する事項が生じた場合は、試験員の判断により減点細目に応じた減点数の減点を行うこととする。

3. 適用事項に該当するが、受験者に起因しない事由により生じた事項については、減点の対象としないこととする。

4. 減点数欄の「不」と記載された適用事項が生じた場合は、実地試験を中止し、受験者を不合格とする。

5. 実技試験では、減点区画に機体の半分以上が進入した場合は、減点対象となる。ただし、移動開始地点から移動完了地点への飛行区画ごとの初回の進入については、試験員補助員が進入を知らせた後、速やかに飛行経路に復帰した場合は、減点を行わない。

6. 不合格区画に機体の半分以上が進入した場合は、試験を中止し、受験者を不合格とする。

7. 制限時間の対象は、各試験科目において、試験員が受験者に離陸を指示した時刻から、機体が着陸した時刻までの時間とする。

減点細目	減点数	適用事項
航空法等の違反	不	• 受験者が、アルコール又は薬物の影響により当該無人航空機の正常な飛行ができないおそれがあると試験員が判断したとき 受験者が必要な機材、機体及び試験場を準備する場合に屋外での試験について次に掲げる事項が判明したとき • 飛行させる無人航空機の登録を受けていない • 飛行させる無人航空機に登録記号の表示又は登録記号を識別するための措置を講じていない • 受験者が飛行に必要な法第132条の85第2項又は法第132条の86第3項若しくは第5項第2号に規定された国土交通大臣による許可又は承認を取得していない又は技能証明及び機体認証を得ていない。(ただし、国土交通省航空局安全部無人航空機安全課長が認めた場合を除く。)
危険な飛行	不	• 危険な速度 (おおむね5m/s以上) で機体を飛行させたとき • 試験員、試験員補助員、受験者、その他の者又は物件に向けて、飛行中の機体を試験員が危険と判断する距離まで接近させたとき • 合理的な理由なく、飛行中に操縦装置を両手で保持しなかったとき
墜落、損傷、制御不能	不	• 機体を墜落させたとき • 機体をパイロン、旗、壁、ネット等の物件に衝突させたとき • 機体を損傷させたとき • 機体を制御不能に陥らせたとき • 8の字飛行又は円周飛行において、設定された円形の飛行経路中心より手前で周回させたとき
飛行空域逸脱 (不合格区画)	不	• 機体の半分以上を不合格区画に進入させたとき
制限時間超過	不	• 各試験科目で設定している制限時間を超過したとき
操作介入	不	• 安全性を確保するために、試験員等が受験者に代わり操縦を行ったとき
不正行為	不	• 受験者が他の者から助言又は補助を受けたとき、その他不正の行為があったとき • 受験者が試験の円滑な実施を妨げる行為を行ったとき • 目視内飛行の限定変更において、試験員の指示がないにもかかわらず、目視外飛行中に機体を視認したとき

7章

実技試験

飛行経路 逸脱	5	• 機体の半分以上を減点区画に進入させたとき*1 • ホバリング（ピルエットホバリング及び目視内飛行の限定変更に係る実地試験での異常事態における飛行を除く）及び着陸時において、機体の半分を定められた区画から逸脱させたとき*2
指示と異 なる飛行	5	• 試験員の指示と異なる手順で飛行させたとき • 試験員の指示と異なる方向に機体を移動させたとき又は指示と異なる機体の姿勢変化をさせたとき • 次の移動地点まで継続的に機首が試験員の指示と異なる方向を向いた状態で飛行させたとき*3 • 試験員の指示を受ける前に機体の移動又は姿勢変化をさせたとき • 機体の半分以上を減点区画に進入させたにもかかわらず、機体を速やかに飛行経路に復帰させなかったとき*4 • ピルエットホバリングにおいて機体を一回転させる時間が、16秒未満又は26秒以上であったとき
離着陸 不良	5	• 接地時に機体に強い衝撃を加えたとき • 離着陸時に機体を転倒させたとき*5
監視不足	5	• 目視内飛行にてカメラ画像を注視する等、合理的な理由なく飛行中の機体及び周囲の状況を十分に監視していなかったとき • 合理的な理由なく、目視外飛行にてカメラ画像を注視していない等、飛行中の機体及び周囲の状況を十分に監視していなかったとき
安全確認 不足*6	5	• 目視外飛行にてカメラ画像で移動先及び周囲の安全を確認しないまま移動させたとき • 離陸前に飛行空域及び気象状況に安全上の問題がないことを確認せずに離陸させたとき • 着陸前に着陸地点及び周囲の状況に安全上の問題がないことを確認せずに着陸させたとき
ふらつき*7	1	• 試験員から指示のあった飛行経路及び高度において機体を大きくふらつかせたとき • 着陸時に機体を大きくふらつかせたとき又は機体の姿勢を大きく変化させたとき • 着陸時に機体を滑らせながら接地させたとき
不円滑*8	1	• 合理的な理由なく、機体を急に加減速させた又は機体に急な旋回をさせたとき • 合理的な理由なく、機体を急停止させたとき

不円滑[*7]	1	● 合理的な理由なく、機体の速度を安定させることができなかったとき ● 高度変化を伴う試験科目において、合理的な理由なく、機体の高度を一定の割合でなく急に変化させたとき
機首方向 不良	1	● 一時的に機首が試験員の指示と異なる方向を向いた状態で飛行させたとき[*8] ● 機首方向を大きくふらつかせたとき

*1　減点区画への移動開始地点から移動完了地点への飛行区画ごとの初回の進入については、試験員補助員が進入を知らせた後、機体を速やかに飛行経路に復帰させた場合は、減点を行わない。

*2　定められた区画は、各試験科目において示された、離着陸地点中心から直径2メートル（最大離陸重量25kg未満の限定変更に係る実地試験以外）又は直径5メートル（最大離陸重量25kg未満の限定変更に係る実地試験）の円状の区画とする。

*3　8の字飛行及び円周飛行においては、四分円にわたって継続的に機首が試験員の指示と異なる方向を向いた状態で飛行させたときとする。

*4　減点区画への移動開始地点から移動完了地点への飛行区画ごとの初回の進入を除くこととする。

*5　機体が損傷した場合は、「墜落、損傷、制御不能」の減点細目に該当することとする。

*6　試験員に安全確認を行った旨を伝えなかった場合は、安全確認を行っていないものとみなす。

*7　突風等の影響により、一時的に機体のふらつき又は不円滑な飛行が生じた場合でも、受験者が速やかに適切な操作を行い、試験員が機体を制御できていると判断する場合は、減点の対象外とする。

*8　次の移動地点まで継続的に機首が試験員の指示と異なる方向を向いた状態で飛行させたときは、減点細目「指示と異なる飛行」とする。

7章

実技試験

　減点適用基準を見ると、実技試験では操縦の巧みさを測ることよりも、安全を確保するための操縦・確認が確実に実施できているかどうかを重視しているように思われます。

　航空局ホームページに掲載されている「無人航空機の飛行の安全に関する教則」の「1.はじめに」では、「（前略）技能証明の取得を目指す皆さまを安全な飛行へと導く道しるべとなることを願う。」と締めくくられていることから、空の安全に対する強い想いが反映された基準になっているように感じられます。

　上手に飛行することもよいことですが、「安全第一」「法令遵守」の気持ちを強く持ち、だれが見ても安心・安全を感じてもらえる姿勢をもって、試験に臨むとよいでしょう。

基本飛行

基本飛行の試験は、次のように実施されます。

 細則 Ⅲ.基本に係る実地試験

1.一般

1-1基本に係る実地試験では、立入管理措置を講ずることなく行う昼間かつ目視内での飛行を安全に実施するための知識及び能力を有するかどうかを確認する。

1-2自動操縦の技能については、適切な飛行経路の設定及び危機回避機能（フェールセーフ機能）の設定を行うために十分な知識を有するかどうかを机上試験で問い、実機による試験は行わない。

1-3基本に係る実技試験は、最大離陸重量25kg未満の回転翼航空機（マルチローター）で行うこととする。

1-4実地試験の構成は、次のとおりとする。

　　1-4-1机上試験

　　1-4-2口述試験（飛行前点検）

　　1-4-3実技試験

　　1-4-4口述試験（飛行後の点検及び記録）

　　1-4-5口述試験（事故、重大インシデントの報告及びその対応）

基本飛行の試験では、次の試験科目を実施します。

細則 (目的)立入管理措置を講ずることなく行う昼間かつ目視内の飛行に係る操縦能力を有するかどうかを判定する。

番号	科目	実施要領	減点適用基準
4-1	高度変化を伴うスクエア飛行	（1）GNSS、ビジョンセンサー等の水平方向の位置安定機能OFFの状態で、機首を受験者から見て前方に向けて離陸を行い、高度1.5メートルまで上昇して、5秒間ホバリングを行う。 （2）試験員が口頭で指示する飛行経路及び手順で直線上に飛行する。機体の機首を常に進行方向に向けた状態で移動をする。B地点とC地点の間及びE地点とD地点の間の移動は、1.5メートルから3.5メートルまでの高度変化を伴う。 （3）移動完了後、着陸を行う。	1.II.実技試験の減点適用基準を適用する。 2.制限時間は6分とする。
4-2	ピルエットホバリング	（1）GNSS、ビジョンセンサー等の水平方向の位置安定機能OFFの状態で機首を受験者から見て前方に向けて離陸を行い、高度3.5メートルまで上昇して、5秒間ホバリングを行う。 （2）離陸地点にて、試験員の指示する方向に20秒間程度で一回転する速度で回転を行う。 （3）一回転後、着陸を行う。	1.II.実技試験の減点適用基準を適用する。 2.制限時間は3分とする。
4-3	緊急着陸を伴う8の字飛行	（1）GNSS、ビジョンセンサー等の水平方向の位置安定機能OFFの状態で機首を受験者から見て前方に向けて離陸を行い、高度1.5メートルまで上昇し、5秒間ホバリングを行う。 （2）機体の機首を進行方向に向けた状態での8の字飛行を、連続して行う。 （3）試験員からの緊急着陸を行う旨の口頭指示があり次第、8の字飛行を中断し、最短のルートで指定された着陸地点に着陸を行う。 ＊円直径は約5メートルとする。	1.II.実技試験の減点適用基準を適用する。 2.制限時間は5分とする。

7章 実技試験

　細則のうち実施要領の欄に記載されている「GNSS、ビジョンセンサー等の水平方向の位置安定機能OFFの状態」とは、機体の前後左右方向の制御を、機体の性能に頼らず、操縦者による手動操作で行う状態のことをいいます。ただし、

機体の上下方向の制御は機体側で行ってくれます。この状態で無人航空機を操縦していると、GNSS等の制御で同じ場所にとどまり続けることができないため、機体が風に流されて飛行空域から大きく逸脱し、第三者に接触したり、機体を見失って紛失したりする可能性が高まります。試験では、この状態であっても安全に無人航空機を操縦できるかどうかを確認されます。この状態は「ATTIモード」や「Altモード」などと呼称されることがあります。

通常の無人航空機の飛行においては、安全確保の観点から、この位置安定機能をOFFにして操縦することはほとんどありません。しかし、飛行中にGNSSの受信精度が低下したり、機体に搭載されている各種機能の不具合によって位置安定機能が低下または無効になったりする等の緊急事態が発生した場合には、操縦者にはこの位置安定機能に頼らない操縦能力を有することが求められます。

かなり高難易度な飛行になりますが、実技試験の合格のためはもちろん、あらゆる事態が発生しても自身で対処ができるようになるためにも、「GNSS、ビジョンセンサー等の水平方向の位置安定機能OFFの状態」での操縦練習は積極的に実施しましょう。

試験科目ごとの飛行経路は次のようになります。

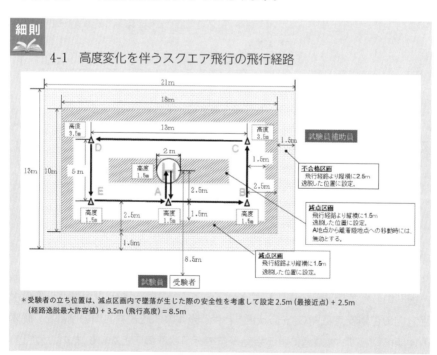

細則

4-1　高度変化を伴うスクエア飛行の飛行経路

＊受験者の立ち位置は、減点区画内で墜落が生じた際の安全性を考慮して設定2.5m（最接近点）＋2.5m
（経路逸脱最大許容値）＋3.5m（飛行高度）＝8.5m

4-2 ピルエットホバリングの飛行領域

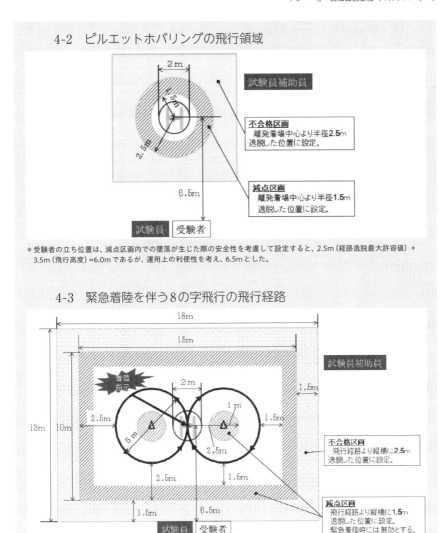

*受験者の立ち位置は、減点区画内での墜落が生じた際の安全性を考慮して設定すると、2.5m（経路逸脱最大許容値）＋ 3.5m（飛行高度）＝6.0mであるが、運用上の利便性を考え、6.5mとした。

4-3 緊急着陸を伴う8の字飛行の飛行経路

*受験者の立ち位置は、減点区画内で墜落が生じた際の安全性を考慮して設定2.5m（最接近点）＋ 2.5m（経路逸脱最大許容値）＋1.5m（飛行高度）＝6.5m

実技試験においては、試験員が指示する飛行経路、減点区画、不合格区画があります。上図の矢印または領域で示されたところを移動またはホバリングします。移動方向や移動開始のタイミングなど、次に操縦者が行うべき操作は、試験員から指示されます。

減点区画は、上図の斜線部で示されており、試験員から指示された飛行経路

または飛行領域から1.5m逸脱した位置に設定されています。この区画に進入した場合、減点適用基準の「飛行経路逸脱」が適用されます。

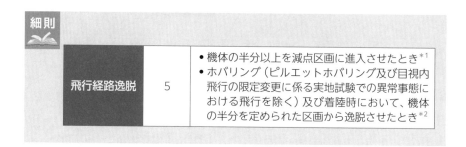

飛行経路逸脱	5	● 機体の半分以上を減点区画に進入させたとき[*1] ● ホバリング（ピルエットホバリング及び目視内飛行の限定変更に係る実地試験での異常事態における飛行を除く）及び着陸時において、機体の半分を定められた区画から逸脱させたとき[*2]

この基準のうち、「機体の半分以上を減点区画に進入させたとき[*1]」に該当する場合は、

[*1] 減点区画への移動開始地点から移動完了地点への飛行区画ごとの初回の進入については、試験員補助員が進入を知らせた後、機体を速やかに飛行経路に復帰させた場合は、減点を行わない。
[*2] 定められた区画は、各試験科目において示された、離着陸地点中心から直径2メートル（最大離陸重量25kg未満の限定変更に係る実地試験以外）又は直径5メートル（最大離陸重量25kg未満の限定変更に係る実地試験）の円状の区画とする。

とされており、すぐに飛行経路へ復帰できれば、初回のみ減点はありません。実際の試験では、試験員や試験員補助員等がホイッスルや声掛け、ブザー音等で飛行経路の逸脱を知らせてくれます。

　ただし、この基準のうち「ホバリング（中略）及び着陸時において、機体の半分を定められた区画から逸脱させたとき[*2]」に該当する場合はこの基準が適用されないため、初回から5点の減点がされます。

　実技試験の合格に向けた操縦練習を行うときは、特に位置安定機能を使用しないホバリングと着陸を正確かつ確実に実施するようにするとよいでしょう。

　不合格区画は、飛行経路図の網掛け部で示されており、試験員から指示された飛行経路または飛行領域から2.5m逸脱した位置に設定されています。この区画に進入した場合は、減点適用基準の「飛行空域逸脱（不合格区画）」が適用されます。

飛行空域逸脱（不合格区画）	不	● 機体の半分以上を不合格区画に進入させたとき

　実技試験において減点区画へ進入してしまったときは、不合格区画以上に逸脱することがないよう、直ちに飛行経路へ戻りましょう。

昼間飛行の限定変更

　昼間飛行の限定変更の試験では、次のように実施されます。

Ⅳ.昼間飛行の限定変更に係る実地試験

　1.一般

　1-1昼間飛行の限定変更に係る実地試験では、立入管理措置を講ずることなく行う夜間飛行を安全に実施するための知識及び能力を有するかどうかを確認する。

　1-2自動操縦の技能については、適切な飛行経路の設定及び危機回避機能（フェールセーフ機能）の設定を行うために十分な知識を有するかどうかを机上試験で問い、実機による試験は行わない。

　1-3実技試験は、原則として最大離陸重量25kg未満の回転翼航空機（マルチローター）で行うこととする。

　1-4実技試験は、150ルクス以下の照度の試験場で行うこととする。

　1-5離着陸時に機体の形状が視認できる状態であること。照明等を用いなければ視認できない場合は、機体周辺の照度が1-4で規定された照度条件を超えない範囲で機体周辺を照らすこと。

　1-6減点区画、不合格区画及び飛行経路の目印が視認できる状態であること。照明等を用いなければ視認できない場合は、機体周辺の照度が1-4で規定された照度条件を超えない範囲で目印を照らすこと。

　1-7飛行時に機体の姿勢を把握可能な灯火を機体に搭載していること。

　1-8実地試験の構成は、次のとおりとする。

　　　　1-8-1机上試験

　　　　1-8-2口述試験（飛行前点検）

　　　　1-8-3実技試験

　　　　1-8-4口述試験（飛行後の点検及び記録）

　「150ルクス以下の照度」は、例えば夜間の屋外野球場や屋外サッカー場の明るさが近いでしょうか。真っ暗闇ではないため、機体の位置や試験場の各区画や経路の目印は目視可能です。ただし、周囲が暗くなると、機体や目印の距離感にずれが生じて、飛行経路の逸脱を起こしやすくなります。

　昼間飛行の限定変更の試験では、下記の試験科目を実施します。

 細則

（目的）

立入り管理措置を講ずることなく行う夜間飛行の限定変更に係る操縦能力を有するかどうかを判定する。

番号	科目	実施要領	減点適用基準
4-1	高度変化を伴うスクエア飛行	(1) GNSS、ビジョンセンサー等の水平方向の位置安定機能OFFの状態で機首を受験者から見て前方に向けて離陸を行い、高度1.5メートルまで上昇し、5秒間ホバリングを行う。 (2) 試験員が口頭で指示する飛行経路及び手順で直線上に飛行する。機体の機首を常に進行方向に向けた状態で移動する。B地点とC地点の間及びE地点とD地点の間の移動は、1.5メートルから3.5メートルまでの高度変化を伴う。 (3) 移動完了後、着陸を行う。	1. Ⅱ.実技試験の減点適用基準を適用する。 2. 制限時間は6分とする。

4-2	緊急着陸を伴う8の字飛行	(1) GNSS、ビジョンセンサー等の水平方向の位置安定機能OFFの状態で機首を受験者から見て前方に向けて離陸を行い、高度1.5メートルまで上昇し、5秒間ホバリングを行う。 (2) 機体の機首を進行方向に向けた状態の8の字飛行を、連続して行う。 (3) 試験員からの緊急着陸を行う旨の口頭指示があり次第、8の字飛行を中断し、最短のルートで指定された着陸地点への着陸を行う。 ＊円直径は約5メートルとする。	1. Ⅱ.実技試験の減点適用基準を適用する。 2. 制限時間は5分とする。

7章

実技試験

試験科目ごとの飛行経路は次のようになります。

4-1 高度変化を伴うスクエア飛行の飛行経路

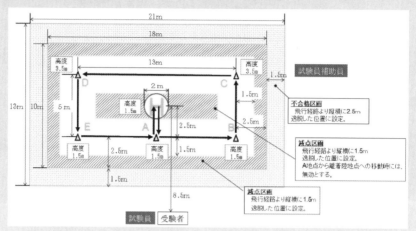

＊受験者の立ち位置は、減点区画内で墜落が生じた際の安全性を考慮して設定2.5m（最接近点）＋ 2.5m（経路逸脱最大許容値）＋ 3.5m（飛行高度）=8.5m

4-2 緊急着陸を伴う8の字飛行の飛行経路

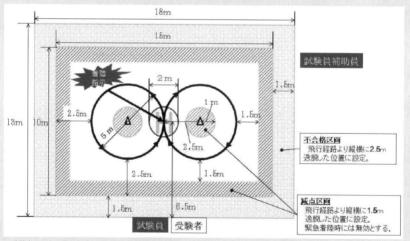

＊受験者の立ち位置は、減点区画内で墜落が生じた際の安全性を考慮して設定2.5m（最接近点）＋ 2.5m（経路逸脱最大許容値）＋ 1.5m（飛行高度）=6.5m

目視内飛行の限定変更

目視内飛行の限定変更の試験では、次のように実施されます。

細則

V.目視内飛行の限定変更に係る実地試験

1.一般

1-1目視内飛行の限定変更に係る実地試験では、立入管理措置を講ずることなく行う目視外飛行を、安全に実施するための知識及び能力を有するかどうかを確認する。

1-2自動操縦の技能については、適切な飛行経路の設定及び危機回避機能（フェールセーフ機能）の設定を行うために十分な知識を有するかどうかを机上試験で問い、実機による試験は行わない。

1-3実技試験は、原則として最大離陸重量25kg未満の回転翼航空機（マルチローター）で行うこととする。

1-4実技試験においては、受験者は機体に対して背を向け、機体を目視できない状態で行うこととする。

1-5実地試験の構成は、次のとおりとする。

1-5-1机上試験

1-5-2口述試験（飛行前点検）

1-5-3実技試験

1-5-4口述試験（飛行後の点検及び記録）

目視内飛行の限定変更に係る実地試験では、上記の通り、機体に対して背を向けて、手元で機体カメラのモニター映像を見るなどして、機体を目視できない状態で行います。目視での飛行と比較すると、モニター映像は遅延して表示されるため、普段の操縦感覚と違って感じられることがあります。映像の遅延の程度は、機種や電波状況等によって異なります。

目視内飛行の限定変更に係る実技試験では、次の試験科目を実施します。

細則 （目的）立入管理措置を講ずることなく行う目視外飛行に係る操縦能
力を有するかどうかを判定する。

番号	科目	実施要領	減点適用基準
4-1	高度変化を伴う スクエア飛行	(1) GNSS、ビジョンセンサー等の水平方向の位置安定機能ONの状態で、目視内で機首を受験者から見て前方に向けて離陸を行い、高度2.5メートルまで上昇し、5秒間ホバリングを行う。 (2) 試験員の指示で、受験者は機体が見えないようにする。 (3) 受験者は、カメラ画像のみで試験員が口頭で指示する飛行経路及び手順で直線上に飛行する。機体の機首を常に進行方向に向けた状態で移動をする。B地点とC地点の間及びE地点とD地点の間の移動は、2.5mから3.5mまでの高度変化を伴う (4) 移動完了後、着陸を行う。	1.Ⅱ.実技試験の減点適用基準を適用する。 2.制限時間は9分とする。
4-2	異常事態における 飛行	(1) GNSS、ビジョンセンサー等の水平方向の位置安定機能OFFの状態で、目視内で機首を受験者から見て前方に向けて離陸を行い、高度3.5メートルまで上昇し、ホバリングを行う。 (2) ホバリング中に、離着陸地点をカメラで確認できるようにする。 (3) 受験者はカメラ操作完了を試験員に伝達する。 (4) 試験員の指示で、受験者は機体が見えないようにする。 (5) 10秒間目視外でホバリングを行う。 (6) ホバリング完了後、受験者は、試験員から伝えられた緊急着陸地点をカメラで確認し、緊急着陸地点までの経路に障害物がないことを確認した上で、緊急着陸地点に移動する。 (7) 緊急着陸地点への移動完了後、緊急着陸地点の障害物の問題がないことを確認した後、着陸を行う。	1.Ⅱ.実技試験の減点適用基準を適用する。 2.制限時間は5分とする。

試験科目ごとの飛行経路は次のようになります。

4-1 高度変化を伴うスクエア飛行の飛行経路

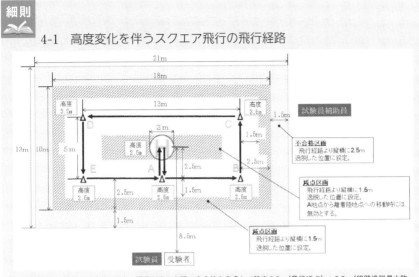

＊受験者の立ち位置は、減点区画内で墜落が生じた際の安全性を考慮して設定 2.5m（最接近点）＋ 2.5m（経路逸脱最大許容値）＋ 3.5m（飛行高度）＝8.5m

4-2 異常事態における飛行の飛行領域（目視外でのホバリング時）

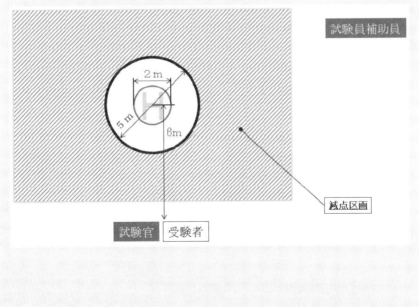

4-2 異常事態における飛行経路 (緊急着陸時)

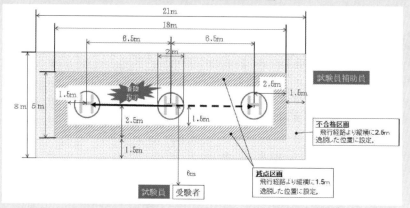

* 1 受験者は、試験員の着陸指示に従い、左右どちらかの着陸地点に着陸を行う。

* 2 受験者の立ち位置は、減点区画内での墜落が生じた際の安全性を考慮して設定すると、2.5m (経路逸脱最大許容値) + 3.5m (飛行高度)=6.0m

最大離陸重量 25kg 未満の限定変更

最大離陸重量 25kg 未満の限定変更の試験では、次のように実施されます。

細則

Ⅵ. 最大離陸重量 25kg 未満の限定変更に係る実地試験

1. 一般

1-1 最大離陸重量 25kg 未満の限定変更に係る実地試験では、立入管理措置を講ずることなく行う最大離陸重量 25kg 以上の機体の飛行を安全に実施するための知識及び能力を有するかどうかを確認する。

1-2 自動操縦の技能については、適切な飛行経路の設定及び危機回避機能 (フェールセーフ機能) の適切な設定を行うために十分な知識を有するかどうかを机上試験で問い、実機による試験は行わない。

1-3 実技試験は、最大離陸重量 25kg 以上の回転翼航空機 (マルチローター) で行うこととする。

1-4 実地試験の構成は、次のとおりとする。

1-4-1 机上試験

1-4-2 口述試験（飛行前点検）

1-4-3 実技試験

1-4-4 口述試験（飛行後の点検及び記録）

最大離陸重量25kg未満の限定変更の試験では、下記の試験科目を実施します。

細則 （目的）立入管理措置を講ずることなく行う最大離陸重量25kg以上の回転翼航空機（マルチローター）の飛行に関する操縦能力を有するかどうかを判定する。

番号	科目	実施要領	減点適用基準
4-1	高度変化を伴うスクエア飛行	(1) GNSS、ビジョンセンサー等の水平方向の位置安定機能OFF の状態で機首を受験者から見て前方に向けて離陸を行い、高度5メートルまで上昇して、5秒間ホバリングを行う。 (2) 試験員が口頭で指示する飛行経路及び手順で直線上に飛行する。機体の機首を常に進行方向に向けた状態で移動をする。B地点とC地点の間及びD地点とE地点の間の移動は、飛行経路は5mから10mまでの高度変化を伴う。 (3) 移動完了後、着陸を行う。	1. Ⅱ.実技試験の減点適用基準を適用する。 2. 制限時間は8分とする。
4-2	ピルエットホバリング	(1) GNSS、ビジョンセンサー等の水平方向の位置安定機能OFFの状態で機首を受験者から見て前方に向けて離陸を行い、高度5メートルまで上昇して、5秒間ホバリングを行う。 (2) 離陸地点にて、試験員の指示する方向に、20秒間程度で一回転する回転速度で回転を行う。 (3) 一回転後、着陸を行う。	1. Ⅱ.実技試験の減点適用基準を適用する。 2. 制限時間は3分とする。

7章

実技試験

325

		(1) GNSS、ビジョンセンサー等の水平方向の位置安定機能OFFの状態で機首を受験者から見て前方に向けて離陸を行い、高度5メートルまで上昇し、5秒間ホバリングを行う。	1.Ⅱ.実技試験の減点適用基準を適用する。
4-3	緊急着陸を伴う円周飛行	(2) 機体の機首を進行方向に向けた状態の円周飛行を、連続し2周行う。 (3) 機首を（2）と逆方向に向け、逆方向の円周飛行を連続して行う。 (4) 試験員からの緊急着陸を行う旨の口頭指示があり次第、円周飛行を中断し、最短のルートで指定された着陸地点への着陸を行う。 ＊円直径は約10メートルとする。	2.制限時間は8分とする。

試験科目ごとの飛行経路は次のようになります。

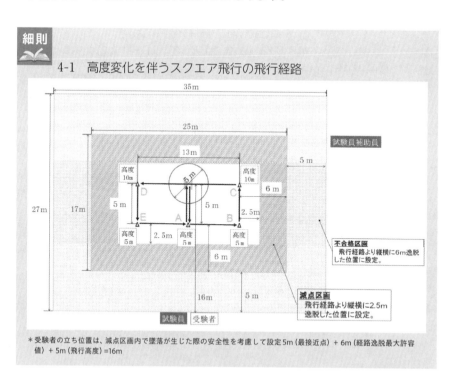

細則

4-1　高度変化を伴うスクエア飛行の飛行経路

＊受験者の立ち位置は、減点区画内で墜落が生じた際の安全性を考慮して設定5m（最接近点）＋6m（経路逸脱最大許容値）＋5m（飛行高度）＝16m

細則

4-2 ピルエットホバリングの飛行領域

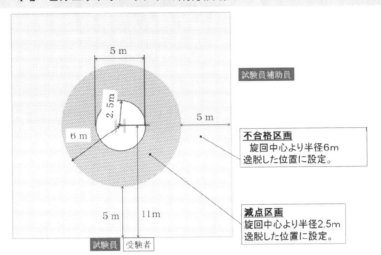

試験員補助員

不合格区画
旋回中心より半径6m
逸脱した位置に設定。

減点区画
旋回中心より半径2.5m
逸脱した位置に設定。

5m

試験員　受験者

＊受験者の立ち位置は、減点区画内で墜落が生じた際の安全性を考慮して設定6m（経路逸脱最大許容値）＋5m（飛行高度）=11m

4-3 緊急着陸を伴う円周飛行の飛行経路

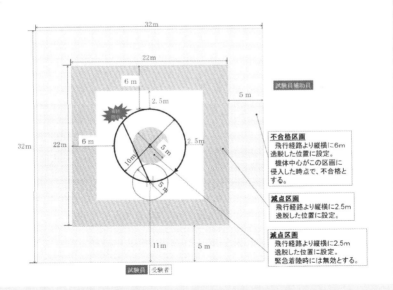

試験員補助員

不合格区画
飛行経路より縦横に6m
逸脱した位置に設定。
　機体中心がこの区画に
侵入した時点で、不合格と
する。

減点区画
飛行経路より縦横に2.5m
逸脱した位置に設定。

減点区画
飛行経路より縦横に2.5m
逸脱した位置に設定。
緊急着陸時には無効とする。

試験員　受験者

＊受験者の立ち位置は、減点区画内で墜落が生じた際の安全性を考慮して設定6m（経路逸脱最大許容値）＋5m（飛行高度）=11m

7章

実技試験

7-3 一等 回転翼航空機 （ヘリコプター）

重要度
★★☆

総則

ここでは、一等・回転翼航空機（ヘリコプター）について解説します。まずは、この試験の総則について見てみましょう。

細則

I. 総則

1. 無人航空機操縦者技能証明の一等無人航空機操縦士の資格の区分に係る回転翼航空機（ヘリコプター）の実地試験（以下単に「実地試験」という。）を行う場合は、無人航空機操縦者実地試験実施基準及びこの細則による。

2. 実地試験は、100点の持ち点からの減点式採点法とし、各試験科目終了時に、80点以上の持ち点を確保した受験者を合格とする。

3. 実技試験の実施にあたっては、飛行経路からの逸脱を把握するため、各試験科目で示された減点区画及び不合格区画を明示しておくこと。

4. 実技試験の実施にあたっては、飛行経路からの逸脱状況を別の手段で確認できる場合を除き、試験員が認めた試験員補助員を所要の場所に配置すること。

5. 試験員補助員は指定を行う者に所属する者であり、無人航空機の飛行原理、実技試験の具体的内容及び手順並びに減点適用基準を理解していること。

6. 試験員補助員は、試験員及び受験者に対して、所要の地点への到達、減点区画または不合格区画に機体が進入したことを、知らせるなどの補助業務を行うこととし、採点及び合否判定は実施しない。

7.実技試験を実施するときは、実技試験の各科目開始前に風速計を用いて風速を計測し、無人航空機操縦者実地試験実施基準に記述された基準以下の風速であることを確認すること。

8.試験員または試験員補助員は、実技試験の内容を記録し、採点及び合否判定の結果についても記録すること。

　無人航空機を安全に操縦するための操作技術を持っているかどうかだけでなく、安全に飛行させるための点検や安全確認を確実に実施できるかどうか、航空法のルールに従って合法的に実施できるかどうかなど、無人航空機の操縦者としての総合力が問われる内容になっています。

　一等の実地試験の合格には、100点中80点以上の持ち点を確保しなくてはなりません。一等・回転翼航空機（ヘリコプター）の試験における減点適用基準は次の通りです。

細則　Ⅱ.実技試験の減点適用基準

1.次に掲げる基準を標準として、実技試験の減点を行うこととする。

2.適用事項に記載がない場合でも、減点細目に該当する事項が生じた場合は、試験員の判断により減点細目に応じた減点数の減点を行うこととする。

3.適用事項に該当するが、受験者に起因しない事由により生じた事項については、減点の対象としないこととする。

4.減点数欄の「不」と記載された適用事項が生じた場合は、実地試験を中止し、受験者を不合格とする。

5.実技試験では、減点区画にメインローターマストが進入した場合は、減点対象となる。ただし、移動開始地点から移動完了地点への飛行区画ごとの初回の進入については、試験員補助員が進入を知らせた後、速やかに飛行経路に復帰した場合は、減点を行わない。

6.不合格区画に機体のメインローターマストが進入した場合は、試験を中止し、受験者を不合格とする。

7.制限時間の対象は、各試験科目の減点適用基準において指定がない限り、試験員が受験者に離陸を指示した時刻から機体が着陸した時刻までの時間とする。

減点細目	減点数	適用事項
航空法等の違反	不	受験者が、アルコール又は薬物の影響により当該無人航空機の正常な飛行ができないおそれがあると試験員が判断したとき 受験者が必要な機材、機体及び試験場を準備する場合に屋外での試験において、次に掲げる事項が判明したとき • 飛行させる無人航空機の登録を受けていない • 飛行させる無人航空機に登録記号の表示又は登録記号を識別するための措置を講じていない • 受験者が飛行に必要な法第132条の85第2項又は法第132条の86 第3項若しくは第5項第2号に規定された国土交通大臣による許可又は承認を取得していない又は技能証明及び機体認証を得ていない。（ただし、国土交通省航空局安全部無人航空機安全課長が認めた場合を除く。）
危険な飛行	不	• 危険な速度（おおむね10m/s以上）で機体を飛行させたとき • 試験員、試験員補助員、受験者、その他の者又は物件に向けて、飛行中の機体を試験員が危険と判断する距離まで接近させたとき • 合理的な理由なく飛行中に操縦装置を両手で保持しなかったとき
墜落、損傷、制御不能	不	• 機体を墜落させたとき • 機体をパイロン、旗、壁、ネット等の物件に衝突させたとき • 機体を損傷させたとき • 機体を制御不能に陥らせたとき • 円周飛行において、設定された円形の飛行経路中心より手前で周回させたとき • 高高度飛行において、高高度でのホバリングを維持できず、ホバリング開始地点から大きく逸脱し、速やかに復帰できない又はホバリング開始時の高度から高度が±15メートル以上変動したとき
飛行空域逸脱（不合格区画）	不	• メインローターマストを不合格区画に進入させたとき
制限時間超過	不	• 各試験科目で設定している制限時間を超過したとき
操作介入	不	• 安全性を確保するために、試験員等が受験者に代わり操縦を行ったとき

不正行為	不	• 受験者が他の者から助言又は補助を受けたとき、その他不正の行為があったとき • 受験者が試験の円滑な実施を妨げる行為を行ったとき • 目視内飛行の限定変更において、試験員の指示がないにもかかわらず、目視外飛行中に機体を視認したとき
飛行経路逸脱	5	• メインローターマストを減点区画に進入させたとき*1 • ホバリング（基本に係る実地試験での高高度飛行における高度50メートル及び100メートルでのホバリング並びに目視内飛行の限定変更に係る実地試験での位置安定機能異常事態における飛行を除く）及び着陸時において、メインローターマストを定められた区画から逸脱させたとき*2
指示と異なる飛行	5	• 試験員の指示と異なる手順で飛行させたとき • 試験員の指示と異なる方向に機体を移動させたとき又は指示と異なる機体の姿勢変化をさせたとき • 次の移動地点まで継続的に機首が試験員の指示と異なる方向を向いた状態で飛行させたとき*3 • 試験員の指示を受ける前に機体の移動又は姿勢変化をさせたとき • メインローターマストを減点区画に進入させたにもかかわらず、機体を速やかに飛行経路に復帰させなかったとき*4
離着陸不良	5	• 接地時に機体に強い衝撃を加えたとき • 離着陸時に機体を転倒させたとき*5
監視不足	5	• 目視内飛行にてカメラ画像を注視する等、合理的な理由なく飛行中の機体及び周囲の状況を十分に監視していなかったとき • 目視外飛行にて合理的な理由なくカメラ画像を注視していない等、飛行中の機体及び周囲の状況を十分に監視していなかったとき
安全確認不足*6	5	• 目視外飛行にてカメラ画像で移動先及び周囲の安全を確認しないまま移動させたとき • 離陸前に飛行空域及び気象状況に安全上の問題がないことを確認せずに離陸させたとき • 着陸前に着陸地点及び周囲の状況に安全上の問題がないことを確認せずに着陸させたとき
ふらつき*7	1	• 試験員から指示のあった飛行経路及び高度において機体を大きくふらつかせたとき • 着陸時に機体を大きくふらつかせたとき又は機体の姿勢を大きく変化させたとき • 着陸時に機体を滑らせながら接地させたとき
不円滑*7	1	• 合理的な理由なく、機体を急に加減速させた又は機体に急な旋回をさせたとき • 合理的な理由なく、機体を急停止させたとき

不円滑*7	1	• 合理的な理由なく、機体の速度を安定させることができなかったとき • 高度変化を伴う試験科目において、合理的な理由なく、機体の高度を一定の割合でなく急に変化させたとき
機首方向不良	1	• 一時的に機首が試験員の指示と異なる方向を向いた状態で飛行させたとき*8 • 機首方向を大きくふらつかせたとき

＊1　減点区画への移動開始地点から移動完了地点への飛行区画ごとの初回の進入については、試験員補助員が進入を知らせた後、機体を速やかに飛行経路に復帰させた場合は、減点を行わない。
＊2　定められた区画は、各試験科目において示された、離着陸地点中心から直径５メートルの円状の区画とする。
＊3　円周飛行においては、四分円にわたって継続的に機首が試験員の指示と異なる方向を向いた状態で飛行させたときとする。
＊4　減点区画への移動開始地点から移動完了地点への飛行区画ごとの初回の進入を除くこととする。
＊5　機体が損傷した場合は、「墜落、損傷、制御不能」の減点細目に該当することとする。
＊6　試験員に安全確認を行った旨を伝えなかった場合は、安全確認を行っていないものとみなす。
＊7　突風等の影響により、一時的に機体のふらつき又は不円滑な飛行が生じた場合でも、受験者が速やかに適切な操作を行い、試験員が機体を制御できていると判断する場合は、減点の対象外とする。
＊8　次の移動地点まで継続的に機首が試験員の指示と異なる方向を向いた状態で飛行させたときは、減点細目「指示と異なる飛行」とする。

　減点適用基準を見ると、実技試験では操縦の巧みさを測ることよりも、安全を確保するための操縦・確認が確実に実施できているかどうかを重視しているように思われます。上手に飛行することもよいことですが、「安全第一」「法令遵守」の気持ちを強く持ち、だれが見ても安心・安全を感じてもらえる姿勢をもって、試験に臨むとよいでしょう。

基本飛行

基本飛行の試験は、次のように実施されます。

Ⅲ.基本に係る実地試験

1.一般

  1-1 基本に係る実地試験では、立入管理措置を講ずることなく行う昼間かつ目視内での飛行を安全に実施するための知識及び能力を有するかどうかを確認する。

  1-2 自動操縦の技能については、適切な飛行経路の設定及び危機回避機能（フェールセーフ機能）の設定を行うために十分な知識を有するかどうかを机上試験で問い、実機による試験は行わない。

  1-3 実地試験の構成は、次のとおりとする。

    1-3-1 机上試験

    1-3-2 口述試験（飛行前点検）

    1-3-3 実技試験

    1-3-4 口述試験（飛行後の点検及び記録）

    1-3-5 口述試験（事故、重大インシデントの報告及びその対応）

基本飛行の試験では、次の試験科目を実施します。

7章

実技試験

細則 （目的）立入管理措置を講ずることなく行う昼間かつ目視内の飛行に係る操縦能力を有するかどうかを判定する。

番号	科目	実施要領	減点適用基準
4-1	高度変化を伴うスクエア飛行	（1）GNSS、ビジョンセンサー等の水平方向の位置安定機能OFFの状態で、機首を受験者から見て前方に向けて離陸を行い、高度5メートルまで上昇し5秒間ホバリングを行う。 （2）試験員が口頭で指示する飛行経路及び手順で直線上に飛行する。離着陸地点からA地点への移動は、機首を受験者から見て前方に向け、他の移動は、機首を常に進行方向に向けた状態で移動を行う。B地点とC地点の間及びE地点とD地点の間の移動は、5メートルから10メートルまでの高度変化を伴う。 （3）移動完了後、着陸を行う。	1.Ⅱ.実技試験の減点適用基準を適用する。 2.制限時間は8分とする。
4-2	円周飛行	（1）GNSS、ビジョンセンサー等の水平方向の位置安定機能OFFの状態で、機首を受験者から見て前方に向けて離陸を行い、高度5メートルまで上昇し、5秒間ホバリングを行う。 （2）試験員が口頭で指示する飛行経路及び手順で、機首を進行方向に向けた状態での円周飛行を、連続して二周行う。 （3）機首を（2）と逆方向に向け、逆方向の円周飛行を連続して二周行う。 （4）完了後、着陸を行う。	1.Ⅱ.実技試験の減点適用基準を適用する。 2.制限時間は10分とする。 3.速度制御のため、一周終了ごとに停止することを減点対象としない。

4-3	高高度飛行	(1) GNSS、ビジョンセンサー等の水平方向の位置安定機能OFFの状態で、機首を受験者から見て前方に向けて離陸を行い、高度5メートルまで上昇し、5秒間ホバリングを行う。 (2) 低速（5km/hから20km/h程度の範囲の速度）でA地点上空高度50メートルまで機体を上昇させる。 (3) A地点を示す目標物をカメラで確認し、試験員の指示で、受験者から見て正面と対面のホバリングをそれぞれ10秒間行う。 (4) 低速（5km/hから20km/h程度の範囲の速度）でB地点上空高度100メートルまで機体を上昇させる。 (5) B地点を示す目標物をカメラで確認し、試験員の指示で、受験者から見て正面と対面のホバリングをそれぞれ10秒間行う。 (6) 離着陸地点の上空5メートル付近まで低速（5km/hから20km/h程度の範囲の速度）で機体を下降させる。 (7) 離着陸地点上空に移動完了後、機首を受験者から見て前方に向けた後に着陸を行う。 ＊(6) の降下は、ボーテックス・リング・ステートに陥らないように旋回等により降下させること。	1. Ⅱ. 実技試験の減点適用基準を適用する。 2. 制限時間は15分とする。

　細則のうち実施要領の欄に記載されている「GNSS、ビジョンセンサー等の水平方向の位置安定機能OFFの状態」とは、機体の前後左右方向の制御を、機体の性能に頼らず、操縦者による手動操作で行う状態のことをいいます。ただし、機体の上下方向の制御は機体側で行ってくれます。この状態で無人航空機を操縦していると、GNSS等の制御で同じ場所にとどまり続けることができないため、機体が風に流されて飛行空域から大きく逸脱し、第三者に接触したり、機体を見失って紛失したりする可能性が高まります。試験では、この状態であっても安全に無人航空機を操縦できるかどうかを確認されます。この状態は「ATTIモード」や「Altモード」などと呼称されることがあります。

　通常の無人航空機の飛行においては、安全確保の観点から、この位置安定機能をOFFにして操縦することはほとんどありません。しかし、飛行中にGNSSの受信精度が低下したり、機体に搭載されている各種機能の不具合によって位

置安定機能が低下または無効になったりする等の緊急事態が発生した場合には、操縦者にはこの位置安定機能に頼らない操縦能力を有することが求められます。

　かなり高難易度な飛行になりますが、実技試験の合格のためはもちろん、あらゆる事態が発生しても自身で対処ができるようになるためにも、「GNSS、ビジョンセンサー等の水平方向の位置安定機能OFFの状態」での操縦練習は積極的に実施しましょう。

　試験科目ごとの飛行経路は次のようになります。

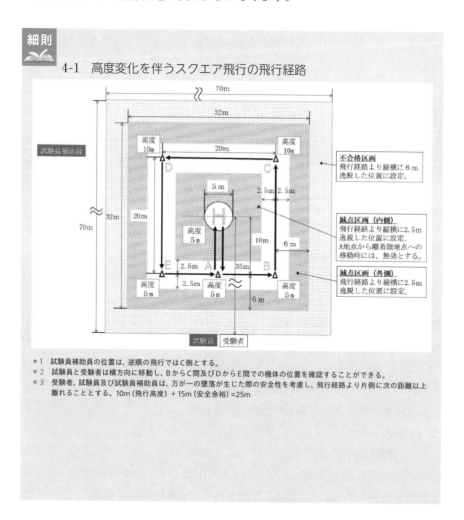

細則

4-1　高度変化を伴うスクエア飛行の飛行経路

＊1　試験員補助員の位置は、逆順の飛行ではC側とする。
＊2　試験員と受験者は横方向に移動し、BからC間及びDからE間での機体の位置を確認することができる。
＊3　受験者、試験員及び試験員補助員は、万が一の墜落が生じた際の安全性を考慮し、飛行経路より片側に次の距離以上離れることとする。10m（飛行高度）＋15m（安全余裕）=25m

4-2　円周飛行の飛行経路

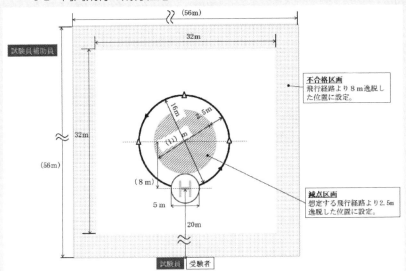

* 1　受験者が飛行経路を想定する際の目安とするため、直径16mの円周上に目印を置くこととする。ただし、目印の上空を飛行することを必須としない。
* 2　受験者、試験員及び試験員補助員は、万が一の墜落が生じた際の安全性を考慮し、飛行経路より片側に次の距離以上離れることとする。5m（飛行高度）＋15m（安全余裕）＝20m

4-3　高高度飛行の飛行経路

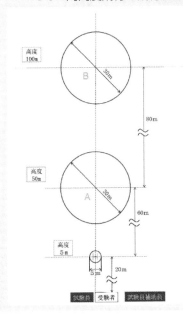

* 1　試験員補助員は機体の高度を確認し、読み上げること。
* 2　水平方向の位置制御装置をOFFとしていてもGNSSによる軌跡を表示できる機体の場合、試験員は、A地点及びB地点のホバリング開始地点から直径30mサークル外に逸脱したことをもって、制御不能と判定することもできる。
* 3　受験者、試験員及び試験員補助員は、万が一の墜落が生じた際の安全性を考慮し、離着陸地点から次の距離以上離れることとする。5m（ホバリング時の飛行高度）＋15m（安全余裕）＝20m

7章

実技試験

実技試験においては、試験員が指示する飛行経路、減点区画、不合格区画があります。前ページの図の矢印または領域で示されたところを移動またはホバリングします。移動方向や移動開始のタイミングなど、次に操縦者が行うべき操作は、試験員から指示されます。

　減点区画は、前ページの図の斜線部で示されており、試験員から指示された飛行経路または飛行領域から2.5m逸脱した位置に設定されています。この区画に進入した場合、減点適用基準の「飛行経路逸脱」が適用されます。

　不合格区画は、飛行経路図の網掛け部で示されており、試験員から指示された飛行経路または飛行領域から6〜8m逸脱した位置に設定されています。この区画に進入した場合は、減点適用基準の「飛行空域逸脱（不合格区画）」が適用されます。

昼間飛行の限定変更

　昼間飛行の限定変更の試験では、次のように実施されます。

 細則　Ⅳ.昼間飛行の限定変更に係る実地試験

　　1.一般

　　1-1昼間飛行の限定変更に係る実地試験では、立入管理措置を講ずることなく行う夜間飛行を安全に実施するための知識及び能力を有するかどうかを確認する。

　　1-2自動操縦の技能については、適切な飛行経路の設定及び危機回避機能（フェールセーフ機能）の設定を行うために十分な知識を有するかどうかを机上試験で問い、実機による試験は行わない。

　　1-3実技試験は、150ルクス以下の照度の試験場で行うこととする。

　　1-4離着陸時は機体の形状が視認できる状態であること。照明等を用いなければ視認できない場合は、機体周辺の照度が1-3で規定された照度条件を超えない範囲で機体周辺を照らすこと。

　　1-5減点区画、不合格区画及び飛行経路の目印が視認できる状態であること。照明等を用いなければ視認できない場合は、機体周辺の照度が1-3で規定された照度条件を超えない範囲で目印を照らすこと。

> 1-6飛行時に機体の姿勢を把握可能な灯火を機体に搭載していること。
> 1-7実地試験の構成は、次のとおりとする。
>   1-7-1机上試験
>   1-7-2口述試験（飛行前点検）
>   1-7-3実技試験
>   1-7-4口述試験（飛行後の点検及び記録）

「150ルクス以下の照度」は、例えば夜間の屋外野球場や屋外サッカー場の明るさが近いでしょうか。真っ暗闇ではないため、機体の位置や試験場の各区画や経路の目印は目視可能です。ただし、周囲が暗くなると、機体や目印の距離感にずれが生じて、飛行経路の逸脱を起こしやすくなります。

昼間飛行の限定変更に係る試験では、下記の試験科目を実施します。

 細則

（目的）立入管理措置を講ずることなく行う夜間飛行に係る操縦能力を有するかどうかを判定する。

番号	科目	実施要領	減点適用基準
4-1	スクエア飛行	(1) GNSS、ビジョンセンサー等の水平方向の位置安定機能OFFの状態で、機首を受験者から見て前方に向けて離陸を行い、高度5メートルまで上昇し、5秒間ホバリングを行う。 (2) 試験員が口頭で指示する飛行経路及び手順で直線上に飛行する。機首を常に進行方向に向けた状態で移動を行う。 (3) 移動完了後、機首を受験者から見て前方に向けた後に着陸を行う。	1. II.実技試験の減点適用基準を適用する。 2. 制限時間は10分とする。

試験科目ごとの飛行経路は次のようになります。

細則

4-1　スクエア飛行の飛行経路

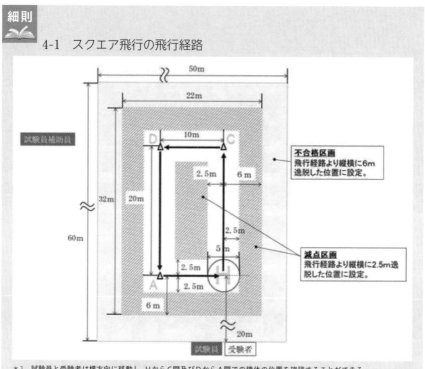

＊1　試験員と受験者は横方向に移動し、HからC間及びDからA間での機体の位置を確認することができる。

＊2　受験者、試験員及び試験員補助員は、万が一の墜落が生じた際の安全性を考慮し、飛行経路より片側に次の距離以上離れることとする。5m（飛行高度）＋15m（安全余裕）＝20m

目視内飛行の限定変更

目視内飛行の限定変更の試験では、次のように実施されます。

V. 目視内飛行の限定変更に係る実地試験

1. 一般

1-1 目視内飛行の限定変更に係る実地試験では、立入管理措置を講ずることなく行う目視外飛行を、安全に実施するための知識及び能力を有するかどうかを確認する。

1-2 自動操縦の技能については、適切な飛行経路の設定及び危機回避機能（フェールセーフ機能）の設定を行うために十分な知識を有するかどうかを机上試験で問い、実機による試験は行わない。

1-3 実技試験においては、受験者は機体に対して背を向けるまたは機体を目視できない地点に移動することにより、機体を目視できない状態で行うこととする。

1-4 試験に用いる機体によって、目視外での飛行ではない離着陸及びホバリングを受験者と別の者が補助することを認める。この場合、十分安全な高度で受験者と操縦を代わることとする。また、受験者を補助する者は、機体を目視できる範囲内かつ不合格区画外であって、自らの安全を確保することができる地点において操縦するものとする。

1-5 1-4において受験者に代わり操縦を行う者が試験員でない場合は、回転翼航空機（ヘリコプター）の二等無人航空機操縦士または一等無人航空機操縦士の基本に係る技能証明を有する者または同等以上の能力を有すると試験員が認めた者とする。

1-6 実地試験の構成は、次のとおりとする。

1-6-1 机上試験

1-6-2 口述試験（飛行前点検）

1-6-3 実技試験

1-6-4 口述試験（飛行後の点検及び記録）

目視内飛行の限定変更に係る実地試験では、上記の通り、機体に対して背を向けるまたは機体を目視できない地点に移動した状態で行います。目視での飛行と比較すると、モニター映像は遅延して表示されるため、普段の操縦感覚と違って感じられることがあります。映像の遅延の程度は、機種や電波状況等によって異なります。

目視内飛行の限定変更に係る試験では、下記の試験科目を実施します。

細則 （目的）立入管理措置を講ずることなく行う目視外飛行に係る操縦能力を有するかどうかを判定する。

番号	科目	実施要領	減点適用基準
4-1	高度変化を伴うスクエア飛行	（1）GNSS、ビジョンセンサー等の水平方向の位置安定機能OFFの状態で、目視内で機首を受験者から見て前方に向けて離陸を行い、高度10メートルまで上昇し5秒間ホバリングを行う。 （2）試験員の指示で、受験者は機体が見えないようにする。 （3）受験者カメラ画像のみで試験員が口頭で指示する飛行経路及び手順で直線上に飛行する。機首を常に進行方向に向けた状態で移動を行う。B地点とC地点の間及びE地点とD地点の間の移動は、10メートルから20メートルまでの高度変化を伴う。 （4）移動完了後、試験員の指示で受験者は着陸地点の障害物の問題がないことを確認した後、高度3.5メートルまで機体を降下させる。（高度3.5メートルまでの降下完了で着陸とみなす。） （5）降下をさせた後、目視内で機体を着陸させる。	1.Ⅱ.実技試験の減点適用基準を適用する。 2.目視外飛行を行う（2）から（4）までを減点対象とする。 3.制限時間は12分とし、（2）から（4）までの飛行時間が制限時間を超えないこと。

4-2	位置安定機能異常事態における飛行	(1) 目視内で機首を受験者から見て前方に向けて離陸を行い、高度10メートルまで上昇し、ホバリングを行う。 (2) ホバリング中に、離着陸地点をカメラで確認できるようにする。 (3) 受験者はカメラ操作完了を試験員に伝達する。 (4) 試験員の指示で、受験者は機体が見えないようにする。 (5) 試験員の指示で、GNSS、ビジョンセンサー等の水平方向の位置安定機能をOFFとし、10秒間目視外でホバリングを行う。 (6) 試験員の指示でホバリング完了後、受験者は、試験員から伝えられた緊急地点をカメラで確認し、緊急着陸地点までの経路に障害物がないことを確認した上で、機首を進行方向に向けた状態で緊急着陸地点に移動する。 (7) 移動完了後、試験員の指示で受験者は着陸地点の障害物の問題がないことを確認した後、高度3.5メートルまで機体を降下させる。（高度3.5メートルまでの降下完了で着陸とみなす。） (8) 降下をさせた後、目視内で機体を着陸させる。 ＊目視内での離着陸時のGNSS、ビジョンセンサー等の水平方向の位置安定機能の状態は定めない。	1. Ⅱ.実技試験の減点適用基準を適用する。 2. 目視外飛行を行う（4）から（7）までを減点対象とする。 3. 制限時間は5分とし、（4）から（7）までの飛行時間が制限時間を超えないこと。

試験科目ごとの飛行経路は次のようになります。

4-1 高度変化を伴うスクエア飛行の飛行経路

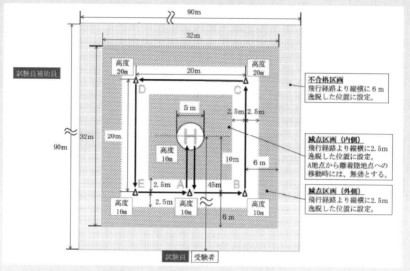

* 1 試験員補助員の位置は、逆順の飛行ではC側とする。
* 2 受験者、試験員及び試験員補助員は、万が一の墜落が生じた際の安全性を考慮し、飛行経路より片側に次の距離以上
離れることとする。20m（飛行高度）＋15m（安全余裕）＝35m

4-2 位置安定機能異常事態における飛行の飛行領域（目視外でのホバリング時）

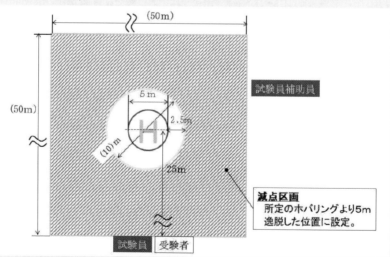

* 1 目視外での緊急事態であることに鑑み、不合格区画は設定しない。
* 2 受験者、試験員及び試験員補助員は、万が一の墜落が生じた際の安全性を考慮し、離着陸地点より片側に次の距離以
上離れることとする。10m（飛行高度）＋15m（安全余裕）＝25m

4-2　位置安定機能異常事態における飛行の飛行領域（緊急着陸時）

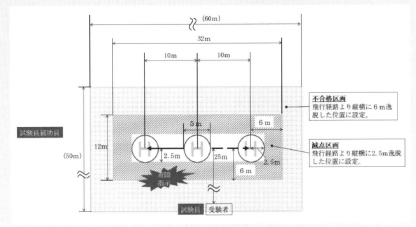

* 1　受験者は、試験員の着陸指示に従い、左右どちらかの着陸地点に着陸を行う。
* 2　受験者、試験員及び試験員補助員は、万が一の墜落が生じた際の安全性を考慮し、飛行経路より片側に次の距離以上
　　離れることとする。10m（飛行高度）＋15m（安全余裕）＝25m

最大離陸重量25kg未満の限定変更

最大離陸重量25kg未満の限定変更の試験では、次のように実施されます。

Ⅵ. 最大離陸重量25kg未満の限定変更に係る実地試験

1. 一般

　1-1 最大離陸重量25kg未満の限定変更に係る実地試験では、立入管
　　理措置を講ずることなく行う上で行う最大離陸重量25kg以上の
　　機体の飛行を安全に実施するための知識及び能力を有するかど
　　うかを確認する。

　1-2 自動操縦の技能については、適切な飛行経路の設定及び危機回
　　避機能（フェールセーフ機能）の適切な設定を行うために十分な
　　知識を有するどうかを机上試験で問い、実機による試験は行わ
　　ない。

　1-3 最大離陸重量25kg未満の限定変更に係る実技試験は、最大離陸
　　重量25kg以上の回転翼航空機（ヘリコプター）で行うことと
　　する。

1-4実地試験の構成は、次のとおりとする。ただし、最大離陸重量25kg未満の限定変更に係る実地試験より先に基本に係る実地試験を行う場合は、1-4-5最大離陸重量25kg未満の限定変更に係る実地試験では行わないこととする。

1-4-1机上試験

1-4-2口述試験（飛行前点検）

1-4-3実技試験

1-4-4口述試験（飛行後の点検及び記録）

1-4-5口述試験（事故、重大インシデントの報告及びその対応）

最大離陸重量25kg未満の限定変更の試験では、次の試験科目を実施します。

細則 （目的）立入管理措置を講ずることなく行う最大離陸重量25kg以上の回転翼航空機（ヘリコプター）の操縦能力を有するかどうかを判定する。

番号	科目	実施要領	減点適用基準
4-1	高度変化を伴うスクエア飛行	(1) GNSS、ビジョンセンサー等の水平方向の位置安定機能OFFの状態で、機首を受験者から見て前方に向けて離陸を行い、高度5メートルまで上昇し5秒間ホバリングを行う。 (2) 試験員が口頭で指示する飛行経路及び手順で直線上に飛行する。離着陸地点からA地点への移動は機首を受験者から見て前方に向け、他の移動は、機首を常に進行方向に向けた状態で移動を行う。B地点とC地点の間及びE地点とD地点の間の移動は、5メートルから10メートルまでの高度変化を伴う。 (3) 移動完了後、着陸を行う。	1. Ⅱ.実技試験の減点適用基準を適用する。 2. 制限時間は8分とする。

4-2	円周飛行	(1) GNSS、ビジョンセンサー等の水平方向の位置安定機能OFFの状態で、機首を受験者から見て前方に向けて離陸を行い、高度5メートルまで上昇し、5秒間ホバリングを行う。 (2) 試験員が口頭で指示する飛行経路及び手順で、機首を進行方向に向けた状態での円周飛行を、連続して二周行う。 (3) 機首を（2）と逆方向に向け、逆方向の円周飛行を連続して二周行う。 (4) 完了後、着陸を行う。	1. Ⅱ.実技試験の減点適用基準を適用する。 2. 制限時間は10分とする。 3. 速度制御のため、一周終了ごとに停止することを減点対象としない。
4-3	高高度飛行	(1) GNSS、ビジョンセンサー等の水平方向の位置安定機能OFFの状態で、機首を受験者から見て前方に向けて離陸を行い、高度5メートルまで上昇し、5秒間ホバリングを行う。 (2) 低速（5km/hから20km/h程度の範囲の速度）でA地点上空高度50メートルまで機体を上昇させる。 (3) A地点を示す目標物をカメラで確認し、試験員の指示で、受験者から見て正面と対面のホバリングをそれぞれ10秒間行う。 (4) 低速（5km/hから20km/h程度の範囲の速度）でB地点上空高度100メートルまで機体を上昇させる。 (5) B地点を示す目標物をカメラで確認し、試験員の指示で、受験者から見て正面と対面のホバリングをそれぞれ10秒間行う。 (6) 離着陸地点の上空5メートル付近まで低速（5km/hから20km/h程度の範囲の速度）で機体を下降させる。 (7) 離着陸地点上空に移動完了後、機首を受験者から見て前方に向けた後に着陸を行う。 ＊（6）の降下は、ボーテック・スリング・ステートに陥らないように旋回等により降下させること。	1. Ⅱ.実技試験の減点適用基準を適用する。 2. 制限時間は15分とする。

試験科目ごとの飛行経路は次のようになります。

細則

4-1　高度変化を伴うスクエア飛行の飛行経路

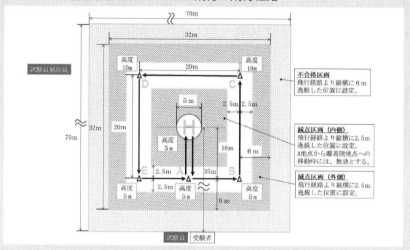

＊1　試験員補助員の位置は、逆順の飛行ではC側とする。
＊2　試験員と受験者は横方向に移動し、BからC間及びDからE間での機体の位置を確認することができる。
＊3　受験者、試験員及び試験員補助員は、万が一の墜落が生じた際の安全性を考慮し、飛行経路より片側に次の距離以上
　　離れることとする。10m（飛行高度）＋15m（安全余裕）＝25m

4-2　円周飛行の飛行経路

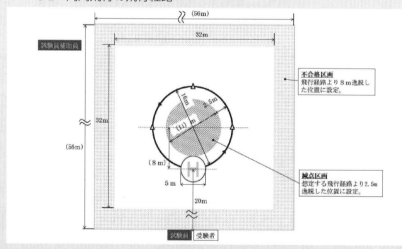

＊1　受験者が飛行経路を想定する際の目安とするため、直径16mの円上に目印を置くこととする。ただし、目印上空を飛
　　行することを必須としない。
＊2　受験者、試験員及び試験員補助員は、万が一の墜落が生じた際の安全性を考慮し、飛行経路より片側に次の距離以上
　　離れることとする。5m（飛行高度）＋15m（安全余裕）＝20m

4-3 高高度飛行の飛行経路

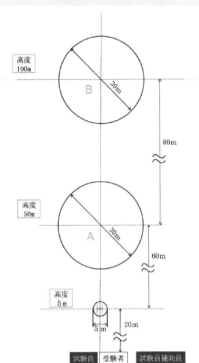

＊1 試験員補助員は機体の高度を確認し、読み上げること。

＊2 水平方向の位置制御装置をOFFとしていてもGNSSによる軌跡を表示できる機体の場合、試験員は、A地点及びB地点のホバリング開始地点から直径30mサークル外に逸脱したことをもって、制御不能と判定することもできる。

＊3 受験者、試験員及び試験員補助員は、万が一の墜落が生じた際の安全性を考慮し、離着陸地点から次の距離以上離れることとする。5m（ホバリング時の飛行高度）＋15m（安全余裕）＝20m

7章

実技試験

7-4 一等 飛行機

重要度
★★☆

総則

　ここでは、一等・飛行機の試験について解説します。まずは、この試験の総則について見てみましょう。

細則

I. 総則

1. 無人航空機操縦者技能証明の一等無人航空機操縦士の資格の区分に係る飛行機の実地試験（以下単に「実地試験」という。）を行う場合は、無人航空機操縦者実地試験実施基準及びこの細則による。

2. 実地試験は、100点の持ち点からの減点式採点法とし、各試験科目終了時に、80点以上の持ち点を確保した受験者を合格とする。

3. 実技試験の実施にあたっては、飛行経路からの逸脱を把握するため、各試験科目で示された減点区画または減点区画線及び不合格区画または不合格区画線を明示しておくこと。

4. 実技試験の実施にあたっては、試験員が認めた試験員補助員を所要の場所に配置すること。

5. 試験員補助員は試験を行う者に所属する者であり、無人航空機の飛行原理、実技試験の具体的内容及び手順並びに減点適用基準を理解していること。

6. 試験員補助員は、試験員及び受験者に対して、減点区画または不合格区画に機体が進入したことを知らせるなどの補助業務を行うこととし、採点及び合否判定は実施しない。

7. 実技試験を実施する場合は、実技試験の各科目開始前に風向風速計を用いて風向及び風速を計測する。無人航空機操縦者実地試験実施基準に記述された基準以上の風速及び実技試験の実施が難しいと試験員が判断する横風（おおむね横風30度以上かつ風速毎秒3メートル以上の場合）を観測した場合は、実技試験を行わないまたは実技試験を中止すること。

8. 試験員または試験員補助員は、実技試験の内容を記録し、採点及び合否判定の結果についても記録すること。

9. 基本に係る実技試験において風向風速、無人航空機の速度及び高度等の受験者及び試験員への通知、または基本以外の試験科目に係る実技試験において受験者が自動操縦による離着陸を行うことができない場合に手動操縦による離着陸を行う等について、実技試験を補助する者（以下「受験者補助員」）が行うことを認める。

10. 受験者補助員は、実技試験を実施する無人航空機の種類について、直近2年間で6月以上の飛行経験かつ50時間以上の飛行実績を有すること。

　無人航空機を安全に操縦するための操作技術を持っているかどうかだけでなく、安全に飛行させるための点検や安全確認を確実に実施できるかどうか、航空法のルールに従って合法的に実施できるかどうかなど、無人航空機の操縦者としての総合力が問われる内容になっています。

　一等の実地試験の合格には、100点中80点以上の持ち点を確保しなくてはなりません。一等・飛行機の実技試験における減点適用基準は次の通りです。

細則

1. 次に掲げる基準を標準として、実技試験の減点を行うこととする。

2. 適用事項に記載がない場合でも、減点細目に該当する事項が生じた場合は、試験員の判断により減点細目に応じた減点数の減点を行うこととする。

3. 適用事項に該当するが、受験者に起因しない事由により生じた事項については、減点の対象としないこととする。

4. 減点数欄の「不」と記載された適用事項が生じた場合は、実地試験を中止し、受験者を不合格とする。

5. 実技試験では、減点区画に機体の全てが進入した場合は、減点対象となる。

6. 不合格区画に機体の全てが進入した場合は、試験を中止し、受験者を不合格とする。

減点細目	減点数	適用事項
航空法等の違反	不	受験者が、アルコール又は薬物の影響により当該無人航空機の正常な飛行ができないおそれがあると試験員が判断するとき • 受験者が必要な機材、機体及び試験場を準備する試験において、次に掲げる事項が判明したとき • 飛行させる無人航空機の登録を受けていない • 飛行させる無人航空機に登録記号の表示又は登録記号を識別するための措置を講じていない • 受験者が飛行に必要な法第132条の85第2項又は法第132条の86第3項若しくは第5項第2号に規定された国土交通大臣による許可又は承認を取得していない又は所要の技能証明及び機体認証を得ていない（ただし、国土交通省航空局安全部無人航空機安全課長が認めた場合を除く。）
危険な飛行	不	• 危険な速度（巡航速度を大きく超過した速度並びに失速又は失速の危険がある速度）で機体を飛行させたとき • 試験員、試験員補助員、受験者、受験者補助員、その他の者又は物件に向けて、飛行中の機体を試験員が危険と判断する距離まで接近させたとき • 合理的な理由なく、飛行中に操縦装置を両手で保持しなかったとき（基本に係る実技試験に限る） • 飛行経路等の不適切な再設定により機体が立入管理措置を講じた空域を逸脱する又は機体が失速する等、危険な飛行となると試験員が判断したとき（基本に係る実技試験を除く）
墜落、損傷、制御不能	不	• 機体を墜落させたとき • 機体を失速させたとき • 機体を物件に衝突させたとき • 機体を損傷させたとき • 機体を制御不能に陥らせたとき*1
飛行空域逸脱（不合格区画）	不	• 基本に係る実技試験において不合格区画線よりも外側に機体の全てを進入させたとき • 機体の全てを不合格区画に進入させたとき*2 • 離着陸時に一部でも降着装置が滑走路を逸脱したとき

制限時間超過	不	・各試験科目で設定している制限時間を超過したとき
操作介入	不	・安全性を確保するために、試験員及び受験者補助員等が受験者に代わり操縦を行ったとき
不正行為	不	・受験者が他の者から助言又は補助を受けたとき、その他不正の行為があったとき*3 ・受験者が試験の円滑な実施を妨げる行為を行ったとき ・基本に係る実技試験を除き、試験員の指示がないにもかかわらず、目視外飛行中に機体を視認したとき
飛行経路逸脱（減点区画）	5	・基本に係る実技試験において外側の減点区画線よりも外側に機体の全てを進入させたとき ・基本に係る実技試験において内側の減点区画線よりも外側に機体の全てを進入させなかったとき ・減点区画に機体の全てを進入させたとき*4
指示と異なる飛行	5	・試験員の指示と異なる手順又は飛行経路で飛行させたとき ・試験員の指示を受ける前に操縦に係る操作を行ったとき
監視不足	5	・基本に係る実技試験において、合理的な理由なく、飛行中の機体及び周囲の状況を十分に監視していなかったとき ・基本以外の実技試験において、合理的な理由なく、操縦装置に表示される必要な情報を注視していない等、飛行中の機体及び周囲の状況を十分に監視していなかったとき
安全確認不足*5	5	・離陸前に飛行空域及びその周囲の状況並びに気象状況に安全上の問題がないことを確認せずに離陸させたとき ・着陸前に着陸地点及びその周囲の状況並びに気象状況に安全上の問題がないことを確認せずに着陸させたとき
ふらつき*6	1	・試験員から指示のあった飛行経路及び高度において機体を大きくふらつかせたとき ・基本に係る実技試験において、離着陸時に機体を大きくふらつかせたとき又は機体の姿勢を大きく変化させたとき
不円滑*6	1	・合理的な理由なく、機体の速度を安定させることができなかったとき ・離着陸等、高度変化を伴う飛行時に安定した昇降率を保てず、急激な高度変化をさせたとき
受験者補助員との連携不足*7	1	・受験者補助員との役割分担及び連携の手順を明確にしなかったとき*8 ・受験者補助員との連携に係る通知がなされなかったとき

＊1 機体が地面に衝突する可能性及び高度が航空法に抵触する高度（許可・承認を得ていない場合は、150メートル）を超えて上昇する可能性があると試験員が判断する高度変化を含む。
＊2 機体の全てを不合格区画に進入させていたことが飛行後に判明した場合を含む。
＊3 基本に係る実技試験における受験者補助員からの機体の速度及び高度等の通知並びにその他の実技試験における受験者補助員と受験者との連携に係る通知等の試験員が認める助言及び補助を除く。
＊4 機体の全てを減点区画に進入させていたことが飛行後に判明した場合を含む。

また、飛行機の実技試験においては、次の事項をよく確認しておきましょう。

細則

Ⅲ. 立入管理措置を講ずるべき空域及び必要着陸滑走路長
1 立入管理措置を講ずるべき空域の大きさの算出
　1-1 受験者は、実技試験に用いる機体の無風時の巡航速度(以下「推定巡航速度」という。)を当該機体の取扱説明書または過去の飛行記録等から推定し、推定巡航速度を基に実技試験において立入管理措置を講ずるべき空域(以下「施設飛行空域」という。)の大きさを算出することとする。実技試験を実施するときは、受験者は算出した施設飛行空域を含む空域に対して立入管理措置を講ずることとする。
　1-2 施設飛行空域の大きさの算出は、施設飛行空域が大きくなる基本以外の試験科目を想定し、次に掲げる手順及び方法により行う。
　(1) 推定巡航速度にて、機体が角丸な長方形の飛行を行った際の飛行経路(以下「想定飛行経路」という。)を算出する。当該飛行経路の算出にあたっては、次の想定を行う。
　　長辺方向に15秒間の直線飛行を行う。
　　短辺方向には直線飛行を行わない。ただし、機体の特性により直線飛行を行う必要がある場合は、5秒を超えない範囲で直線飛行を行う。
　　旋回時、機体は常に一定のバンク角度で旋回を行う。なお、機体のバンク角度は、試験に用いる機体の取扱説明書または過去の飛行記録等から安全に飛行が可能と思われるバンク角度を、受験者が任意に設定することとする。

(2) 上空にて追い風方向に風速毎秒15メートルの風が吹いた際に旋回半径が大きくなる場合を想定し、想定飛行経路から不合格区画までの距離を算出する。

(3) 不合格区画から30メートルの余裕を持たせた空域を、施設飛行空域とする。

2 必要滑走路長の算出

2-1 受験者は実技試験に用いる機体の着陸の際の接地速度を当該機体の取扱説明書及び過去の飛行記録等から推定し、必要滑走路長の算出を行うこととする。実技試験の実施に際し、受験者は安全に機体を着陸させることができる滑走路幅及び算出した必要滑走路長以上の長さの滑走路を有する試験場を準備することとする（基本に係る実技試験を除く試験科目において、垂直離着陸可能な機体を用いる場合を除く）。

2-2 接地速度を Vtd(m/s) とした場合の必要滑走路長は、重力加速度を g(m/s^2)、機体の平均転がり摩擦係数を μ とし、次の計算式により算出する。

$$必要着陸時滑走路長(\mathrm{m}) = \frac{2Vtd^2}{g\mu}$$

2-3 平均転がり摩擦係数 μ は、実技試験に用いる無人航空機及び滑走路の状態により、受験者の判断で設定を行うこととする。

[施設飛行空域についての概要図]

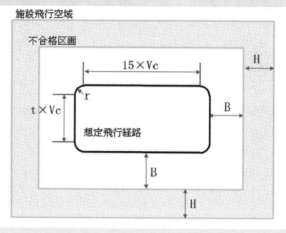

Vc：機体の推定巡航速度（単位 m/s）。

t：短辺方向の直線飛行時間（単位 s）。（0≦t≦5）

r：機体の旋回半径（単位 m）。重力加速度を g（単位 m/s²）、機体のバンク角度を θ（単位 °）とし、

$$r = \frac{Vc^2}{g \times tan\,\theta}$$

の計算式により算出する。

$$B：B = \frac{(Vc+15)^2}{g \times tan\,\theta} - r = \frac{\{(Vc+15)^2 - Vc^2\}}{g \times tan\,\theta}$$

の計算式により算出する。

H：30（単位 m）

基本飛行

基本飛行の試験では、次のように実施されます。

IV. 基本に係る実地試験

1. 一般

1-1 基本に係る実地試験では、立入管理措置を講ずることなく行う昼間かつ目視内での飛行を安全に実施するための知識及び能力を有するかどうかを確認する。

1-2 自動操縦の技能については、適切な飛行経路の設定及び危機回避機能（フェールセーフ機能）の設定を行うために十分な知識を有するかどうかを机上試験で問い、実機による試験は行わない。

1-3 基本に係る実地試験は、最大離陸重量25kg未満の飛行機（垂直離着陸可能なものを除く）で行うこととする。

1-4 実地試験の構成は、次のとおりとする。

1-4-1 机上試験

1-4-2 口述試験（飛行前点検）

1-4-3 実技試験

1-4-4 口述試験（飛行後の点検及び記録）

1-4-5 口述試験（事故、重大インシデントの報告及びその対応）

1-5 実技試験では、原則として、飛行経路の長辺方向の中心線からの開き角度に応じて明示された各区画線への機体の進入状況に応じて、減点適用基準の適用事項に該当するかを判断する。また、原則として、試験員補助員は受験者の真後ろに立ち、各区画線への機体の進入を通知することとする。ただし、操縦装置に内側及び外側の減点区画並びに不合格区画を表示することができ、試験員が認める場合はこの限りでない。

[各区画線と減点適用基準について]

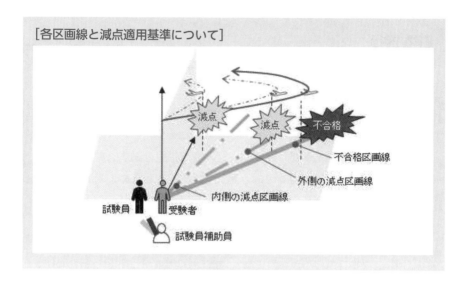

基本飛行の試験では、次の試験科目を実施します。

細則 （目的）立入管理措置を講ずることなく行う昼間かつ目視内の飛行に
係る操縦能力を有するかどうかを判定する。

番号	科目	実施要領	減点適用基準
4-1	周回飛行	（1）姿勢制御機能がある飛行機については姿勢制御機能をOFFにした状態で、受験者は滑走のため機体を滑走路上の所要の位置に移動させる。 （2）受験者は離陸を行うことを試験員に通知し、原則的としておおむね機体に対して向かい風となる方向に離陸を行う。 （3）受験者は機体を上昇旋回させ、受験者が想定する周回飛行開始地点（A地点）付近まで飛行を行う。 （4）受験者は機体がA地点に到達したと判断したときは、速やかに試験員にA地点に到達したことを通知する。 （5）受験者は自身が想定する飛行経路で試験員からの指示があるまで周回飛行を行う。この際、受験者は試験員からの指示に基づき飛行経路の調整を行い、試験員が求める飛行高度（おおむね対地70メートルから100メートル）及び飛行経路で飛行を行う。	1. II.実技試験の減点適用基準を適用する。 2. 試験員と飛行高度及び飛行経路についての調整を行う（5）の1周目の飛行は、減点対象としない。 3. 制限時間は10分とする。（受験者が離陸を行うことを通知し、受験者が機体の停止を通知するまでの時間を制限時間とする。）

4-1	周回飛行	（6）試験員から周回飛行を終了する旨の指示を受けた後、受験者は機体が再びA地点に到達したと判断したときは、速やかに試験員に機体がA地点に到達したことを通知する。 （7）受験者は（5）の周回飛行において試験員と調整した飛行経路とおおむね同じ飛行経路で周回飛行を行う。 （8）受験者は（7）の飛行開始後、2周目に機体がB地点付近に到達したときに、試験員に着陸することを通知する。 （9）通知後、受験者は、原則としておおむね向かい風となる方向に着陸を行う。ただし、周回飛行の方向と着陸時の滑走路への進入方向を変える場合は、受験者が（8）以降の飛行経路を任意に設定することができる。 （10）着陸後、機体が停止した時点で、受験者は機体が停止したことを試験員に通知する。 ＊受験者が安全上必要と判断する場合は、制限時間以内において複数回の着陸復行を行ってもよいものとする。	1.Ⅱ.実技試験の減点適用基準を適用する。 2.試験員と飛行高度及び飛行経路についての調整を行う（5）の1周目の飛行は、減点対象としない。 3.制限時間は10分とする。(受験者が離陸を行うことを通知し、受験者が機体の停止を通知するまでの時間を制限時間とする。)
4-2	緊急着陸を伴う8の字飛行	（1）姿勢制御機能がある飛行機については姿勢制御機能をOFFにした状態で、受験者は滑走のため機体を滑走路上の所要の位置に移動させる。 （2）受験者は離陸を行うことを試験員に通知し、原則としておおむね機体に対して向かい風となる方向に離陸を行う。 （3）受験者は機体を上昇旋回させ、受験者が想定する周回飛行開始地点（A地点）付近まで飛行を行う。 （4）受験者は機体がA地点に到達したと判断したときは、速やかに試験員に機体がA地点に到達したことを通知する。 （5）受験者は自身が想定する飛行経路で試験員からの指示があるまで周回飛行を行う。この際、受験者は試験員からの指示に基づき飛行経路の調整を行い、試験員が求める飛行高度（おおむね対地70メートルから100メートル）及び飛行経路で飛行を行う。	1.Ⅱ.実技試験の減点適用基準を適用する。 2.試験員と飛行高度及び飛行経路についての調整を行う（5）の1周目の飛行は、減点対象としない。 3.制限時間は10分とする。(受験者が離陸を行うことを通知し、受験者が機体の停止を通知するまでの時間を制限時間とする。)

7章 実技試験

4-2	緊急着陸を伴う8の字飛行	（6）試験員から周回飛行を終了する旨の指示を受けた後、受験者は機体が再びA地点に到達したと判断したときは、速やかに試験員に機体がA地点に到達したことを通知する。 （7）通知後、受験者は（5）の周回飛行において試験員と調整した飛行経路とおおむね同じ位置及び同じ規模の飛行経路で8の字飛行を2周行う。 （8）8の字飛行を2周完了した後も受験者は、8の字飛行を行い続ける。 （9）試験員からの緊急着陸を行う旨の口頭指示があり次第、受験者は試験員に緊急着陸することを通知する。 （10）通知後、受験者は可能な限り最短の飛行経路で着陸を行う。ただし、8の字飛行の方向と着陸時の滑走路への進入方向を変える場合は、受験者が（9）以降において、可能な限り最短の飛行経路を設定することができる。 （11）着陸後、機体が停止した時点で、受験者は機体が停止したことを試験員に通知する。 ＊受験者が安全上必要と考える場合は、制限時間以内において複数回の着陸復行を行ってもよいものとする。	1．Ⅱ.実技試験の減点適用基準を適用する。 2．試験員と飛行高度及び飛行経路についての調整を行う（5）の1周目の飛行は、減点対象としない。 3．制限時間は10分とする。（受験者が離陸を行うことを通知し、受験者が機体の停止を通知するまでの時間を制限時間とする。）

試験科目ごとの飛行経路は次のようになります。

 細則

4-1　周回飛行の飛行経路

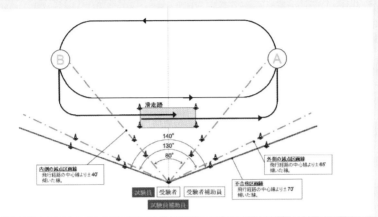

* 1　受験者補助員は、緊急時の操作介入等のために必要に応じて配置することとする。
* 2　離陸時の方向が図とおおむね逆向きである場合は、飛行経路も逆とする。
* 3　受験者がA地点に到達したことを通知する前の離陸時及び受験者がB地点に到達したことを通知した後の着陸時には、減点区画線及び不合格区画線は無効とする。
* 4　長辺方向におおむね15秒間の直線飛行を行う。短辺方向には直線飛行を行わない。ただし、機体の特性により直線飛行を行う必要がある場合は、5秒を超えない範囲で直線飛行を行う。

4-2　緊急着陸を伴う8の字飛行の飛行経路
　　（E地点から緊急着陸を行った一例）

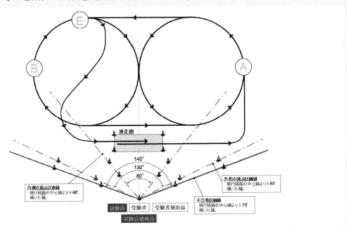

* 1　受験者補助員は、緊急時の操作介入等のために必要に応じて配置することとする。
* 2　離陸時の方向が図とおおむね逆向きである場合は、飛行経路も逆とする。
* 3　受験者がA地点に到達したことを通知する前の離陸時及び受験者がB地点に到達したことを通知した後の着陸時には、減点区画線及び不合格区画線は無効とする。

7章

実技試験

昼間飛行の限定変更

昼間飛行の限定変更の試験では、次のように実施されます。

V. 昼間飛行の限定変更に係る実地試験

1. 一般

1-1 昼間飛行の限定変更に係る実地試験では、立入管理措置を講ずることなく行う夜間飛行を安全に実施するための知識及び能力を有するかどうかを確認する。

1-2 実技試験で用いることができる飛行機には、垂直離着陸できるものを含める。

1-3 実技試験は、150ルクス以下の照度の試験場で行うこととする。

1-4 離着陸時に機体の形状が視認できる状態であること。照明等を用いなければ視認できない場合は、機体周辺の照度が1-3で規定された照度条件を超えない範囲で機体周辺を照らすこと。

1-5 滑走路または離着陸が視認できる状態であること。照明等を用いなければ視認できない場合は、機体周辺の照度が1-3で規定された照度条件を超えない範囲で滑走路または離着陸場を照らすことまたは発光物を設置し滑走路または離発着場を視認できるようにすること。

1-6 機体の姿勢を把握可能な灯火を有していること（飛行機については、滑走時の姿勢も含む）。

1-7 実技試験の評価対象は、自動操縦による飛行とする。

1-8 操縦装置の画面上に不合格区画、施設飛行空域、設定を行った飛行経路及び飛行の軌跡等の試験員から指示のある情報を表示させておくこと。

1-9 実地試験の構成は、次のとおりとする。

1-9-1 机上試験

1-9-2 口述試験（飛行前点検）

1-9-3 実技試験

1-9-4 口述試験（飛行後の点検及び記録）

　「150ルクス以下の照度」は、例えば夜間の屋外野球場や屋外サッカー場の明るさが近いでしょうか。真っ暗闇ではないため、機体の位置や試験場の各区画や経路の目印は目視可能です。ただし、周囲が暗くなると、機体や目印の距離感にずれが生じて、飛行経路の逸脱を起こしやすくなります。

　昼間飛行の限定変更に係る試験では、下記の試験科目を実施します。

 細則

（目的）立入管理措置を講ずることなく行う夜間飛行に係る基本的な操縦能力を有するかどうかを判定する（緊急事態が生じた場合の飛行経路の変更を含む）。

番号	科目	実施要領	減点適用基準
4-1	周回飛行のための飛行経路設定	（1）受験者は試験員が指示する飛行経路を自動で飛行するため、飛行経路の設定を行う。飛行経路の設定が制限時間よりも前に完了した場合は、受験者は試験員に設定が完了したことを通知することができる。その場合、試験員は（2）の飛行経路の確認を行う。 （2）飛行経路の設定後、試験員は飛行経路の設定を確認する。その際、試験員は必要に応じて、受験者に口頭で質問を行い、飛行経路の設定及び当該設定の考え方等を確認する。 （3）試験員による口頭での指示があり次第、受験者は、試験員、試験員補助員及び受験者補助員に対して、飛行経路及び飛行の手順等についての説明を行う。その際、試験員、試験員補助員及び受験者補助員は質問を行うことができる。 （4）試験員が飛行経路の設定に問題がないと判断した場合、試験員は周回飛行を行う旨指示する。	1.Ⅱ.実技試験の減点適用基準を適用する。 2.（1）の受験者による飛行経路の設定について、制限時間は30分とする。

4-2	周回飛行	（1）受験者は、4-1の飛行経路の設定での自動飛行ができるようにする。 （2）受験者は、原則としておおむね向かい風となる方向に離陸を行う。なお、手動での離陸が必要となる飛行機の場合は、受験者補助員が離陸を行うことができるものとする。 （3）受験者補助員による手動での離陸を行った場合は、受験者による自動飛行への切り替えを行う。その際、受験者が受験者補助員に口頭で指示を行い、安全に切り替えを行うことができるようにする。 （4）受験者が想定する周回飛行開始地点（A地点）付近まで飛行を行う。 （5）受験者は機体がA地点に到達したと判断したときは、速やかに試験員に機体がA地点に到達したことを通知する。 （6）受験者は、機体を見ることができないようにする。 （7）受験者は周回飛行を2周行う。 （8）3周目以降に試験員からの上空待機を行う旨の口頭での指示があり次第、受験者は速やかに2周以上の円状の旋回飛行を行う。 （9）2周の円状の旋回飛行完了後、受験者は通知を行う。 （10）試験員から受験者に対して、（7）の周回飛行とは逆向きかつ高度を下げた飛行経路で周回飛行を行う旨の口頭での指示があり次第、受験者は当該飛行経路での自動飛行ができるようにする。なお、その間、円状の旋回飛行を続けるものとする。 （11）受験者は通知を行い、試験員からの口頭での指示のとおり、（7）の周回飛行とは逆向きかつ高度を下げた周回飛行を行う。	1. Ⅱ.実技試験の減点適用基準を適用する。 2. 制限時間は30分とする。 3 減点の対象及び制限時間の対象は、（5）から（12）までとする。

364

| 4-2 | 周回飛行 | (12) 2周の周回飛行完了後、受験者は通知を行う。
(13) 試験員からの口頭での指示があり次第、受験者は、原則としておおむね向かい風となる方向に着陸を行う。なお、手動での着陸が必要となる飛行機の場合は、受験者補助員が着陸を行うことができるものとする。ただし、(11)の周回飛行の方向と着陸時の滑走路への進入方向を変える場合は、受験者が(12)以降の飛行経路を任意に設定することができる。
(14) 受験者補助員による手動での着陸を行う場合は、試験員の口頭での指示があり次第、受験者補助員による手動での飛行への切り替えを行う。その際、受験者が受験者補助員に口頭で指示を行い、安全に切り替えを行うことができるようにする。
(15) 着陸後、機体が停止した時点で、受験者は機体が停止したことを試験員に通知する。
＊手動で離着陸を行う場合は、受験者による自動飛行と受験者補助員による手動飛行の切り替えの際の飛行経路及び高度等は、施設飛行空域内において任意とする。 | |

7章

実技試験

試験科目ごとの飛行経路は次のようになります。

 細則 4-2　周回飛行の飛行経路

[離陸から円状の旋回飛行までの飛行経路]

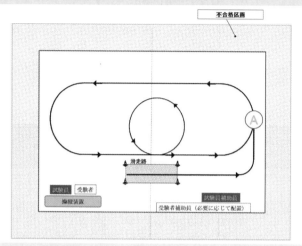

[円状の旋回飛行から着陸までの飛行経路]

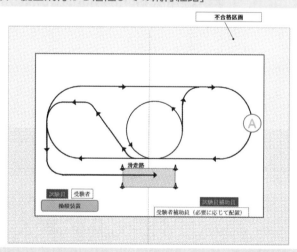

＊1　受験者補助員は、必要に応じて配置することとする。
＊2　離陸時の方向が図とおおむね逆向きである場合は、飛行経路も逆とする。
＊3　飛行高度は、最大離陸重量25kg未満の無人航空機の場合はおおむね80メートル、最大離陸重量25kg以上の無人航空機の場合はおおむね110メートルとする。ただし、実技試験に用いる無人航空機により、それ以外の飛行高度が適切である場合は、適切な飛行高度で飛行を行うこととする。
＊4　周回飛行において、長辺方向におおむね15秒間の直線飛行を行う。短辺方向には直線飛行を行わない。ただし、機体の特性により直線飛行を行う必要がある場合は、5秒を超えない範囲で直線飛行を行う。

目視内飛行の限定変更

目視内飛行の限定変更の試験では、次のように実施されます。

 細則

Ⅵ.目視内飛行の限定変更に係る実地試験

1.一般

1-1目視内飛行の限定変更に係る実地試験では、立入管理措置を講ずることなく行う目視外飛行を、安全に実施するための知識及び能力を有するかどうかを確認する。

1-2実技試験で用いることができる飛行機には、垂直離着陸できるものを含める。

1-3実技試験の評価対象は、自動操縦による飛行とする。

1-4操縦装置の画面上に不合格区画、施設飛行空域、設定を行った飛行経路及び飛行の軌跡等の試験員から指示のある情報を表示させておくこと。

1-5実地試験の構成は、次のとおりとする。

1-5-1机上試験

1-5-2口述試験（飛行前点検）

1-5-3実技試験

1-5-4口述試験（飛行後の点検及び記録）

7章 実技試験

目視内飛行の限定変更に係る試験では、下記の試験科目を実施します。

 細則 （目的）立入管理措置を講ずることなく行う目視外飛行に係る基本的な操縦能力を有するかどうかを判定する（緊急事態が生じた場合の飛行経路の変更を含む）。

番号	科目	実施要領	減点適用基準
4-1	周回飛行のための飛行経路設定	（1）受験者は試験員が指示する飛行経路を自動で飛行するため、飛行経路の設定を行う。飛行経路の設定が制限時間よりも前に完了した場合は、受験者は試験員に設定が完了したことを通知することができる。その場合、試験員は（2）の飛行経路の設定の確認を行う。 （2）飛行経路の設定後、試験員は飛行経路の設定を確認する。その際、試験員は必要に応じて、受験者に口頭で質問を行い、飛行経路の設定及び当該設定の考え方等を確認する。 （3）試験員による口頭での指示があり次第、受験者は、試験員、試験員補助員及び受験者補助員に対して、飛行経路及び飛行の手順等についての説明を行う。その際、試験員、試験員補助員及び受験者補助員は質問を行うことができる。 （4）試験員が飛行経路の設定に問題がないと判断したときは、試験員は周回飛行を行う旨指示する。	1.Ⅱ.実技試験の減点適用基準を適用する。 2.（1）の受験者による飛行経路の設定について制限時間を設け、制限時間は30分とする。
4-2	周回飛行	（1）受験者は、4－1の飛行経路の設定での自動飛行ができるようにする。 （2）受験者は、原則としておおむね向かい風となる方向に離陸を行う。なお、手動での離陸が必要となる飛行機の場合は、受験者補助員が、離陸を行うことができるものとする。	1.Ⅱ.実技試験の減点適用基準を適用する。 2.制限時間は30分とする。 3.減点の対象及び制限時間の対象は、（5）から（12）までとする。

4-2	周回飛行	（3）受験者補助員による手動での離陸を行った場合は、受験者による自動飛行への切り替えを行う。その際、受験者が受験者補助員に口頭で指示を行い、安全に切り替えを行うことができるようにする。 （4）受験者が想定する周回飛行開始地点（A地点）付近まで飛行を行う。 （5）受験者は機体がA地点に到達したと判断したときは、速やかに試験員に機体がA地点に到達したことを通知する。 （6）受験者は、機体を見ることができないようにする。 （7）受験者は周回飛行を2周行う。 （8）3周目以降に試験員からの上空待機を行う旨の口頭での指示があり次第、受験者は速やかに2周以上の円状の旋回飛行を行う。 （9）2周の円状の旋回飛行完了後、受験者は通知を行う。 （10）試験員から受験者に対して、（7）の周回飛行とは逆向きかつ高度を下げた飛行経路で周回飛行を行う旨の口頭での指示があり次第、受験者は当該飛行経路での自動飛行ができるようにする。なお、その間、円状の旋回飛行を続けるものとする。 （11）受験者は通知を行い、試験員からの口頭での指示のとおり、（6）の周回飛行とは逆向きかつ高度を下げた周回飛行を行う。 （12）2周の周回飛行完了後、受験者は通知を行う。	1.Ⅱ.実技試験の減点適用基準を適用する。 2.制限時間は30分とする。 3.減点の対象及び制限時間の対象は、（5）から（12）までとする。

4-2	周回飛行	(13) 試験員からの口頭での指示があり次第、受験者は、原則としておおむね向かい風となる方向に着陸を行う。なお、手動での着陸が必要となる飛行機の場合は、受験者補助員が着陸を行うことができるものとする。ただし、(11) の周回飛行の方向と着陸時の滑走路への進入方向を変える場合は、受験者が (12) 以降の飛行経路を任意に設定することができるものとする。 (14) 受験者補助員による手動での着陸を行う場合は、試験員の口頭での指示があり次第、受験者補助員による手動での飛行への切り替えを行う。その際、受験者が受験者補助員に口頭で指示を行い、安全に切り替えを行うことができるようにする。 (15) 着陸後、機体が停止した時点で、受験者は機体が停止したことを試験員に通知する。 ＊手動で離着陸を行う場合は、受験者による自動飛行と受験者補助員による手動飛行の切り替えの際の飛行経路及び高度等は、施設飛行空域内において任意とする。	1. Ⅱ. 実技試験の減点適用基準を適用する。 2. 制限時間は30分とする。 3. 減点の対象及び制限時間の対象は、(5) から (12) までとする。

試験科目ごとの飛行経路は次のようになります。

 4-2　周回飛行の飛行経路

[離陸から円状の旋回飛行までの飛行経路]

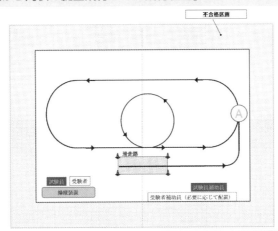

[円状の旋回飛行から着陸までの飛行経路]

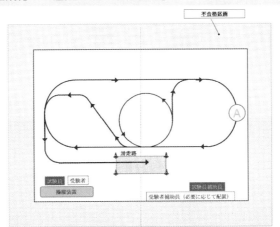

7章

実技試験

* 1　受験者補助員は、必要に応じて配置することとする。
* 2　離陸時の方向が図とおおむね逆向きである場合は、飛行経路も逆とする。
* 3　飛行高度は、最大離陸重量25kg未満の無人航空機の場合はおおむね80メートル、最大離陸重量25kg以上の無人航空機の場合はおおむね110メートルとする。ただし、実技試験に用いる無人航空機により、それ以外の飛行高度が適切である場合は、適切な飛行高度で飛行を行うこととする。
* 4　周回飛行において、長辺方向におおむね15秒間の直線飛行を行う。短辺方向には直線飛行を行わない。ただし、機体の特性により直線飛行を行う必要がある場合は、5秒を超えない範囲で直線飛行を行う。

最大離陸重量25kg未満の限定変更

最大離陸重量25kg未満の限定変更の試験では、次のように実施されます。

細則

Ⅶ. 最大離陸重量25kg未満の限定変更に係る実地試験

1. 一般

 1-1 最大離陸重量25kg未満の限定変更に係る実地試験では、立入管理措置を講ずることなく行う最大離陸重量25kg以上の機体の飛行を安全に実施するための知識及び能力を有するかどうかを確認する。

 1-2 実技試験で用いる飛行機は、垂直離着陸できるものを含める。

 1-3 実技試験の評価対象は、自動操縦による飛行とする。

 1-4 操縦装置の画面上に不合格区画、施設飛行空域、設定を行った飛行経路及び飛行の軌跡等の試験員から指示のある情報を表示させておくこと。

 1-5 実地試験の構成は、次のとおりとする。

  1-5-1 机上試験

  1-5-2 口述試験（飛行前点検）

  1-5-3 実技試験

  1-5-4 口述試験（飛行後の点検及び記録）

最大離陸重量25kg未満の限定変更の試験では、下記の試験科目を実施します。

 細則 （目的）立入管理措置を講ずることなく行う最大離陸重量25kg以上の機体の飛行に係る基本的な操縦能力を有するかどうかを判定する（緊急事態が生じた場合の飛行経路の変更を含む）。

番号	科目	実施要領	減点適用基準
4-1	周回飛行のための飛行経路設定	（1）受験者は試験員が指示する飛行経路を自動で飛行するため、飛行経路の設定を行う。飛行経路の設定が制限時間よりも前に完了した場合は、受験者は試験員に設定が完了したことを通知することができる。その場合、試験員は（2）の飛行経路の確認を行う。 （2）飛行経路の設定後、試験員は飛行経路の設定を確認する。その際、試験員は必要に応じて、受験者に口頭で質問を行い、飛行経路の設定及び当該設定の考え方等を確認する。 （3）試験員による口頭での指示があり次第、受験者は、試験員、試験員補助員及び受験者補助員に対して、飛行経路及び飛行の手順等についての説明を行う。その際、試験員、試験員補助員及び受験者補助員は質問を行うことができる。 （4）試験員が飛行経路の設定に問題がないと判断したときは、試験員は周回飛行を行う旨指示する。	1.Ⅱ.実技試験の減点適用基準を適用する。 2.（1）の受験者による飛行経路の設定について、制限時間は30分とする。
4-2	周回飛行	（1）受験者は、4-1の飛行経路の設定での自動飛行ができるようにする。 （2）受験者は、原則としておおむね向かい風となる方向に離陸を行う。なお、手動での離陸が必要となる飛行機の場合は、受験者補助員が離陸を行うことができるものとする。	1.Ⅱ.実技試験の減点適用基準を適用する。 2.制限時間は30分とする。 3.減点の対象及び制限時間の対象は、（5）から（12）までとする。

4-2	周回飛行	（3）受験者補助員による手動での離陸を行った場合は、受験者による自動飛行への切り替えを行う。その際、受験者が受験者補助員に口頭で指示を行い、安全に切り替えを行うことができるようにする。 （4）受験者が想定する周回飛行開始地点（A地点）付近まで飛行を行う。 （5）受験者は機体がA地点に到達したと判断したときは、速やかに試験員に機体がA地点に到達したことを通知する。 （6）受験者は、機体を見ることができないようにする。 （7）受験者は周回飛行を2周行う。 （8）3周目以降に試験員からの上空待機を行う旨の口頭での指示があり次第、受験者は速やかに2周以上の円状の旋回飛行を行う。 （9）2周の円状の旋回飛行完了後、受験者は通知を行う。 （10）試験員から受験者に対して、（7）の周回飛行とは逆向きかつ高度を下げた飛行経路で周回飛行を行う旨の口頭での指示があり次第、受験者は当該飛行経路での自動飛行ができるようにする。なお、その間、円状の旋回飛行を続けるものとする。 （11）受験者は通知を行い、試験員からの口頭での指示のとおり、（7）の周回飛行とは逆向きかつ高度を下げた周回飛行を行う。 （12）2周の周回飛行完了後、受験者は通知を行う。	1.Ⅱ.実技試験の減点適用基準を適用する。 2.制限時間は30分とする。 3.減点の対象及び制限時間の対象は、（5）から（12）までとする。

| 4-2 | 周回飛行 | (13) 試験員からの口頭での指示があり次第、受験者は、原則としておおむね向かい風となる方向に着陸を行う。なお、手動での着陸が必要となる飛行機の場合は、受験者補助員が着陸を行うことができるものとする。ただし、(11) の周回飛行の方向と着陸時の滑走路への進入方向を変える場合は、受験者が (12) 以降の飛行経路を任意に設定することができる。
(14) 受験者補助員による手動での着陸を行う場合は、試験員の口頭での指示があり次第、受験者補助員による手動での飛行への切り替えを行う。その際、受験者が受験者補助員に口頭で指示を行い、安全に切り替えを行うことができるようにする。
(15) 着陸後、機体が停止した時点で、受験者は機体が停止したことを試験員に通知する。
＊手動で離着陸を行う場合は、受験者による自動飛行と受験者補助員による手動飛行の切り替えの際の飛行経路及び高度等は、施設飛行空域内において任意とする。 | 1. Ⅱ.実技試験の減点適用基準を適用する。
2. 制限時間は30分とする。
3. 減点の対象及び制限時間の対象は、(5) から (12) までとする。 |

試験科目ごとの飛行経路は次のようになります。

 細則 4-2周回飛行の飛行経路

[離陸から円状の旋回飛行までの飛行経路]

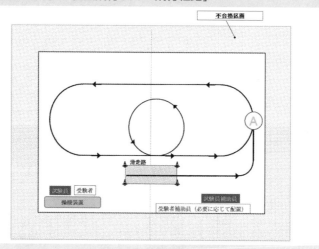

[円状の旋回飛行から着陸までの飛行経路]

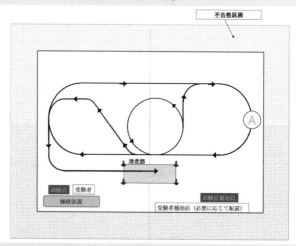

＊1　受験者補助員は、必要に応じて配置することとする。
＊2　離陸時の方向が図とおおむね逆向きである場合は、飛行経路も逆とする。
＊3　飛行高度は、おおむね110メートルとする。ただし、実技試験に用いる無人航空機により、それ以外の飛行高度が適切である場合は、適切な飛行高度で飛行を行うこととする。
＊4　周回飛行において、長辺方向におおむね15秒間の直線飛行を行う。短辺方向には直線飛行を行わない。ただし、機体の特性により直線飛行を行う必要がある場合は、5秒を超えない範囲で直線飛行を行う。

7-5 二等　回転翼航空機（マルチローター）

重要度
★★☆

総則

　ここでは、二等・回転翼航空機（マルチローター）の試験について解説します。まずは、この試験の総則について見てみましょう。

 細則

I. 総則

1. 無人航空機操縦者技能証明の二等無人航空機操縦士の資格の区分に係る回転翼航空機（マルチローター）の実地試験（以下単に「実地試験」という。）を行う場合は、無人航空機操縦者実地試験実施基準及びこの細則による。

2. 実地試験は、100点の持ち点からの減点式採点法とし、各試験科目終了時に、70点以上の持ち点を確保した受験者を合格とする。

3. 実技試験の実施にあたっては、飛行経路からの逸脱を把握するため、各試験科目で示された減点区画及び不合格区画を明示しておくこと。

4. 実技試験の実施にあたっては、飛行経路からの逸脱状況を別の手段で確認できる場合を除き、試験員が認めた試験員補助員を所要の場所に配置すること。

5. 試験員補助員は試験を行う者に所属する者であり、無人航空機の飛行原理、実技試験の具体的内容及び手順並びに減点適用基準を理解していること。

6. 試験員補助員は、試験員及び受験者に対して、減点区画または不合格区画に機体が進入したことを、知らせるなどの補助業務を行うこととし、採点及び合否判定は実施しない。

7. 屋外で実技試験を実施する場合は、実技試験の各科目開始前に風速計を用いて風速を計測し、無人航空機操縦者実地試験実施基準に記述された基準以下の風速であることを確認すること。

　二等の実地試験に合格するためには、100点中70点以上の持ち点を確保しなくてはなりません。一等の試験同様、無人航空機を安全に操縦するための操作技術を持っているかどうかだけでなく、安全に飛行させるための点検や安全確認を確実に実施できるかどうか、航空法のルールに従って合法的に実施できるかどうかなど、無人航空機の操縦者としての総合力が問われる内容になっています。

　二等・回転翼航空機（マルチローター）の実技試験における減点適用基準は次の通りです。

 細則 Ⅱ.実技試験の減点適用基準

1. 次に掲げる基準を標準として、実技試験の減点を行うこととする。
2. 適用事項に記載がない場合でも、減点細目に該当する事項が生じた場合は、試験員の判断により減点細目に応じた減点数の減点を行うこととする。
3. 適用事項に該当するが、受験者に起因しない事由により生じた事項については、減点の対象としないこととする。
4. 減点数欄の「不」と記載された適用事項が生じた場合は、実地試験を中止し、受験者を不合格とする。
5. 実技試験では、減点区画に機体の半分以上が進入した場合は、減点対象となる。ただし、移動開始地点から移動完了地点への飛行区画ごとの初回の進入については、試験員補助員が進入を知らせた後、速やかに飛行経路に復帰した場合は、減点を行わない。
6. 不合格区画に機体の半分以上が進入した場合は、試験を中止し、受験者を不合格とする。
7. 制限時間の対象は、各試験科目において、試験員が受験者に離陸を指示した時刻から、機体が着陸した時刻までの時間とする。

減点細目	減点数	適用事項
航空法等の違反	不	受験者が、アルコール又は薬物の影響により当該無人航空機の正常な飛行ができないおそれがあると試験員が判断したとき • 受験者が必要な機材、機体及び試験場を準備する場合に屋外での試験において、次に掲げる事項が判明したとき • 飛行させる無人航空機の登録を受けていない • 飛行させる無人航空機に登録記号の表示又は登録記号を識別するための措置を講じていない • 受験者が飛行に必要な法第132条の85第2項又は法第132条の86第3項若しくは第5項第2号に規定された国土交通大臣による許可又は承認を取得していない又は技能証明及び機体認証を得ていない（ただし、国土交通省航空局安全部無人航空機安全課長が認めた場合を除く）
危険な飛行	不	• 危険な速度（おおむね5 m/s以上）で機体を飛行させたとき • 試験員、試験員補助員、受験者、その他の者又は物件に向けて、飛行中の機体を試験員が危険と判断する距離まで接近させたとき • 合理的な理由なく、飛行中に操縦装置を両手で保持しなかったとき
墜落、損傷、制御不能	不	• 機体を墜落させたとき • 機体をパイロン、旗、壁、ネット等の物件に衝突させたとき • 機体を損傷させたとき • 機体を制御不能に陥らせたとき • 8の字飛行又は円周飛行において、設定された円形の飛行経路中心より手前で周回させたとき
飛行空域逸脱（不合格区画）	不	• 機体の半分以上を不合格区画に進入させたとき
制限時間超過	不	• 各試験科目で設定している制限時間を超過したとき
操作介入	不	• 安全性を確保するために、試験員等が受験者に代わり操縦を行ったとき
不正行為	不	• 受験者が他の者から助言又は補助を受けたとき、その他不正の行為があったとき • 受験者が試験の円滑な実施を妨げる行為を行ったとき • 目視内飛行の限定変更において、試験員の指示がないにもかかわらず、目視外飛行中に機体を視認したとき

7章

実技試験

飛行経路逸脱	5	• 機体の半分以上を減点区画に進入させたとき*1 • ホバリング（目視内飛行の限定変更に係る実地試験での異常事態における飛行を除く）及び着陸時において、機体の半分を定められた区画から逸脱させたとき*2
指示と異なる飛行	5	• 試験員の指示と異なる手順で飛行させたとき • 試験員の指示と異なる方向に機体を移動させたとき又は指示と異なる機体の姿勢変化をさせたとき • 次の移動地点まで継続的に機首が試験員の指示と異なる方向を向いた状態で飛行させたとき*3 • 試験員の指示を受ける前に機体の移動又は姿勢変化をさせたとき • 機体の半分以上を減点区画に進入させたにもかかわらず、機体を速やかに飛行経路に復帰させなかったとき*4
離着陸不良	5	• 接地時に機体に強い衝撃を加えたとき • 離着陸時に機体を転倒させたとき*5
監視不足	5	• 目視内飛行にてカメラ画像を注視する等、合理的な理由なく飛行中の機体及び周囲の状況を十分に監視していなかったとき • 合理的な理由なく、目視外飛行にてカメラ画像を注視していない等、飛行中の機体及び周囲の状況を十分に監視していなかったとき
安全確認不足*6	5	• 目視外飛行にてカメラ画像で移動先及び周囲の安全を確認しないまま移動させたとき • 離陸前に飛行空域及び気象状況に安全上の問題がないことを確認せずに離陸させたとき • 着陸前に着陸地点及び周囲の状況に安全上の問題がないことを確認せずに着陸させたとき
ふらつき*7	1	• 試験員から指示のあった飛行経路及び高度において機体を大きくふらつかせたとき • 着陸時に機体を大きくふらつかせたとき又は機体の姿勢を大きく変化させたとき • 着陸時に機体を滑らせながら接地させたとき
不円滑*7	1	• 合理的な理由なく、機体を急に加減速させた又は機体に急な旋回をさせたとき • 合理的な理由なく、機体を急停止させたとき • 合理的な理由なく、機体の速度を安定させることができなかったとき
機首方向不良	1	• 一時的に機首が試験員の指示と異なる方向を向いた状態で飛行させたとき*8 • 機首方向を大きくふらつかせたとき

＊1 減点区画への移動開始地点から移動完了地点への飛行区画ごとの初回の進入については、試験員補助員が進入を知らせた後、機体を速やかに飛行経路に復帰させた場合は、減点を行わない。

＊2 定められた区画は、各試験科目において示された、離着陸地点中心から直径2メートル（最大離陸重量25kg 未満の限定変更に係る実地試験以外）又は直径5メートル（最大離陸重量25kg 未満の限定変更に係る実地試験）の円状の区画とする。

＊3 8の字飛行及び円周飛行においては、四分円にわたって継続的に機首が試験員の指示と異なる方向を向いた状態で飛行させたときとする。

＊4 減点区画への移動開始地点から移動完了地点への飛行区画ごとの初回の進入を除くこととする。

＊5 機体が損傷した場合は、「墜落、損傷、制御不能」の減点細目に該当することとする。

＊6 試験員に安全確認を行った旨を伝えなかった場合は、安全確認を行っていないものとみなす。

＊7 突風等の影響により、一時的に機体のふらつき又は不円滑な飛行が生じた場合でも、受験者が速やかに適切な操作を行い、試験員が機体を制御できていると判断する場合は、減点の対象外とする。

＊8 次の移動地点まで継続的に機首が試験員の指示と異なる方向を向いた状態で飛行させたときは、減点細目「指示と異なる飛行」とする。

　減点適用基準の内容を見てみると、一等の試験同様、実技試験では操縦の巧みさを測ることよりも、安全を確保するための操縦・確認が確実に実施できているかどうかを重視しているように思われます。例えば、機体のふらつき、不円滑では1点の減点に対し、試験員の指示を受ける前に機体の移動または姿勢変化した場合（指示と異なる飛行）や、着陸前に着陸地点及び周囲の状況に安全上の問題がないことを確認せずに着陸させた場合（安全確認不足）は5点減点されてしまいます。

　操縦の技術はもちろん必要ですが、試験を受ける前に減点適用基準の内容を再確認し、自身の認識と異なっていないか確認した上で、試験に臨んでいただくとよいでしょう。

基本飛行

基本飛行の試験では、次のように実施されます。

Ⅲ. 基本に係る実地試験

1. 一般

　1-1 基本に係る実地試験では、立入管理措置を講じた上で行う昼間かつ目視内での飛行を安全に実施するための知識及び能力を有するかどうかを確認する。

　1-2 自動操縦の技能については、適切な飛行経路の設定及び危機回避機能（フェールセーフ機能）の設定を行うために十分な知識を有するかどうかを机上試験で問い、実機による試験は行わない。

1-3基本に係る実技試験は、最大離陸重量25kg未満の回転翼航空機
（マルチローター）で行うこととする。

1-4実地試験の構成は、次のとおりとする。

1-4-1机上試験

1-4-2口述試験（飛行前点検）

1-4-3実技試験

1-4-4口述試験（飛行後の点検及び記録）

1-4-5口述試験（事故、重大インシデントの報告及びその対応）

基本飛行の実技試験では、下記の試験科目を実施します。

細則 （目的）立入管理措置が講じられた昼間かつ目視内の飛行に係る基本
的な操縦能力を有するかどうかを判定する。

番号	科目	実施要領	減点適用基準
4-1	スクエア飛行	（1）GNSS、ビジョンセンサー等の水平方向の位置安定機能ONの状態で、機首を受験者から見て前方にむけて離陸を行い、高度3.5メートルまで上昇し、5秒間ホバリングを行う。 （2）試験員が口頭で指示する飛行経路及び手順で直線上に飛行する。機体の機首を常に進行方向に向けた状態で移動をする。 （3）移動完了後、着陸を行う。	1.Ⅱ.実技試験の減点適用基準を適用する。 2.制限時間は8分とする。
4-2	8の字飛行	（1）GNSS、ビジョンセンサー等の水平方向の位置安定機能ONの状態で、機首を受験者から見て前方に向けて離陸を行い、高度1.5メートルまで上昇し、5秒間ホバリングを行う。 （2）試験員が口頭で指示する飛行経路及び手順で、機体の機首を進行方向に向けた状態での8の字飛行を、連続して二周行う。 （3）8の字飛行完了後、着陸を行う。 ＊円直径は約5メートルとする。	1.Ⅱ.実技試験の減点適用基準を適用する。 2.制限時間は8分とする。

（目的）立入管理措置が講じられた昼間かつ目視内の飛行において、機体の水平方向の位置安定機能に不具合が発生した場合においても、安全な飛行の継続及び着陸ができる技能を有するかどうかを判定する。

番号	科目	実施要領	減点適用基準
4-3	異常事態における飛行	（1）GNSS、ビジョンセンサー等の水平方向の位置安定機能OFFの状態で、機首を受験者から見て前方に向けて離陸を行い、高度3.5メートルまで上昇し、5秒間ホバリングを行う。 （2）試験員が口頭で指示する飛行経路及び手順で直線上に飛行する。機首を常に受験者から見て前方に向けた状態で側方へ移動し続ける。 （3）試験員からの緊急着陸を行う旨の口頭指示があり次第、最短の飛行経路で指定された緊急着陸地点に着陸を行う。	1．Ⅱ.実技試験の減点適用基準を適用する。 2．制限時間は6分とする。

7章

実技試験

　二等の試験は異常事態における飛行を除き「GNSS、ビジョンセンサー等の水平方向の位置安定機能ONの状態」で飛行させます。機体が自らの位置を保持するため、操縦者が機体の水平方向のずれを修正する必要はありません。この状態は「Pモード」や「ポジショニングモード」などと呼称されることがあります。

　普段無人航空機を操縦されている方はこのモードで飛行されているのが一般的だと思いますが、「異常事態における飛行」では一等の試験同様「GNSS、ビジョンセンサー等の水平方向の位置安定機能OFFの状態」（ATTIモード）で飛行させます。これはもし、何らかの理由で機体の水平方向の位置安定機能に不具合が発生した場合でも、安全な飛行ができるのかを問われる試験となっているからです。そのためATTIモードでの練習も必要になってきます。

　現在は手動で水平方向の位置安定機能をOFFにできる機体があまりないため、高度維持機能のみ搭載されたトイドローンを使用した練習をおすすめします。

試験科目ごとの飛行経路は次のようになります。

4-1 スクエア飛行の飛行経路

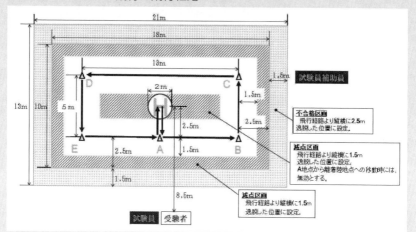

*受験者の立ち位置は、減点区画内で墜落が生じた際の安全性を考慮して設定 2.5m（最接近点）＋ 2.5m（経路逸脱最大許容値）＋ 3.5m（飛行高度）＝8.5m

4-2 8の字飛行の飛行経路

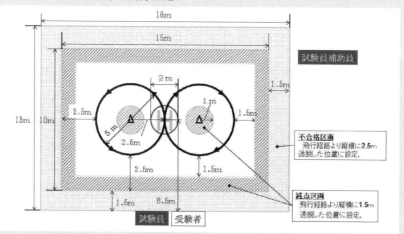

*受験者の立ち位置は、減点区画内で墜落が生じた際の安全性を考慮して設定 2.5m（最接近点）＋ 2.5m（経路逸脱最大許容値）＋ 1.5m（飛行高度）＝6.5m

4-3　異常事態における飛行の飛行経路

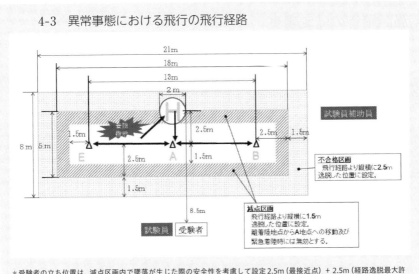

＊受験者の立ち位置は、減点区画内で墜落が生じた際の安全性を考慮して設定 2.5m（最接近点）＋ 2.5m（経路逸脱最大許容値）＋3.5m（飛行高度）＝8.5m

　飛行経路の逸脱（減点区画、不合格区画）についての詳しい内容は、一等・回転翼航空機（マルチローター）の基本飛行の試験科目ごとの飛行経路に記載されているので、そちらを確認してください。

　二等の試験では最低限基本的な操縦ができることが求められます。スクエア飛行では一直線に一定の速度で飛行させ、8の字飛行ではカクカクした動きではなく、なめらかに飛行させることを意識しましょう。

　また、スクエア飛行の場合、操縦位置から離着陸地点まで8.5m離れており、距離感が掴みづらくなっています。確実に離着陸地点の上空に移動できるように、距離感を掴む練習もしておきましょう。

昼間飛行の限定変更

昼間飛行の限定変更の試験では、次のように実施されます。

 Ⅳ.昼間飛行の限定変更に係る実地試験

1.一般

1-1 昼間飛行の限定変更に係る実地試験では、立入管理措置を講じた上で行う夜間飛行を安全に実施するための知識及び能力を有するかどうかを確認する。

1-2 自動操縦の技能については、適切な飛行経路の設定及び危機回避機能（フェールセーフ機能）の設定を行うために十分な知識を有するかどうかを机上試験で問い、実機による試験は行わない。

1-3 実技試験は、原則として最大離陸重量25kg未満の回転翼航空機（マルチローター）で行うこととする。

1-4 実技試験は、150ルクス以下の照度の試験場で行うこととする。

1-5 離着陸時に機体の形状が視認できる状態であること。照明等を用いなければ視認できない場合は、機体周辺の照度が1－4で規定された照度条件を超えない範囲で機体周辺を照らすこと。

1-6 減点区画、不合格区画及び飛行経路の目印が視認できる状態であること。照明等を用いなければ視認できない場合は、機体周辺の照度が1-4で規定された照度条件を超えない範囲で目印を照らすこと

1-7 飛行時に機体の姿勢を把握可能な灯火を機体に搭載していること。

1-8 実地試験の構成は、次のとおりとする。

1-8-1 机上試験

1-8-2 口述試験（飛行前点検）

1-8-3 実技試験

1-8-4 口述試験（飛行後の点検及び記録）

　二等の昼間飛行の限定変更の試験も「150ルクス以下の照度」で行うため、基本飛行の試験に比べ、より距離感が掴みづらくなります。

　昼間飛行の限定変更に係る実技試験では、下記の試験科目を実施します。

 細則

（目的）立入管理措置が講じられた夜間飛行に係る基本的な操縦能力を有するかどうかを判定する。

番号	科目	実施要領	減点適用基準
4-1	スクエア飛行	（1）GNSS、ビジョンセンサー等の水平方向の位置安定機能ONの状態で、機首を受験者から見て前方に向けて離陸を行い、高度3.5メートルまで上昇し、5秒間ホバリングを行う。 （2）試験員が口頭で指示する飛行経路及び手順で直線上に飛行する。機体の機首を常に進行方向に向けた状態で移動する。 （3）移動完了後、着陸を行う。	1.Ⅱ.実技試験の減点適用基準を適用する。 2.制限時間は9分とする。

（目的）立入管理措置が講じられた夜間飛行において、機体の水平方向の位置安定機能に不具合が発生した場合においても、安全な飛行の継続及び着陸ができる技能を有するかどうかを判定する。

番号	科目	実施要領	減点適用基準
4-2	異常事態における飛行	（1）GNSS、ビジョンセンサー等の水平方向の位置安定機能OFFの状態で、機首を受験者から見て前方に向けて離陸を行い、高度3.5メートルまで上昇し、5秒間ホバリングを行う。 （2）試験員が口頭で指示する飛行経路及び手順で直線上に飛行する。機首を常に受験者から見て前方に向けた状態で側方へ移動し続ける。 （3）試験員からの緊急着陸を行う旨の口頭指示があり次第、最短の飛行経路で指定された緊急着陸地点に着陸を行う。	1.Ⅱ.実技試験の減点適用基準を適用する。 2.制限時間を5分とする。

7章
実技試験

試験科目ごとの飛行経路は次のようになります。

4-1　スクエア飛行の飛行経路

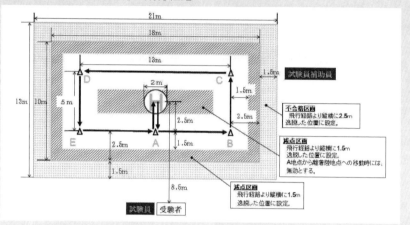

＊受験者の立ち位置は、減点区画内で墜落が生じた際の安全性を考慮して設定2.5m（最接近点）＋2.5m（経路逸脱最大許容値）＋3.5m（飛行高度）＝8.5m

4-2　異常事態における飛行の飛行経路

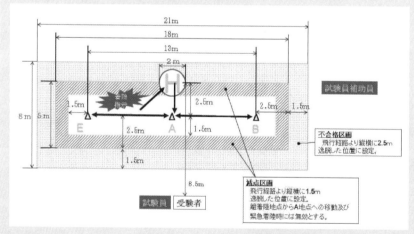

＊受験者の立ち位置は、減点区画内で墜落が生じた際の安全性を考慮して設定2.5m（最接近点）＋2.5m（経路逸脱最大許容値）＋3.5m（飛行高度）＝8.5m

目視内飛行の限定変更

目視内飛行の限定変更の試験では、次のように実施されます。

V.目視内飛行の限定変更に係る実地試験

1.一般

1-1目視内飛行の限定変更に係る実地試験では、立入管理措置を講
　　じた上で行う目視外飛行を、安全に実施するための知識及び能
　　力を有するかどうかを確認する。

1-2自動操縦の技能については、適切な飛行経路の設定及び危機回
　　避機能（フェールセーフ機能）の設定を行うために十分な知識を
　　有するかどうかを机上試験で問い、実機による試験は行わない。

1-3実技試験は、原則として最大離陸重量25kg未満の回転翼航空機
　　（マルチローター）で行うこととする。

1-4実技試験においては、受験者は機体に対して背を向け、機体を
　　目視できない状態で行うこととする。

1-5実地試験の構成は、次のとおりとする。

　　1-5-1机上試験

　　1-5-2口述試験（飛行前点検）

　　1-5-3実技試験

　　1-5-4口述試験（飛行後の点検及び記録）

　目視内飛行の限定変更に係る実地試験では、上記の通り、機体に対して背を
向けて、手元で機体カメラのモニター映像を見るなどして、機体を目視できな
い状態で行います。目視での飛行と比較するとモニター映像は遅延して表示さ
れるため、普段の操縦感覚と違って感じられることがあります。映像の遅延の
程度は、機種や電波状況等によって違いがあります。

　目視内飛行の限定変更に係る試験では、次の試験科目を実施します。

細則 （目的）立入管理措置が講じられた目視外飛行に係る基本的な操縦能力を有するかどうかを判定する。

番号	科目	実施要領	減点適用基準
4-1	スクエア飛行	（1）GNSS、ビジョンセンサー等の水平方向の位置安定機能ONの状態で、目視内で機首を受験者から見て前方に向けて離陸を行い、高度3.5メートルまで上昇し、5秒間ホバリングを行う。 （2）試験員の指示で、受験者は機体が見えないようにする。 （3）受験者は、カメラ画像のみで試験員が口頭で指示する飛行経路及び手順で直線上に飛行する。機体の機首を常に進行方向に向けた状態で移動をする。 （4）移動完了後、着陸を行う。	1.Ⅱ.実技試験の減点適用基準を適用する。 2.制限時間は9分とする。

（目的）立入管理措置が講じられた目視外飛行において、機体の水平方向の位置安定機能に不具合が発生した場合においても、機体の機能が回復するまでの間、ホバリングできる技能を有するかどうかを判定する。

番号	科目	実施要領	減点適用基準
4-2	異常事態における飛行	（1）GNSS、ビジョンセンサー等の水平方向の位置安定機能OFFの状態で、目視内で機首を受験者から見て前方に向けて離陸を行い、高度3.5メートルまで上昇し、ホバリングを行う。 （2）ホバリング中に、離着陸地点をカメラで確認できるようにする。 （3）受験者はカメラ操作完了を試験員に伝達する。 （4）試験員の指示で、受験者は機体が見えないようにする。 （5）10秒間目視外でホバリングを行う。 （6）試験員の指示でホバリングを完了し、機体を目視できる状態に戻り、目視内で着陸を行う。	1.Ⅱ.実技試験の減点適用基準を適用する。 2.制限時間は5分とする。

試験科目ごとの飛行経路は次のようになります。

📖 **細則**

4-1　スクエア飛行の飛行経路

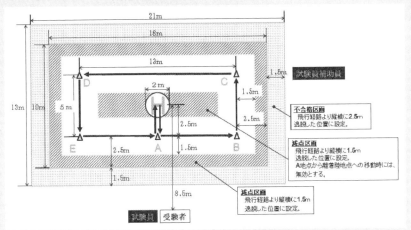

＊受験者の立ち位置は、減点区画内で墜落が生じた際の安全性を考慮して設定 2.5m（最接近点）＋ 2.5m（経路逸脱最大許容値）＋ 3.5m（飛行高度）＝8.5m

4-2　異常事態における飛行の飛行領域

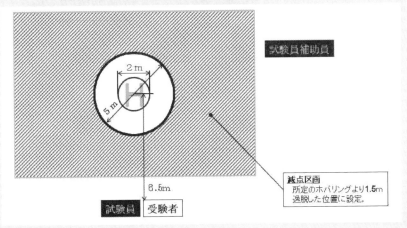

＊1　目視外での緊急事態であることを鑑み、不合格区画は設定しない。
＊2　受験者の立ち位置は、減点区画内での墜落が生じた際の安全性を考慮して設定すると、2.5m（経路逸脱最大許容値）＋ 3.5m（飛行高度）＝6.0mであるが、運用上の利便性を考え、6.5mとした。

最大離陸重量25kg未満の限定変更

最大離陸重量25kg未満の限定変更の試験では、次のように実施されます。

細則　VI.最大離陸重量25kg未満の限定変更に係る実地試験

1.一般

1-1最大離陸重量25kg未満の限定変更に係る実地試験では、立入管理措置が講じられた上で行う最大離陸重量25kg以上の機体の飛行を安全に実施するための知識及び能力を有するかどうかを確認する。

1-2自動操縦の技能については、適切な飛行経路の設定及び危機回避機能（フェールセーフ機能）の適切な設定を行うために十分な知識を有するかどうかを机上試験で問い、実機による試験は行わない。

1-3実技試験は、最大離陸重量25kg以上の回転翼航空機（マルチローター）で行うこととする。

1-4実地試験の構成は、次のとおりとする。

　　1-4-1机上試験

　　1-4-2口述試験（飛行前点検）

　　1-4-3実技試験

　　1-4-4口述試験（飛行後の点検及び記録）

最大離陸重量25kg未満の限定変更の試験では、次の試験科目を実施します。

 細則

（目的）立入管理措置が講じられた最大離陸重量25kg以上の回転翼航空機（マルチローター）の基本的な操縦能力を有するかどうかを判定する。

番号	科目	実施要領	減点適用基準
4-1	スクエア飛行	（1）GNSS、ビジョンセンサー等の水平方向の位置安定機能ONの状態で、機首を受験者から見て前方に向けて離陸を行い、高度5メートルまで上昇し、5秒間ホバリングを行う。 （2）試験員が口頭で指示する飛行経路及び手順で直線上に飛行する。機体の機首を常に進行方向に向けた状態で移動をする。 （3）移動完了後、着陸を行う。	1. Ⅱ. 実技試験の減点適用基準を適用する。 2. 制限時間は8分とする。
4-2	円周飛行	（1）GNSS、ビジョンセンサー等の水平方向の位置安定機能ONの状態で、機首を受験者から見て前方に向けて離陸を行い、高度5メートルまで上昇し、5秒間ホバリングを行う。 （2）機体の機首を進行方向に向けた状態の円周飛行を、連続して二周行う。 （3）機首を（2）と逆方向に向け、逆方向の円周飛行を連続して二周行う。 （4）完了後、着陸を行う。 ＊円直径は約10メートルとする。	1. Ⅱ. 実技試験の減点適用基準を適用する。 2. 制限時間は8分とする。

7章

実技試験

393

（目的）立入管理措置が講じられた最大離陸重量25kg以上の回転翼航空機（マルチローター）の飛行において、機体の水平方向の位置安定機能に不具合が発生した場合においても、安全な飛行の継続及び着陸ができる技能を有するかどうかを判定する。

番号	科目	実施要領	減点適用基準
4-3	異常事態における飛行	（1）GNSS、ビジョンセンサー等の水平方向の位置安定機能OFF の状態で、機首を受験者から見て前方に向けて離陸を行い、高度5メートルまで上昇し、5秒間ホバリングを行う。 （2）試験員が口頭で指示する飛行経路及び手順で直線上に飛行する。機首を受験者から見て常に前方に向けた状態で側方へ移動し続ける。 （3）試験員からの緊急着陸を行う旨の口頭指示があり次第、最短の飛行経路で指定された緊急着陸地点に着陸を行う。	1.Ⅱ.実技試験の減点適用基準を適用する。 2.制限時間は5分とする。

試験科目ごとの飛行経路は次のようになります。

細則

4-1　スクエア飛行の飛行経路

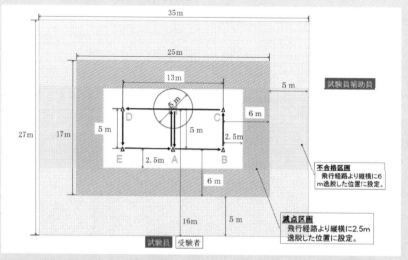

＊受験者の立ち位置は、減点区画内で墜落が生じた際の安全性を考慮して設定5m（最接近点）＋ 6m（経路逸脱最大許容値）＋5m（飛行高度）=16m

394

4-2　円周飛行の飛行経路

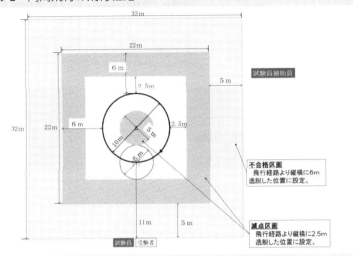

＊受験者の立ち位置は、減点区画内で墜落が生じた際の安全性を考慮して設定6m（経路逸脱最大許容値）＋ 5m（飛行高度）＝11m

4-3　異常事態における飛行の飛行経路

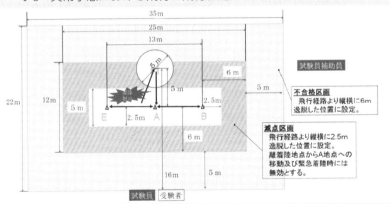

＊受験者の立ち位置は、減点区画内で墜落が生じた際の安全性を考慮して設定5m（最接近点）＋ 6m（経路逸脱最大許容値）＋ 5m（飛行高度）＝16m

重要度
★★☆

総則

　ここでは、二等・回転翼航空機（ヘリコプター）の試験について解説します。まずは、この試験の総則について見てみましょう。

細則

I. 総則

1. 無人航空機操縦者技能証明の二等無人航空機操縦士の資格の区分に係る回転翼航空機（ヘリコプター）の実地試験（以下単に「実地試験」という。）を行う場合は、無人航空機操縦者実地試験実施基準及びこの細則による。

2. 実地試験は、100点の持ち点からの減点式採点法とし、各試験科目終了時に、70点以上の持ち点を確保した受験者を合格とする。

3. 実技試験の実施にあたっては、飛行経路からの逸脱を把握するため、各試験科目で示された減点区画及び不合格区画を明示しておくこと。

4. 実技試験の実施にあたっては、飛行経路からの逸脱状況を別の手段で確認できる場合を除き、試験員が認めた試験員補助員を所要の場所に配置すること。

5. 試験員補助員は試験を行う者に所属する者であり、無人航空機の飛行原理、実技試験の具体的内容及び手順並びに減点適用基準を理解していること。

6. 試験員補助員は、試験員及び受験者に対して、所要の地点への到達、減点区画または不合格区画に機体が進入したことを知らせるなどの補助業務を行うこととし、採点及び合否判定は実施しない。

7. 屋外で実技試験を実施する場合は、実技試験の各科目開始前に風速計を用いて風速を計測し、無人航空機操縦者実地試験実施基準に記述された基準以下の風速であることを確認すること。

8. 試験員または試験員補助員は、実技試験の内容を記録し、採点及び合否判定の結果についても記録すること。

　二等の実地試験の合格するためには、100点中70点以上の持ち点を確保しなくてはなりません。一等の試験同様、無人航空機を安全に操縦するための操作技術を持っているかどうかだけでなく、安全に飛行させるための点検や安全確認を確実に実施できるかどうか、航空法のルールに従って合法的に実施できるかどうかなど、無人航空機の操縦者としての総合力が問われる内容になっています。

　二等・回転翼航空機（ヘリコプター）の実技試験における減点適用基準は次の通りです。

細則　II.実技試験の減点適用基準

1. 次に掲げる基準を標準として、実技試験の減点を行うこととする。

2. 適用事項に記載がない場合でも、減点細目に該当する事項が生じた場合は、試験員の判断により減点細目に応じた減点数の減点を行うこととする。

3. 適用事項に該当するが、受験者に起因しない事由により生じた事項については、減点の対象としないこととする。

4. 減点数欄の「不」と記載された適用事項が生じた場合は、実地試験を中止し、受験者を不合格とする。

5. 実技試験では、減点区画にメインローターマストが進入した場合は、減点対象となる。ただし、移動開始地点から移動完了地点への飛行区画ごとの初回の進入については、試験員補助員が進入を知らせた後、速やかに飛行経路に復帰した場合は、減点を行わない。

6. 不合格区画に機体のメインローターマストが進入した場合は、試験を中止し、受験者を不合格とする。

7. 制限時間の対象は、各試験科目の減点適用基準において指定がない限り、試験員が受験者に離陸を指示した時刻から機体が着陸した時刻までの時間とする。

減点細目	減点数	適用事項
航空法等の違反	不	受験者が、アルコール又は薬物の影響により当該無人航空機の正常な飛行ができないおそれがあると試験員が判断したとき • 受験者が必要な機材、機体及び試験場を準備する場合に屋外での試験において、次に掲げる事項が判明したとき • 飛行させる無人航空機の登録を受けていない • 飛行させる無人航空機に登録記号の表示又は登録記号を識別するための措置を講じていない • 受験者が飛行に必要な法第132条の85第2項又は法第132条の86第3項若しくは第5項第2号に規定された国土交通大臣による許可又は承認を取得していない又は技能証明及び機体認証を得ていない（ただし、国土交通省航空局安全部無人航空機安全課長が認めた場合を除く。）
危険な飛行	不	• 危険な速度（おおむね10m/s以上）で機体を飛行させたとき • 試験員、試験員補助員、受験者、その他の者又は物件に向けて、飛行中の機体を試験員が危険と判断する距離まで接近させたとき • 合理的な理由なく飛行中に操縦装置を両手で保持しなかったとき
墜落、損傷、制御不能	不	• 機体を墜落させたとき • 機体をパイロン、旗、壁、ネット等の物件に衝突させたとき • 機体を損傷させたとき • 機体を制御不能に陥らせたとき • 円周飛行において、設定された円形の飛行経路中心より手前で周回させたとき
飛行空域逸脱（不合格区画）	不	• メインローターマストを不合格区画に進入させたとき
制限時間超過	不	• 各試験科目で設定している制限時間を超過したとき
操作介入	不	• 安全性を確保するために、試験員等が受験者に代わり操縦を行ったとき
不正行為	不	• 受験者が他の者から助言又は補助を受けたとき、その他不正の行為があったとき • 受験者が試験の円滑な実施を妨げる行為を行ったとき • 目視内飛行の限定変更において、試験員の指示がないにもかかわらず、目視外飛行中に機体を視認したとき

飛行経路逸脱	5	● メインローターマストを減点区画に進入させたとき*1 ● ホバリング（目視内飛行の限定変更に係る実地試験での位置安定機能異常事態における飛行を除く）及び着陸時において、メインローターマストを定められた区画から逸脱させたとき*2
指示と異なる飛行	5	● 試験員の指示と異なる手順で飛行させたとき ● 試験員の指示と異なる方向に機体を移動させたとき又は指示と異なる機体の姿勢変化をさせたとき ● 次の移動地点まで継続的に機首が試験員の指示と異なる方向を向いた状態で飛行させたとき*3 ● 試験員の指示を受ける前に機体の移動又は姿勢変化をさせたとき ● メインローターマストを減点区画に進入させたにもかかわらず、機体を速やかに飛行経路に復帰させなかったとき*4
離着陸不良	5	● 接地時に機体に強い衝撃を加えたとき ● 離着陸時に機体を転倒させたとき*5
監視不足	5	● 目視内飛行にてカメラ画像を注視する等、合理的な理由なく飛行中の機体及び周囲の状況を十分に監視していなかったとき ● 目視外飛行にて合理的な理由なくカメラ画像を注視していない等、飛行中の機体及び周囲の状況を十分に監視していなかったとき
安全確認不足*6	5	● 目視外飛行にてカメラ画像で移動先及び周囲の安全を確認しないまま移動させたとき ● 離陸前に飛行空域及び気象状況に安全上の問題がないことを確認せずに離陸させたとき ● 着陸前に着陸地点及び周囲の状況に安全上の問題がないことを確認せずに着陸させたとき
ふらつき*7	1	● 試験員から指示のあった飛行経路及び高度において機体を大きくふらつかせたとき ● 着陸時に機体を大きくふらつかせたとき又は機体の姿勢を大きく変化させたとき ● 着陸時に機体を滑らせながら接地させたとき
不円滑*7	1	● 合理的な理由なく、機体を急に加減速させた又は機体に急な旋回をさせたとき ● 合理的な理由なく、機体を急停止させたとき合理的な理由なく、機体の速度を安定させることができなかったとき
機首方向不良	1	● 一時的に機首が試験員の指示と異なる方向を向いた状態で飛行させたとき*8 ● 機首方向を大きくふらつかせたとき

7章 実技試験

　減点適用基準の内容を見てみると、一等の試験同様、実技試験では操縦の巧みさを測ることよりも、安全を確保するための操縦・確認が確実に実施できているかどうかを重視しているように思われます。例えば、機体のふらつき、不円滑では1点の減点に対し、試験員の指示を受ける前に機体の移動または姿勢変化した場合（指示と異なる飛行）や、着陸前に着陸地点及び周囲の状況に安全上の問題がないことを確認せずに着陸させた場合（安全確認不足）は5点減点されてしまいます。

　操縦の技術はもちろん必要ですが、試験を受ける前に減点適用基準の内容を再確認し、自身の認識と異なっていないか確認した上で、試験に臨んでいただくとよいでしょう。

基本飛行

基本飛行の試験では、次のように実施されます。

 Ⅲ.基本に係る実地試験

  1.一般

    1-1基本に係る実地試験では、立入管理措置を講じた上で行う昼間
      かつ目視内での飛行を安全に実施するための知識及び能力を有
      するかどうかを確認する。

    1-2自動操縦の技能については、適切な飛行経路の設定及び危機回
      避機能（フェールセーフ機能）の設定を行うために十分な知識を
      有するかどうかを机上試験で問い、実機による試験は行わない。

    1-3実地試験の構成は、次のとおりとする。

      1-3-1机上試験

      1-3-2口述試験（飛行前点検）

      1-3-3実技試験

      1-3-4口述試験（飛行後の点検及び記録）

      1-3-5口述試験（事故、重大インシデントの報告及びその対応）

7章

実技試験

基本飛行の試験では、次の試験科目を実施します。

細則 （目的）立入管理措置が講じられた昼間かつ目視内の飛行に係る基本的な操縦能力を有するかどうかを判定する。

番号	科目	実施要領	減点適用基準
4-1	スクエア飛行	（1）GNSS、ビジョンセンサー等の水平方向の位置安定機能ONの状態で、機首を受験者から見て前方に向けて離陸を行い、高度5メートルまで上昇し、5秒間ホバリングを行う。 （2）試験員が口頭で指示する飛行経路及び手順で直線上に飛行する。離着陸地点からA地点への移動は機首を受験者から見て前方に向け、他の移動は、機首を常に進行方向に向けた状態で移動を行う。 （3）移動完了後、着陸を行う。	1.Ⅱ.実技試験の減点適用基準を適用する。 2.制限時間は8分とする。
4-2	円周飛行	（1）GNSS、ビジョンセンサー等の水平方向の位置安定機能ONの状態で、機首を受験者から見て前方に向けて離陸を行い、高度5メートルまで上昇し、5秒間ホバリングを行う。 （2）試験員が口頭で指示する飛行経路及び手順で、機首を進行方向に向けた状態での円周飛行を、連続して二周行う。 （3）機首を（2）と逆方向に向け、逆方向の円周飛行を連続して二周行う。 （4）完了後、着陸を行う。	1.Ⅱ.実技試験の減点適用基準を適用する。 2.制限時間は10分とする。 3.速度制御のため、一周終了ごとに停止することは減点対象としない。

（目的）立入管理措置が講じられた昼間かつ目視内の飛行において、機体の水平方向の位置安定機能に不具合が発生した場合においても、安全な飛行の継続及び着陸ができる技能を有するかどうかを判定する。

番号	科目	実施要領	減点適用基準
4-3	異常事態における飛行	（1）GNSS、ビジョンセンサー等の水平方向の位置安定機能OFFの状態で、機首を受験者から見て前方に向けて離陸を行い、高度5メートルまで上昇し、5秒間ホバリングを行う。 （2）試験員が口頭で指示する飛行経路及び手順で直線上に飛行する。離着陸地点からA地点への移動は、機首を受験者から見て前方に向けた状態とする。 （3）機首を常に受験者から見て前方に向けた状態で側方へ移動し続ける。 （4）試験員からの緊急着陸を行う旨の口頭指示があり次第、最短の飛行経路で指定された緊急着陸地点に着陸を行う。	1. Ⅱ.実技試験の減点適用基準を適用する。 2. 制限時間は5分とする。

7章
実技試験

　二等の試験は異常事態における飛行を除き「GNSS、ビジョンセンサー等の水平方向の位置安定機能ONの状態」で飛行させます。機体が自らの位置を保持するため、操縦者が機体の水平方向のずれを修正する必要はありません。この状態は「Pモード」や「ポジショニングモード」などと呼称されることがあります。

　普段無人航空機を操縦されている方はこのモードで飛行されているのが一般的だと思いますが、「異常事態における飛行」では一等の試験同様「GNSS、ビジョンセンサー等の水平方向の位置安定機能OFFの状態」（ATTIモード）で飛行させます。これはもし、何らかの理由で機体の水平方向の位置安定機能に不具合が発生した場合でも、安全な飛行ができるのかを問われる試験となっているからです。そのためATTIモードでの練習も必要になってきます。

　試験科目ごとの飛行経路は次のようになります。

細則

4-1　スクエア飛行の飛行経路

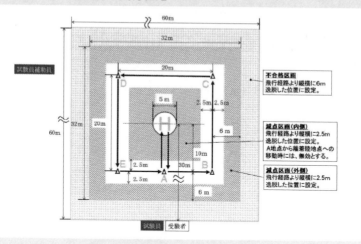

＊1　試験員補助員の位置は、逆順の飛行ではC側とする。
＊2　試験員と受験者は横方向に移動し、BからC間及びDからE間での機体の位置を確認することができる。
＊3　受験者、試験員及び試験員補助員は、万が一の墜落が生じた際の安全性を考慮し、飛行経路より片側に次の距離以上
　　離れることとする。5m（飛行高度）＋15m（安全余裕）＝20m

4-2　円周飛行の飛行経路

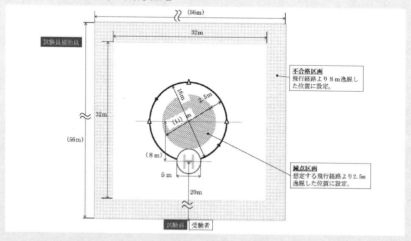

＊1　受験者が飛行経路を想定する際の目安とするため、直径16mの円上に目印を置くこととする。ただし、目印の上空を
　　飛行することを必須としない。
＊2　受験者、試験員及び試験員補助員は、万が一の墜落が生じた際の安全性を考慮し、飛行経路より片側に次の距離以上
　　離れることとする。5m（飛行高度）＋15m（安全余裕）＝20m

404

4-3　異常事態における飛行の飛行経路

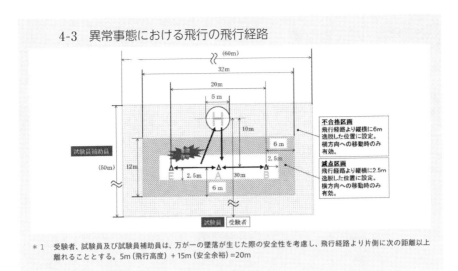

＊1　受験者、試験員及び試験員補助員は、万が一の墜落が生じた際の安全性を考慮し、飛行経路より片側に次の距離以上離れることとする。5m（飛行高度）＋15m（安全余裕）＝20m

　飛行経路の逸脱（減点区画、不合格区画）についての詳しい内容は、一等・回転翼航空機（ヘリコプター）の試験科目ごとの飛行経路に記載されているので、そちらを確認してください。

　二等の試験では最低限基本的な操縦ができることが求められます。スクエア飛行では一直線に一定の速度で飛行させることを意識しましょう。

　また、スクエア飛行の場合、操縦位置から離着陸地点まで30m離れており、距離感が掴みづらくなっています。確実に離着陸地点の上空に移動できるように、距離感を掴む練習もしておきましょう。

昼間飛行の限定変更

昼間飛行の限定変更の試験では、次のように実施されます。

 細則 Ⅳ.昼間飛行の限定変更に係る実地試験

1.一般

1-1昼間飛行の限定変更に係る実地試験では、立入管理措置を講じた上で行う夜間飛行を安全に実施するための知識及び能力を有するかどうかを確認する。

1-2自動操縦の技能については、適切な飛行経路の設定及び危機回避機能（フェールセーフ機能）の設定を行うために十分な知識を有するかどうかを机上試験で問い、実機による試験は行わない。

1-3実技試験は、150ルクス以下の照度の試験場で行うこととする。

1-4離着陸時に機体の形状が視認できる状態であること。照明等を用いなければ視認できない場合は、機体周辺の照度が1-3で規定された照度条件を超えない範囲で機体周辺を照らすこと。

1-5減点区画、不合格区画及び飛行経路の目印が視認できる状態であること。照明等を用いなければ視認できない場合は、機体周辺の照度が1-3で規定された照度条件を超えない範囲で目印を照らすこと。

1-6飛行時に機体の姿勢を把握可能な灯火を機体に搭載していること。

1-7実地試験の構成は、次のとおりとする。

1-7-1机上試験

1-7-2口述試験（飛行前点検）

1-7-3実技試験

1-7-4口述試験（飛行後の点検及び記録）

　二等の昼間飛行の限定変更の試験も「150ルクス以下の照度」で行うため、基本飛行の試験に比べ、より距離感が掴みづらくなります。

　昼間飛行の限定変更に係る試験では、次の試験科目を実施します。

（目的）

立入管理措置が講じられた夜間飛行に係る基本的な操縦能力を有する
かどうかを判定する。

番号	科目	実施要領	減点適用基準
4-1	スクエア飛行	（1）GNSS、ビジョンセンサー等の水平方向の位置安定機能ONの状態で、機首を受験者から見て前方に向けて離陸を行い、高度5メートルまで上昇し、5秒間ホバリングを行う。 （2）試験員が口頭で指示する飛行経路及び手順で直線上に飛行する。機首を常に進行方向に向けた状態で移動を行う。 （3）移動完了後、ホバリングを行いながら機首を受験者から見て前方に向けた後に着陸を行う。	1.Ⅱ.実技試験の減点適用基準を適用する。 2.制限時間は10分とする。

試験科目ごとの飛行経路は次のようになります。

4-1　スクエア飛行の飛行経路

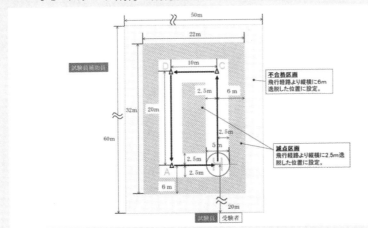

＊1　試験員と受験者は横方向に移動し、HからC間及びDからA間での機体の位置を確認することができる。
＊2　受験者、試験員及び試験員補助員は、万が一の墜落が生じた際の安全性を考慮し、飛行経路より片側に次の距離以上
　　離れることとする。5m（飛行高度）＋15m（安全余裕）=20m

目視内飛行の限定変更

目視内飛行の限定変更の試験では、次のように実施されます。

Ⅴ.目視内飛行の限定変更に係る実地試験

1.一般

1-1 目視内飛行の限定変更に係る実地試験では、立入管理措置を講じた上で行う目視外飛行を、安全に実施するための知識及び能力を有するかどうかを確認する。

1-2 自動操縦の技能については、適切な飛行経路の設定及び危機回避機能（フェールセーフ機能）の設定を行うために十分な知識を有するかどうかを机上試験で問い、実機による試験は行わない。

1-3 実技試験においては、受験者は機体に対して背を向けるまたは機体を目視できない地点に移動することにより、機体を目視できない状態で行うこととする。

1-4 試験に用いる機体によっては、目視外での飛行ではない離着陸及びホバリングを受験者とは別の者が補助することを認める。この場合、十分安全な高度で受験者と操縦を代わることとする。また、受験者を補助する者は、機体を目視できる範囲内かつ不合格区画外であって、自らの安全を確保することができる地点において操縦するものとする。

1-5 1-4において受験者に代わり操縦を行う者が試験員でない場合は、回転翼航空機（ヘリコプター）の二等無人航空機操縦士または一等無人航空機操縦士の基本に係る技能証明を有する者または同等以上の能力を有すると試験員が認めた者とする。

1-6 実地試験の構成は、次のとおりとする。

1-6-1 机上試験

1-6-2 口述試験（飛行前点検）

1-6-3 実技試験

1-6-4 口述試験（飛行後の点検及び記録）

　目視内飛行の限定変更に係る実地試験では、上記の通り、機体に対して背を向ける、または機体を目視できない地点に移動した状態で行います。目視での飛行と比較するとモニター映像は遅延して表示されるため、普段の操縦感覚と違って感じられることがあります。映像の遅延の程度は、機種や電波状況等によって違いがあります。

　目視内飛行の限定変更に係る試験では、下記の試験科目を実施します。

7章

実技試験

細則

（目的）立入管理措置が講じられた目視外飛行に係る基本的な操縦能力を有するかどうかを判定する。

番号	科目	実施要領	減点適用基準
4-1	スクエア飛行	（1）GNSS、ビジョンセンサー等の水平方向の位置安定機能ONの状態で、目視内で機首を受験者から見て前方に向けて離陸を行い、高度10メートルまで上昇し、5秒間ホバリングを行う。 （2）試験員の指示で、受験者は機体が見えないようにする。 （3）受験者はカメラ画像のみで試験員が口頭で指示する飛行経路及び手順で直線上に飛行する。機体の機首を常に進行方向に向けた状態で移動をする。 （4）移動完了後、試験員の指示で受験者は高度3.5メートルまで機体を降下させる（高度3.5メートルまでの降下完了で着陸とみなす）。 （5）降下をさせた後、目視内で機体を着陸させる。	1．Ⅱ.実技試験の減点適用基準を適用する。 2．目視外飛行を行う（2）から（4）までを減点対象とする。 3．制限時間は15分とし、（2）から（4）までの飛行時間が制限時間を超えないこと。

（目的）立入管理措置が講じられた目視外飛行において、機体の水平方向の位置安定機能に不具合が発生した場合においても、機体の機能が回復するまでの間、ホバリングできる技能を有するかどうかを判定する。

番号	科目	実施要領	減点適用基準
4-2	位置安定機能異常事態における飛行	（1）目視内で機首を受験者から見て前方に向けて離陸を行い、高度10メートルまで上昇し、ホバリングを行う。 （2）ホバリング中に、離着陸地点をカメラで確認できるようにする。 （3）受験者はカメラ操作完了を試験員に伝達する。 （4）試験員の指示で、受験者は機体が見えないようにする。 （5）試験員の指示で、GNSS、ビジョンセンサー等の水平方向の位置安定機能をOFFとし、10秒間目視外でホバリングを行う。 （6）試験員の指示でホバリングを完了する。 （7）試験員の指示で高度3.5メートルまで機体を降下させる。(高度3.5メートルまでの降下完了で着陸とみなす。) （8）降下をさせた後、目視内で機体を着陸させる。 ＊目視内での離着陸時のGNSS、ビジョンセンサー等の水平方向の位置安定機能の状態は定めない。	1.Ⅱ.実技試験の減点適用基準を適用する。 2.目視外飛行を行う（4）から（7）までを減点対象とする。 3.制限時間は5分とし、（4）から（7）までの飛行時間が制限時間を超えないこと。

試験科目ごとの飛行経路は次のようになります。

細則

4-1 スクエア飛行の飛行経路

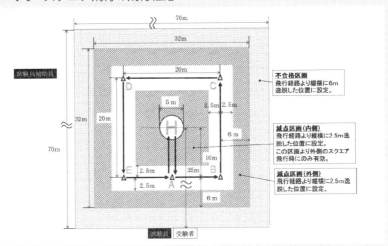

* 1 試験員補助員の位置は、逆順の飛行ではC側とする。
* 2 受験者、試験員及び試験員補助員は、万が一の墜落が生じた際の安全性を考慮し、飛行経路より片側に次の距離以上離れることとする。10m（飛行高度）＋15m（安全余裕）＝25m

4-2 位置安定機能異常事態における飛行の飛行領域

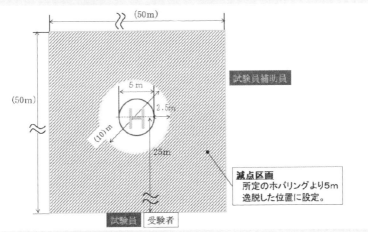

* 1 目視外での緊急事態であることに鑑み、不合格区画は設定しない。
* 2 受験者、試験員及び試験員補助員は、万が一の墜落が生じた際の安全性を考慮し、離着陸地点より片側に次の距離以上離れることとする。10m（飛行高度）＋15m（安全余裕）＝25m

最大離陸重量25kg未満の限定変更

最大離陸重量25kg未満の限定変更の試験では、次のように実施されます。

 細則 VI.最大離陸重量25kg未満の限定変更に係る実地試験

1.一般

    1-1最大離陸重量25kg未満の限定変更に係る実地試験では、立入管理措置が講じられた上で行う最大離陸重量25kg以上の機体の飛行を安全に実施するための知識及び能力を有するかどうかを確認する。

    1-2自動操縦の技能については、適切な飛行経路の設定及び危機回避機能（フェールセーフ機能）の適切な設定を行うために十分な知識を有するかどうかを机上試験で問い、実機による試験は行わない。

    1-3最大離陸重量25kg未満の限定変更に係る実技試験は、最大離陸重量25kg以上の回転翼航空機（ヘリコプター）で行うこととする。

    1-4実地試験の構成は、次のとおりとする。ただし、最大離陸重量25kg未満の限定変更に係る実地試験より先に基本に係る実地試験を行う場合は、1-4-5は最大離陸重量25kg未満の限定変更に係る実地試験では行わないこととする。

        1-4-1机上試験

        1-4-2口述試験（飛行前点検）

        1-4-3実技試験

        1-4-4口述試験（飛行後の点検及び記録）

        1-4-5口述試験（事故、重大インシデントの報告及びその対応）

最大離陸重量25kg未満の限定変更の試験では、次の試験科目を実施します。

細則 （目的）立入管理措置が講じられた最大離陸重量25kg以上の回転翼航空機（ヘリコプター）の基本的な操縦能力を有するかどうかを判定する。

番号	科目	実施要領	減点適用基準
4-1	スクエア飛行	（1）GNSS、ビジョンセンサー等の水平方向の位置安定機能ONの状態で、機首を受験者から見て前方に向けて離陸を行い、高度5メートルまで上昇し、5秒間ホバリングを行う。 （2）試験員が口頭で指示する飛行経路及び手順で直線上に飛行する。離着陸地点からA地点への移動は機首を受験者から見て前方に向け、他の移動は、機首を常に進行方向に向けた状態で移動を行う。 （3）移動完了後、着陸を行う。	1.Ⅱ.実技試験の減点適用基準を適用する。 2.制限時間は8分とする。
4-2	円周飛行	（1）GNSS、ビジョンセンサー等の水平方向の位置安定機能ONの状態で、機首を受験者から見て前方に向けて離陸を行い、高度5メートルまで上昇し、5秒間ホバリングを行う。 （2）試験員が口頭で指示する飛行経路及び手順で、機首を進行方向に向けた状態での円周飛行を、連続して二周行う。 （3）機首を（2）と逆方向に向け、逆方向の円周飛行を連続して二周行う。 （4）完了後、着陸を行う。	1.Ⅱ.実技試験の減点適用基準を適用する。 2.制限時間は10分とする。 3.速度制御のため、一周終了ごとに停止することは減点対象としない。

（目的）立入管理措置が講じられた最大離陸重量25kg以上の回転翼航空機（ヘリコプター）の飛行において、機体の水平方向の位置安定機能に不具合が発生した場合においても、安全な飛行の継続及び着陸ができる技能を有するかどうかを判定する。

7章　実技試験

413

番号	科目	実施要領	減点適用基準
4-3	異常事態における飛行	（1）GNSS、ビジョンセンサー等の水平方向の位置安定機能OFFの状態で、機首を受験者から見て前方に向けて離陸を行い、高度5メートルまで上昇し、5秒間ホバリングを行う。 （2）試験員が口頭で指示する飛行経路及び手順で直線上に飛行する。離着陸地点からA地点への移動は、機体を前方に向けた状態とする。 （3）機首を常に受験者から見て前方に向けた状態で側方へ移動し続ける。 （4）試験員からの緊急着陸を行う旨の口頭指示があり次第、最短の飛行経路で指定された緊急着陸地点に着陸を行う。	1.Ⅱ.実技試験の減点適用基準を適用する。 2.制限時間は5分とする。

試験科目ごとの飛行経路は次のようになります。

 細則

4-1　スクエア飛行の飛行経路

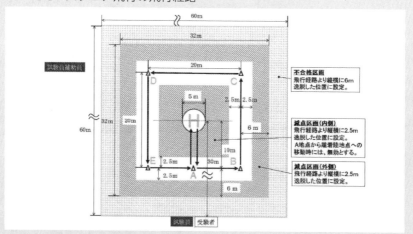

＊1　試験員補助員の位置は、逆順の飛行ではC側とする。
＊2　試験員と受験者は横方向に移動し、BからC間及びDからE間での機体の位置を確認することができる。
＊3　受験者、試験員及び試験員補助員は、万が一の墜落が生じた際の安全性を考慮し、飛行経路より片側に次の距離以上離れることとする。5m（飛行高度）＋15m（安全余裕）＝20m

細則

4-2　円周飛行の飛行経路

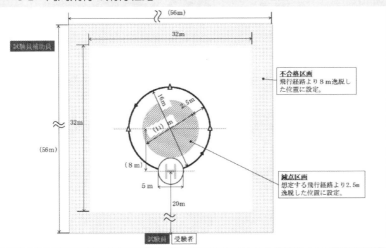

＊1　受験者が飛行経路を想定する際の目安とするため、直径16mの円周上に目印を置くこととする。ただし、目印の上空を飛行することを必須としない。

＊2　受験者、試験員及び試験員補助員は、万が一の墜落が生じた際の安全性を考慮し、飛行経路より片側に次の距離以上離れることとする。5m（飛行高度）＋15m（安全余裕）＝20m

4-3　異常事態における飛行の飛行経路

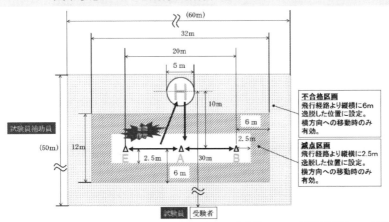

＊1　受験者、試験員及び試験員補助員は、万が一の墜落が生じた際の安全性を考慮し、飛行経路より片側に次の距離以上離れることとする。5m（飛行高度）＋15m（安全余裕）＝20m

7-7

重要度
★★☆

二等　飛行機

総則

　ここでは、二等・飛行機の試験について解説します。まずは、この試験の総則について見てみましょう。

細則　I.総則

1. 無人航空機操縦者技能証明の二等無人航空機操縦士の資格の区分に係る飛行機の実地試験（以下単に「実地試験」という。）を行う場合は、無人航空機操縦者実地試験実施基準及びこの細則による。
2. 実地試験は、100点の持ち点からの減点式採点法とし、各試験科目終了時に、70点以上の持ち点を確保した受験者を合格とする。
3. 実技試験の実施にあたっては、飛行経路からの逸脱を把握するため、各試験科目で示された減点区画及び減点区画線または不合格区画及び不合格区画線を明示しておくこと。
4. 実技試験の実施にあたっては、試験員が認めた試験員補助員を所要の場所に配置すること。
5. 試験員補助員は試験を行う者に所属する者であり、無人航空機の飛行原理、実技試験の具体的内容及び手順並びに減点適用基準を理解していること。
6. 試験員補助員は、試験員及び受験者に対して、減点区画または不合格区画に機体が進入したことを知らせるなどの補助業務を行うこととし、採点及び合否判定は実施しない。

7.実技試験を実施する場合は、実技試験の各科目開始前に風向風速計を用いて風向及び風速を計測する。無人航空機操縦者実地試験実施基準に記述された基準以上の風速及び実技試験の実施が難しいと試験員が判断する横風（おおむね横風30度以上かつ風速毎秒3メートル以上の場合）を観測した場合は、実技試験を行わないまたは実技試験を中止すること。

8.試験員または試験員補助員は、実技試験の内容を記録し、採点及び合否判定の結果についても記録すること。

9.基本に係る実技試験において風向風速、無人航空機の速度及び高度等の受験者及び試験員への通知、または基本以外の試験科目に係る実技試験において受験者が自動操縦による離着陸を行うことができない場合に手動操縦による離着陸を行う等について、実技試験を補助する者（以下「受験者補助員」）が行うことを認める。

10.受験者補助員は、実技試験を実施する無人航空機の種類について、直近2年間で6月以上の飛行経験かつ50時間以上の飛行実績を有すること。

　二等の実地試験に合格するためには、100点中70点以上の持ち点を確保しなくてはなりません。一等の試験同様、無人航空機を安全に操縦するための操作技術を持っているかどうかだけでなく、安全に飛行させるための点検や安全確認を確実に実施できるかどうか、航空法のルールに従って合法的に実施できるかどうかなど、無人航空機の操縦者としての総合力が問われる内容になっています。

　二等・飛行機の実技試験における減点適用基準は次の通りです。

II.実技試験の減点適用基準

1. 次に掲げる基準を標準として、実技試験の減点を行うこととする。
2. 適用事項に記載がない場合でも、減点細目に該当する事項が生じた場合は、試験員の判断により減点細目に応じた減点数の減点を行うこととする。
3. 適用事項に該当するが、受験者に起因しない事由により生じた事項については、減点の対象としないこととする。
4. 減点数欄の「不」と記載された適用事項が生じた場合は、実地試験を中止し、受験者を不合格とする。
5. 実技試験では、減点区画に機体の全てが進入した場合は、減点対象となる。
6. 不合格区画に機体の全てが進入した場合は、試験を中止し、受験者を不合格とする。

減点細目	減点数	適用事項
航空法等の違反	不	受験者が、アルコール又は薬物の影響により当該無人航空機の正常な飛行ができないおそれがあると試験員が判断したとき • 受験者が必要な機材、機体及び試験場を準備する試験において、次に掲げる事項が判明したとき • 飛行させる無人航空機の登録を受けていない • 飛行させる無人航空機に登録記号の表示又は登録記号を識別するための措置を講じていない • 受験者が飛行に必要な法第132条の85第2項又は法第132条の86第3項若しくは第5項第2号に規定された国土交通大臣による許可又は承認を取得していない又は所要の技能証明及び機体認証を得ていない（ただし、国土交通省航空局安全部無人航空機安全課長が認めた場合を除く）
危険な飛行	不	• 危険な速度（巡航速度を大きく超過した速度並びに失速又は失速の危険がある速度）で機体を飛行させたとき • 試験員、試験員補助員、受験者、受験者補助員、その他の者又は物件に向けて、飛行中の機体を試験員が危険と判断する距離まで接近させたとき • 合理的な理由なく、飛行中に操縦装置を両手で保持しなかったとき（基本に係る実技試験に限る） • 飛行経路等の不適切な再設定により機体が立入管理措置を講じた空域を逸脱する又は機体が失速する等、危険な飛行となると試験員が判断したとき（基本に係る実技試験を除く）

墜落、損傷、制御不能	不	● 機体を墜落させたとき ● 機体を失速させたとき ● 機体を物件に衝突させたとき ● 機体を損傷させたとき ● 機体を制御不能に陥らせたとき[*1]
飛行空域逸脱（不合格区画）	不	● 基本に係る実技試験において不合格区画線よりも外側に機体の全てを進入させたとき ● 機体の全てを不合格区画に進入させたとき[*2] ● 離着陸時に一部でも降着装置が滑走路を逸脱したとき
制限時間超過	不	● 各試験科目で設定している制限時間を超過したとき
操作介入	不	● 安全性を確保するために、試験員及び受験者補助員等が受験者に代わり操縦を行ったとき
不正行為	不	● 受験者が他の者から助言又は補助を受けたとき、その他不正の行為があったとき[*3] ● 受験者が試験の円滑な実施を妨げる行為を行ったとき ● 基本に係る実技試験を除き、試験員の指示がないにもかかわらず、目視外飛行中に機体を視認したとき
飛行経路逸脱（減点区画）	5	● 基本に係る実技試験において外側の減点区画線よりも外側に機体の全てを進入させたとき ● 基本に係る実技試験において内側の減点区画線よりも外側に機体の全てを進入させなかったとき ● 減点区画に機体の全てを進入させたとき[*4]
指示と異なる飛行	5	● 試験員の指示と異なる手順又は飛行経路で飛行させたとき ● 試験員の指示を受ける前に操縦に係る操作を行ったとき
監視不足	5	● 基本に係る実技試験において、合理的な理由なく、飛行中の機体及び周囲の状況を十分に監視していなかったとき ● 基本以外の実技試験において、合理的な理由なく、操縦装置に表示される必要な情報を注視していない等、飛行中の機体及び周囲の状況を十分に監視していなかったとき
安全確認不足[*5]	5	● 離陸前に飛行空域及びその周囲の状況並びに気象状況に安全上の問題がないことを確認せずに離陸させたとき ● 着陸前に着陸地点及びその周囲の状況並びに気象状況に安全上の問題がないことを確認せずに着陸させたとき
ふらつき[*6]	1	● 試験員から指示のあった飛行経路及び高度において機体を大きくふらつかせたとき ● 基本に係る実技試験において、離着陸時に機体を大きくふらつかせたとき又は機体の姿勢を大きく変化させたとき

7章 実技試験

419

不円滑[*6]	1	• 合理的な理由なく、機体の速度を安定させることができなかったとき • 離着陸等、高度変化を伴う飛行時に安定した昇降率を保てず、急激な高度変化をさせたとき
受験者補助員との連携不足[*7]	1	• 受験者補助員との役割分担及び連携の手順を明確にしなかったとき[*8] • 受験者補助員との連携に係る通知がなされなかったとき

＊1　機体が地面に衝突する可能性及び高度が航空法に抵触する高度（許可・承認を得ていない場合は、150メートル）を超えて上昇する可能性があると試験員が判断する高度変化を含む。
＊2　機体の全てを不合格区画に進入させていたことが飛行後に判明した場合を含む。
＊3　基本に係る実技試験における受験者補助員からの機体の速度及び高度等の通知並びにその他の実技試験における受験者補助員と受験者との連携に係る通知等の試験員が認める助言及び補助を除く。
＊4　機体の全てを減点区画に進入させていたことが飛行後に判明した場合を含む。
＊5　試験員に安全確認を行った旨を伝えなかった場合は、安全確認を行っていないものとみなす。
＊6　突風等の影響により、一時的に機体のふらつき又は不円滑な飛行が生じた場合でも、受験者が速やかに適切な操作を行い、試験員が機体を制御できていると判断する場合は、減点の対象外とする。
＊7　受験者のみで無人航空機を飛行させる場合を除く。
＊8　試験員が役割分担及び連携の手順が明確でないと判断する場合に加え、受験者補助員及び試験員補助員から役割分担及び連携の手順に係る質問がなされた場合も減点の対象とする。

　操縦の技術はもちろん必要ですが、試験を受ける前に減点適用基準の内容を再確認し、自身の認識と異なっていないか確認した上で、試験に臨んでいただくとよいでしょう。

　また、飛行機の実技試験においては、次の事項をよく確認しておきましょう。

細則　Ⅲ.立入管理措置を講ずるべき空域及び必要着陸滑走路長

1立入管理措置を講ずるべき空域の大きさの算出

　　1-1受験者は、実技試験に用いる機体の無風時の巡航速度（以下「推定巡航速度」という。）を当該機体の取扱説明書または過去の飛行記録等から推定し、推定巡航速度を基に実技試験において立入管理措置を講ずるべき空域（以下「施設飛行空域」という。）の大きさを算出することとする。実技試験を実施するときは、受験者は算出した施設飛行空域を含む空域に対して立入管理措置を講ずることとする。

　　1-2施設飛行空域の大きさの算出は、施設飛行空域が大きくなる基本以外の試験科目を想定し、次に掲げる手順及び方法により行う。

(1) 推定巡航速度にて、機体が角丸な長方形の飛行を行った際の飛行経路 (以下「想定飛行経路」という。) を算出する。当該飛行経路の算出にあたっては、次の想定を行う。

　長辺方向に15秒間の直線飛行を行う。

　短辺方向には直線飛行を行わない。ただし、機体の特性により直線飛行を行う必要がある場合は、5秒を超えない範囲で直線飛行を行う。

　旋回時、機体は常に一定のバンク角度で旋回を行う。なお、機体のバンク角度は、試験に用いる機体の取扱説明書または過去の飛行記録等から安全に飛行が可能と思われるバンク角度を、受験者が任意に設定することとする。

(2) 上空にて追い風方向に風速毎秒15メートルの風が吹いた際に旋回半径が大きくなる場合を想定し、想定飛行経路から不合格区画までの距離を算出する。

(3) 不合格区画から30メートルの余裕を持たせた空域を、施設飛行空域とする。

2 必要滑走路長の算出

　2-1 受験者は実技試験に用いる機体の着陸の際の接地速度を当該機体の取扱説明書及び過去の飛行記録等から推定し、必要滑走路長の算出を行うこととする。実技試験の実施に際し、受験者は安全に機体を着陸させることができる滑走路幅及び算出した必要滑走路長以上の長さの滑走路を有する試験場を準備することとする (基本に係る実技試験を除く試験科目において、垂直離着陸可能な機体を用いる場合を除く)。

　2-2 接地速度を Vtd(m/s) とした場合の必要滑走路長は、重力加速度を g(m/s²)、機体の平均転がり摩擦係数を μ とし、次の計算式により算出する。

$$必要着陸時滑走路長 (m) = \frac{2Vtd^2}{g\mu}$$

2-3平均転がり摩擦係数μは、実技試験に用いる無人航空機及び滑走路の状態により、受験者の判断で設定を行うこととする。

[施設飛行空域についての概要図]

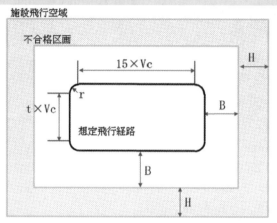

Vc: 機体の推定巡航速度（単位 m/s）。

t: 短辺方向の直線飛行時間（単位 s）。（0≤t≤5）

r: 機体の旋回半径（単位 m）。重力加速度を g（単位 m/s²）、機体のバンク角度をθ（単位 °）とし、

$r = \frac{Vc^2}{g \times tan\theta}$　の計算式により算出する。

$B : B = \frac{(Vc+15)^2}{g \times tan\theta} - r = \frac{\{(Vc+15)^2 - Vc^2\}}{g \times tan\theta}$

の計算式により算出する。

H : 30（単位 m）

基本飛行

基本飛行の試験では、次のように実施されます。

 Ⅳ.基本に係る実地試験

1.一般

> 1-1基本に係る実地試験では、立入管理措置を講じた上で行う昼間かつ目視内での飛行を安全に実施するための知識及び能力を有するかどうかを確認する。
>
> 1-2自動操縦の技能については、適切な飛行経路の設定及び危機回避機能（フェールセーフ機能）の設定を行うために十分な知識を有するかどうかを机上試験で問い、実機による試験は行わない。
>
> 1-3基本に係る実地試験は、最大離陸重量25kg未満の飛行機（垂直離着陸可能なものを除く。）で行うこととする。
>
> 1-4実地試験の構成は、次のとおりとする。
>
> 1-4-1机上試験
>
> 1-4-2口述試験（飛行前点検）
>
> 1-4-3実技試験
>
> 1-4-4口述試験（飛行後の点検及び記録）
>
> 1-4-5口述試験（事故、重大インシデントの報告及びその対応）
>
> 1-5実技試験では、原則として、飛行経路の長辺方向の中心線からの開き角度に応じて明示された各区画線への機体の進入状況に応じて、減点適用基準の適用事項に該当するかを判断する。また、原則として、試験員補助員は受験者の真後ろに立ち、各区画線への機体の進入を通知することとする。ただし、操縦装置に内側及び外側の減点区画並びに不合格区画を表示することができ、試験員が認める場合はこの限りでない。

7章 実技試験

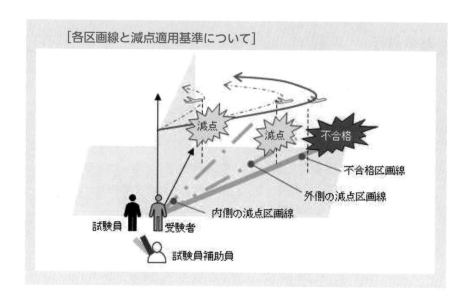

[各区画線と減点適用基準について]

減点 減点 不合格

不合格区画線
外側の減点区画線
内側の減点区画線
試験員 受験者
試験員補助員

基本飛行の試験では、下記の試験科目を実施します。

 細則 （目的）立入管理措置が講じられた昼間かつ目視内の飛行に係る基本的な操縦能力を有するかどうかを判定する。

番号	科目	実施要領	減点適用基準
4-1	周回飛行	（1）姿勢制御機能がある飛行機については姿勢制御機能をONにした状態で、受験者は滑走のため機体を滑走路上の所要の位置に移動させる。 （2）受験者は離陸を行うことを試験員に通知し、原則としておおむね機体に対して向かい風となる方向に離陸を行う。 （3）受験者は機体を上昇旋回させ、受験者が想定する周回飛行開始地点（A地点）付近まで飛行を行う。 （4）受験者は機体がA地点に到達したと判断したときは、速やかに試験員に機体がA地点に到達したことを通知する。 （5）受験者は自身が想定する飛行経路で試験員からの指示があるまで周回飛行を行う。この際、受験者は試験員からの指示に基づき飛行経路の調整を行い、試験員が求める飛行高度（おおむね対地70メートルから100メートル）及び飛行経路で飛行を行う。	1．II．実技試験の減点適用基準を適用する。 2．試験員と飛行高度及び飛行経路についての調整を行う（5）の1周目の飛行は、減点対象としない。 3．制限時間は15分とする。（受験者が離陸を行うことを通知し、受験者が機体の停止を通知するまでの時間を制限時間とする。）

424

| 4-1 | 周回飛行 | （6）試験員から周回飛行を終了する旨の指示を受けた後、受験者は機体が再びA地点に到達したと判断したときは、速やかに試験員に機体がA地点に到達したことを通知する。
（7）受験者は（5）の周回飛行において試験員と調整した飛行経路とおおむね同じ飛行経路で周回飛行を行う。
（8）受験者は（7）の飛行開始後、2周目に機体がB地点付近に到達したときに、試験員に着陸することを通知する。
（9）通知後、受験者は、原則としておおむね向かい風となる方向に着陸を行う。ただし、周回飛行の方向と着陸時の滑走路への進入方向を変える場合は、受験者が（8）以降の飛行経路を任意に設定することができる。
（10）着陸後、機体が停止した時点で、受験者は機体が停止したことを試験員に通知する。※受験者が安全上必要と判断する場合は、制限時間以内において複数回の着陸復行を行ってもよいものとする。 | 1. Ⅱ.実技試験の減点適用基準を適用する。
2. 試験員と飛行高度及び飛行経路についての調整を行う（5）の1周目の飛行は、減点対象としない。
3. 制限時間は15分とする。（受験者が離陸を行うことを通知し、受験者が機体の停止を通知するまでの時間を制限時間とする。） |
| 4-2 | 8の字飛行 | （1）姿勢制御機能がある飛行機については姿勢制御機能をONにした状態で、受験者は滑走のため機体を滑走路上の所要の位置に移動させる。
（2）受験者は離陸を行うことを試験員に通知し、原則としておおむね機体に対して向かい風となる方向に離陸を行う。
（3）受験者は機体を上昇旋回させ、受験者が想定する周回飛行開始地点（A地点）付近まで飛行を行う。
（4）受験者は機体がA地点に到達したと判断したときは、速やかに試験員に機体がA地点に到達したことを通知する。
（5）受験者は自身が想定する飛行経路で試験員からの指示があるまで周回飛行を行う。この際、受験者は試験員からの指示に基づき飛行経路の調整を行い、試験員が求める飛行高度（おおむね対地70メートルから100メートル）及び飛行経路で飛行を行う。 | 1. Ⅱ.実技試験の減点適用基準を適用する。
2. 試験員と飛行高度及び飛行経路についての調整を行う（5）の1周目の飛行は、減点対象としない。
3. 制限時間は15分とする。（受験者が離陸を行うことを通知し、受験者が機体の停止を通知するまでの時間を制限時間とする。） |

4-2	8の字 飛行	（6）試験員から周回飛行を終了する旨の指示を受けた後、受験者は機体が再びA地点に到達したと判断したときは、速やかに試験員に機体がA地点に到達したことを通知する。 （7）通知後、受験者は（5）の周回飛行において試験員と調整した飛行経路とおおむね同じ位置及び同じ規模の飛行経路で8の字飛行を2周行う。 （8）8の字飛行を終え、A 地点に到達後、受験者は周回飛行を行いB地点まで飛行を行う。 （9）B地点付近に到達した際に、試験員に着陸することを通知する。 （10）通知後、受験者は原則としておおむね向かい風となる方向に着陸を行う。ただし、周回飛行の方向と着陸時の滑走路への進入方向を変える場合は、受験者が（8）以降の飛行経路を任意に設定することができる。 （11）着陸後、機体が停止した時点で、受験者は機体が停止したことを試験員に通知する。 ＊受験者が安全上必要と考える場合は、制限時間以内において複数回の着陸復行を行ってもよいものとする。	1. Ⅱ.実技試験の減点適用基準を適用する。 2. 試験員と飛行高度及び飛行経路についての調整を行う（5）の1周目の飛行は、減点対象としない。 3. 制限時間は15分とする。（受験者が離陸を行うことを通知し、受験者が機体の停止を通知するまでの時間を制限時間とする。）

試験科目ごとの飛行経路は次のようになります。

4-1 周回飛行の飛行経路

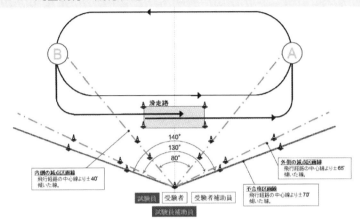

＊1 受験者補助員は、緊急時の操作介入等のために必要に応じて配置することとする。
＊2 離陸時の方向が図とおおむね逆向きである場合は、飛行経路も逆とする。
＊3 受験者がA地点に到達したことを通知する前の離陸時及び受験者がB地点に到達したことを通知した後の着陸時には、減点区画線及び不合格区画線は無効とする。
＊4 長辺方向におおむね15秒間の直線飛行を行う。短辺方向には直線飛行を行わない。ただし、機体の特性により直線飛行を行う必要がある場合は、5秒を超えない範囲で直線飛行を行う。

4-2 8の字飛行の飛行経路

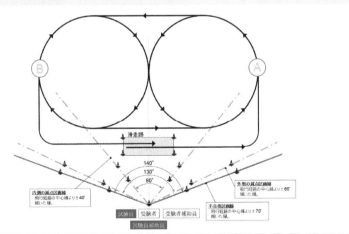

＊1 受験者補助員は、緊急時の操作介入等のために必要に応じて配置することとする。
＊2 離陸時の方向が図とおおむね逆向きである場合は、飛行経路も逆とする。
＊3 受験者がA地点に到達したことを通知する前の離陸時及び受験者がB地点に到達したことを通知した後の着陸時には、減点区画線及び不合格区画線は無効とする。

昼間飛行の限定変更

昼間飛行の限定変更の試験では、次のように実施されます。

V.昼間飛行の限定変更に係る実地試験

1.一般

1-1昼間飛行の限定変更に係る実地試験では、立入管理措置を講じた上で行う夜間飛行を安全に実施するための知識及び能力を有するかどうかを確認する。

1-2実技試験で用いることができる飛行機には、垂直離着陸できるものを含める。

1-3実技試験は、150ルクス以下の照度の試験場で行うこととする。

1-4離着陸時に機体の形状が視認できる状態であること。照明等を用いなければ視認できない場合は、機体周辺の照度が1－3で規定された照度条件を超えない範囲で機体周辺を照らすこと。

1-5滑走路または離着陸場が視認できる状態であること。照明等を用いなければ視認できない場合は、機体周辺の照度が1－3で規定された照度条件を超えない範囲で滑走路または離着陸場を照らすことまたは発光物を設置し滑走路または離発着場を視認できるようにすること。

1-6機体の姿勢を把握可能な灯火を有していること（飛行機については、滑走時の姿勢も含む）。

1-7実技試験の評価対象は、自動操縦による飛行とする。

1-8操縦装置の画面上に不合格区画、施設飛行空域、設定を行った飛行経路及び飛行の軌跡等の試験員から指示のある情報を表示させておくこと。

1-9実地試験の構成は、次のとおりとする。

1-9-1机上試験

1-9-2口述試験（飛行前点検）

1-9-3実技試験

1-9-4口述試験（飛行後の点検及び記録）

　二等の昼間飛行の限定変更の試験も「150ルクス以下の照度」で行うため、基本飛行の試験に比べ、より距離感が掴みづらくなります。

　昼間飛行の限定変更に係る試験では、下記の試験科目を実施します。

 細則

（目的）立入管理措置が講じられた夜間飛行に係る基本的な操縦能力を有するかどうかを判定する（緊急事態が生じた場合の基本的な対応を含む）。

番号	科目	実施要領	減点適用基準
4-1	周回飛行のための飛行経路設定	（1）受験者は試験員が指示する飛行経路を自動で飛行するため、飛行経路の設定を行う。飛行経路の設定が制限時間よりも前に完了した場合は、受験者は試験員に設定が完了したことを通知することができる。その場合、試験員は（2）の飛行経路の設定の確認を行う。 （2）飛行経路の設定後、試験員は飛行経路の設定を確認する。その際、試験員は必要に応じて、受験者に口頭で質問を行い、飛行経路の設定及び当該設定の考え方等を確認する。 （3）試験員による口頭での指示があり次第、受験者は、試験員、試験員補助員及び受験者補助員に対して、飛行経路及び飛行の手順等についての説明を行う。その際、試験員、試験員補助員及び受験者補助員は質問を行うことができる。 （4）試験員が飛行経路の設定に問題がないと判断した場合、試験員は周回飛行を行う旨指示する。	1．Ⅱ.実技試験の減点適用基準を適用する。 2．（1）の受験者による飛行経路の設定について、制限時間は30分とする。
4-2	周回飛行	（1）受験者は、4-1の飛行経路の設定での自動飛行ができるようにする。 （2）受験者は、原則としておおむね向かい風となる方向に離陸を行う。なお、手動での離陸が必要となる飛行機の場合は、受験者補助員が離陸を行うことができるものとする。	1．Ⅱ.実技試験の減点適用基準を適用する。 2．制限時間は30分とする。 3．減点の対象及び制限時間の対象は、（5）から（9）までとする。

7章

実技試験

4-2	周回飛行	(3) 受験者補助員による手動での離陸を行った場合は、受験者による自動飛行への切り替えを行う。その際、受験者が受験者補助員に口頭で指示を行い、安全に切り替えを行うことができるようにする。 (4) 受験者が想定する周回飛行開始地点（A地点）付近まで飛行を行う。 (5) 受験者は機体がA地点に到達したと判断したときは、速やかに試験員に機体がA地点に到達したことを通知する。 (6) 受験者は、機体を見ることができないようにする。 (7) 受験者は、周回飛行を3周行う。 (8) 4周目以降に試験員からの上空待機を行う旨の口頭での指示があり次第、受験者は速やかに2周以上の円状の旋回飛行を行う。 (9) 2周の円状の旋回飛行完了後、受験者は通知を行う。 (10) 試験員からの口頭での指示があり次第、受験者は、原則としておおむね向かい風となる方向に着陸を行う。なお、手動での着陸が必要となる飛行機の場合は、受験者補助員が着陸を行うことができるものとする。ただし、円状の旋回飛行の方向と着陸時の滑走路への進入方向を変える場合は、受験者が(9)以降の飛行経路を任意に設定することができる。 (11) 受験者補助員による手動での着陸を行う場合は、試験員の口頭での指示があり次第、受験者補助員による手動での飛行への切り替えを行う。その際、受験者が受験者補助員に口頭で指示を行い、安全に切り替えを行うことができるようにする。 (12) 着陸後、機体が停止した時点で、受験者は機体が停止したことを試験員に通知する。 ＊手動で離着陸を行う場合は、受験者による自動飛行と受験者補助員による手動飛行の切り替えの際の飛行経路及び高度等は、施設飛行空域内において任意とする。	1. Ⅱ.実技試験の減点適用基準を適用する。 2. 制限時間は30分とする。 3. 減点の対象及び制限時間の対象は、(5)から(9)までとする。

試験科目ごとの飛行経路は次のようになります。

細則

4-2　周回飛行の飛行経路

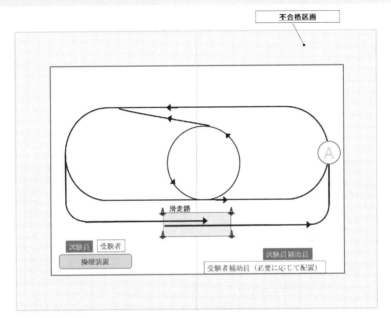

＊1　受験者補助員は、必要に応じて配置することとする。
＊2　離陸時の方向が図とおおむね逆向きである場合は、飛行経路も逆とする。
＊3　飛行高度は、最大離陸重量25kg未満の無人航空機の場合はおおむね80メートル、最大離陸重量25kg以上の無人航空機の場合はおおむね110メートルとする。ただし、実技試験に用いる無人航空機により、それ以外の飛行高度が適切である場合は、適切な飛行高度で飛行を行うこととする。
＊4　周回飛行において、長辺方向におおむね15秒間の直線飛行を行う。短辺方向には直線飛行を行わない。ただし、機体の特性により直線飛行を行う必要がある場合は、5秒を超えない範囲で直線飛行を行う。

目視内飛行の限定変更

目視内飛行の限定変更の試験では、次のように実施されます。

細則　VI.目視内飛行の限定変更に係る実地試験

1.一般

1-1目視内飛行の限定変更に係る実地試験では、立入管理措置を講じた上で行う目視外飛行を、安全に実施するための知識及び能力を有するかどうかを確認する。

1-2実技試験で用いることができる飛行機には、垂直離着陸できるものを含める。

1-3実技試験の評価対象は、自動操縦による飛行とする。

1-4操縦装置の画面上に不合格区画、施設飛行空域、設定を行った飛行経路及び飛行の軌跡等の試験員から指示のある情報を表示させておくこと。

1-5実地試験の構成は、次のとおりとする。

1-5-1机上試験

1-5-2口述試験（飛行前点検）

1-5-3実技試験

1-5-4口述試験（飛行後の点検及び記録）

目視内飛行の限定変更に係る試験では、次の試験科目を実施します。

 細則 （目的）立入管理措置が講じられた目視外飛行に係る基本的な操縦能力を有するかどうかを判定する（緊急事態が生じた場合の基本的な対応を含む）。

番号	科目	実施要領	減点適用基準
4-1	周回飛行のための飛行経路設定	（1）受験者は試験員が指示する飛行経路を自動で飛行するため、飛行経路の設定を行う。飛行経路の設定が制限時間よりも前に完了した場合は、受験者は試験員に設定が完了したことを通知することができる。その場合、試験員は（2）の飛行経路の設定の確認を行う。 （2）飛行経路の設定後、試験員は飛行経路の設定を確認する。その際、試験員は必要に応じて、受験者に口頭で質問を行い、飛行経路の設定及び当該設定の考え方等を確認する。 （3）試験員による口頭での指示があり次第、受験者は、試験員、試験員補助員及び受験者補助員に対して、飛行経路及び飛行の手順等についての説明を行う。その際、試験員、試験員補助員及び受験者補助員は質問を行うことができる。 （4）試験員が飛行経路の設定に問題がないと判断したときは、試験員は周回飛行を行う旨指示する。	1．Ⅱ.実技試験の減点適用基準を適用する。 2．（1）の受験者による飛行経路の設定について、制限時間は30分とする。
4-2	周回飛行	（1）受験者は、4-1の飛行経路の設定での自動飛行ができるようにする。 （2）受験者は、原則としておおむね向かい風となる方向に離陸を行う。なお、手動での離陸が必要となる飛行機の場合は、受験者補助員が離陸を行うことができるものとする。 （3）受験者補助員による手動での離陸を行った場合は、受験者による自動飛行への切り替えを行う。その際、受験者が受験者補助員に口頭で指示を行い、安全に切り替えを行うことができるようにする。	1．Ⅱ.実技試験の減点適用基準を適用する。 2．制限時間は30分とする。 3．減点の対象及び制限時間の対象は、（5）から（9）までとする。

7章 実技試験

433

4-2	周回飛行	（4）受験者が想定する周回飛行開始地点（A地点）付近まで飛行を行う。 （5）受験者は機体がA地点に到達したと判断したときは、速やかに試験員に機体がA地点に到達したことを通知する。 （6）受験者は、機体を見ることができないようにする。 （7）受験者は、周回飛行を3周行う。 （8）4周目以降に試験員からの上空待機を行う旨の口頭での指示があり次第、受験者は速やかに2周以上の円状の旋回飛行を行う。 （9）2周の円状の旋回飛行完了後、受験者は通知を行う。 （10）試験員からの口頭での指示があり次第、受験者は、原則としておおむね向かい風となる方向に着陸を行う。なお、手動での離陸が必要となる飛行機の場合は、受験者補助員が着陸を行うことができるものとする。ただし、円状の旋回飛行の方向と着陸時の滑走路への進入方向を変える場合は、受験者が（9）以降の飛行経路を任意に設定することができる。 （11）受験者補助員による手動での着陸を行う場合は、試験員の口頭での指示があり次第、受験者補助員による手動での飛行への切り替えを行う。その際、受験者が受験者補助員に口頭で指示を行い、安全に切り替えを行うことができるようにする。 （12）着陸後、機体が停止した時点で、受験者は機体が停止したことを試験員に通知する。 ＊手動で離着陸を行う場合は、受験者による自動飛行と受験者補助員による手動飛行の切り替えの際の飛行経路及び高度等は、施設飛行空域内で任意とする。	1.Ⅱ.実技試験の減点適用基準を適用する。 2.制限時間は30分とする。 3.減点の対象及び制限時間の対象は、（5）から（9）までとする。

試験科目ごとの飛行経路は次のようになります。

4-2　周回飛行の飛行経路

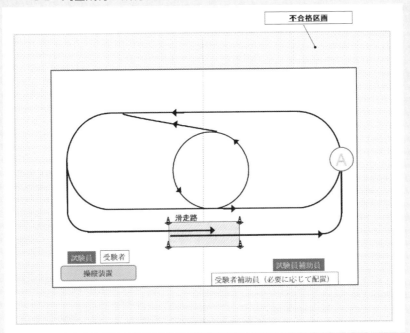

＊1　受験者補助員は、必要に応じて配置することとする。
＊2　離陸時の方向が図とおおむね逆向きである場合は、飛行経路も逆とする。
＊3　飛行高度は、最大離陸重量25kg未満の無人航空機の場合はおおむね80メートル、最大離陸重量25kg以上の無人航空機の場合はおおむね110メートルとする。ただし、実技試験に用いる無人航空機により、それ以外の飛行高度が適切である場合は、適切な飛行高度で飛行を行うこととする。
＊4　周回飛行において、長辺方向におおむね15秒間の直線飛行を行う。短辺方向には直線飛行を行わない。ただし、機体の特性により直線飛行を行う必要がある場合は、5秒を超えない範囲で直線飛行を行う。

7章
実技試験

最大離陸重量25kg未満の限定変更

最大離陸重量25kg未満の限定変更の試験では、次のように実施されます。

Ⅶ.最大離陸重量25kg未満の限定変更に係る実地試験

1.一般

1-1最大離陸重量25kg未満の限定変更に係る実地試験では、立入管理措置が講じられた上で行う最大離陸重量25kg以上の機体の飛行を安全に実施するための知識及び能力を有するかどうかを確認する。

1-2実技試験で用いることができる飛行機には、垂直離着陸できるものを含める。

1-3実技試験の評価対象は、自動操縦による飛行とする。

1-4操縦装置の画面上に不合格区画、施設飛行空域、設定を行った飛行経路及び飛行の軌跡等の試験員から指示のある情報を表示させておくこと。

1-5実地試験の構成は、次のとおりとする。

1-5-1机上試験

1-5-2口述試験（飛行前点検）

1-5-3実技試験

1-5-4口述試験（飛行後の点検及び記録）

最大離陸重量25kg未満の限定変更の試験では、下記の試験科目を実施します。

細則　（目的）立入管理措置が講じられた最大離陸重量25kg以上の機体の飛行に係る基本的な操縦能力を有するかどうかを判定する（緊急事態が生じた場合の基本的な対応を含む）。

番号	科目	実施要領	減点適用基準
4-1	周回飛行のための飛行経路設定	(1)受験者は試験員が指示する飛行経路を自動で飛行するため、飛行経路の設定を行う。飛行経路の設定が制限時間よりも前に完了した場合は、受験者は試験員に設定が完了したことを通知することができる。その場合、試験員は(2)の飛行経路の設定の確認を行う。 (2)飛行経路の設定後、試験員は飛行経路の設定を確認する。その際、試験員は必要に応じて、受験者に口頭で質問を行い、飛行経路の設定及び当該設定の考え方等を確認する。 (3)試験員による口頭での指示があり次第、受験者は、試験員、試験員補助員及び受験者補助員に対して、飛行経路及び飛行の手順等についての説明を行う。その際、試験員、試験員補助員及び受験者補助員は質問を行うことができる。 (4)試験員が飛行経路の設定に問題がないと判断したときは、試験員は周回飛行を行う旨指示する。	1.Ⅱ.実技試験の減点適用基準を適用する。 2.(1)の受験者による飛行経路の設定について、制限時間は30分とする。
4-2	周回飛行	(1)受験者は、4-1の飛行経路の設定での自動飛行ができるようにする。 (2)受験者は、原則としておおむね向かい風となる方向に離陸を行う。なお、手動での離陸が必要となる飛行機の場合は、受験者補助員が離陸を行うことができるものとする。 (3)受験者補助員による手動での離陸を行った場合は、受験者による自動飛行への切り替えを行う。その際、受験者が受験者補助員に口頭で指示を行い、安全に切り替えを行うことができるようにする。 (4)受験者が想定する周回飛行開始地点（A地点）付近まで飛行を行う。	1.Ⅱ.実技試験の減点適用基準を適用する。 2.制限時間は30分とする。 3.減点の対象及び制限時間の対象は、(5)から(9)までとする。

7章

実技試験

| 4-2 | 周回飛行 | （5）受験者は機体がA地点に到達したと判断したときは、速やかに試験員に機体がA地点に到達したことを通知する。
（6）受験者は、機体を見ることができないようにする。
（7）受験者は、周回飛行を3周行う。
（8）4周目以降に試験員からの上空待機を行う旨の口頭での指示があり次第、受験者は速やかに2周以上の円状の旋回飛行を行う。
（9）2周の円状の旋回飛行完了後、受験者は通知を行う。
（10）試験員からの口頭での指示があり次第、受験者は、原則としておおむね向かい風となる方向に着陸を行う。なお、手動での離陸が必要となる飛行機の場合は、受験者補助員が着陸を行うことができるものとする。ただし、円状の旋回飛行の方向と着陸時の滑走路への進入方向を変える場合は、受験者が（9）以降の飛行経路を任意に設定することができる。
（11）受験者補助員による手動での着陸を行う場合は、試験員の口頭での指示があり次第、受験者補助員による手動での飛行への切り替えを行う。その際、受験者が受験者補助員に口頭で指示を行い、安全に切り替えを行うことができるようにする。
（12）着陸後、機体が停止した時点で、受験者は機体が停止したことを試験員に通知する。

＊手動で離着陸を行う場合は、受験者による自動飛行と受験者補助員による手動飛行の切り替えの際の飛行経路及び高度等は、施設飛行空域内で任意とする。 | 1.Ⅱ.実技試験の減点適用基準を適用する。
2.制限時間は30分とする。
3.減点の対象及び制限時間の対象は、（5）から（9）までとする。 |

438

試験科目ごとの飛行経路は次のようになります。

 細則

4-2 周回飛行の飛行経路

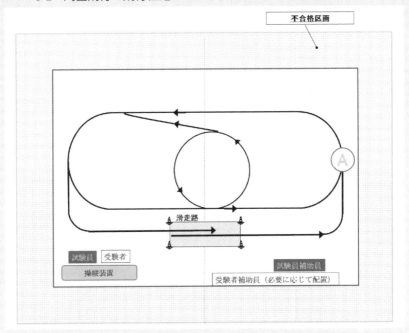

*1 受験者補助員は、必要に応じて配置することとする。

*2 離陸時の方向が図とおおむね逆向きである場合は、飛行経路も逆とする。

*3 飛行高度は、おおむね110メートルとする。ただし、実技試験に用いる無人航空機により、それ以外の飛行高度が適切である場合は、適切な飛行高度で飛行を行うこととする。

*4 周回飛行において、長辺方向におおむね15秒間の直線飛行を行う。短辺方向には直線飛行を行わない。ただし、機体の特性により直線飛行を行う必要がある場合は、5秒を超えない範囲で直線飛行を行う。

7章

実技試験

著者紹介 ─────────

名鉄ドローンアカデミー

名古屋鉄道株式会社が運営するドローンスクール。国土交通省に登録された登録講習機関。2018年の開校より、国家資格取得者を含むドローン操縦士を多数輩出。国家資格対応コースやUAVレーザ測量コースなど、鉄道、航空ほか多様な事業を展開する名鉄グループの豊富なノウハウを活かした講座を開いている。

https://drone.meitetsu.co.jp/

監修：田村和大、加藤瀬成（名鉄ドローンアカデミー講師）
写真提供：中日本航空株式会社、株式会社プロドローン
デザイン：片倉紗千恵
作図：加賀谷育子
校正：聚珍社

┌─ 本書専用サポートWebページ ─────────
│ https://www.shuwasystem.co.jp/support/7980html/7125.html

CBT模擬試験付き

ドローン操縦士資格試験対策テキスト

発行日	2024年 5月20日	第1版第1刷

著　者　名鉄ドローンアカデミー

発行者　斉藤　和邦

発行所　株式会社　秀和システム
　　　　〒135-0016
　　　　東京都江東区東陽2-4-2　新宮ビル2F
　　　　Tel 03-6264-3105（販売）Fax 03-6264-3094

印刷所　三松堂印刷株式会社　　　　Printed in Japan

ISBN978-4-7980-7125-1 C3053